21世纪应用型本科规划教材

U0652506

高等数学学习指导

主　编　张　程　梁海峰　尧雪莉

副主编　赖邦城　刘淑芬　胡艳梅

中国水利水电出版社

www.waterpub.com.cn

·北京·

内 容 提 要

本书共分为12章，包括函数、极限与连续，导数与微分，微分学中值定理与导数的应用，不定积分，定积分，定积分的应用，微分方程，空间解析几何与向量代数，多元函数微分法及其应用，重积分，曲线积分与曲面积分，无穷级数，每章又分为五个部分，包括基本要求、知识结构、内容小结、例题解析、测试题，帮助学生把握学习的方向和重点、难点，更好地理解教材。每个例题都有详细的解答，部分例题选择了历届考研题或者数学竞赛题。测试题也给出了答案，部分测试题给出了详细解答。

本书可作为理工科类高等数学的学习辅导用书，也可作为老师备课和学生考研的参考教材。

图书在版编目（CIP）数据

高等数学学习指导 / 张程，梁海峰，尧雪莉主编
. -- 北京：中国水利水电出版社，2017.8
21世纪应用型本科规划教材
ISBN 978-7-5170-5699-7

Ⅰ．①高… Ⅱ．①张… ②梁… ③尧… Ⅲ．①高等数学－高等学校－教学参考资料 Ⅳ．①O13

中国版本图书馆CIP数据核字(2017)第177760号

书　　名	21世纪应用型本科规划教材 **高等数学学习指导** GAODENG SHUXUE XUEXI ZHIDAO
作　　者	主　编　张　程　梁海峰　尧雪莉 副主编　赖邦城　刘淑芬　胡艳梅
出版发行	中国水利水电出版社 （北京市海淀区玉渊潭南路1号D座　100038） 网址：www.waterpub.com.cn E-mail：sales@waterpub.com.cn 电话：(010) 68367658（营销中心）
经　　售	北京科水图书销售中心（零售） 电话：(010) 88383994、63202643、68545874 全国各地新华书店和相关出版物销售网点
排　　版	中国水利水电出版社微机排版中心
印　　刷	北京瑞斯通印务发展有限公司
规　　格	184mm×260mm　16开本　13.5印张　320千字
版　　次	2017年8月第1版　2017年8月第1次印刷
印　　数	0001—3000册
定　　价	**37.00元**

前 言
QIANYAN

　　高等数学是一门很重要的大学课程，它是理科生后续专业课的基础，也是考研的必考课。

　　本书旨在给读者提供指导，使他们在学习中更有方向性，学得更轻松。学习时，精读本书可以帮助理解教材，把握重难点；阅读教材时，多联系本书的内容小结，将前后所学知识串联起来，会理解得更加透彻。

　　本书每章的结构如下：

　　（1）基本要求：将本章各节内容的学习要求列出来，帮助学生清晰把握学习的方向和重难点。

　　（2）知识结构：用图表的形式将本章的主要内容和逻辑结构直观地呈现出来，进一步明确学习的内容和方向。

　　（3）内容小结：详细地将本章主要内容总结罗列出来，其中特别需要引起学生注意的地方备注为小结，帮助学生更好地理解教材。

　　（4）例题解析：通过各章节涉及题型常用的解题思维模式和解题套路，覆盖本章所能用到的所有解题方法，帮助学生融会贯通。

　　（5）测试题：检验学生对知识的掌握程度及运用所学知识解决问题、举一反三的能力。

　　本书由华东交通大学理工学院张程、梁海峰、尧雪莉任主编，赖邦城、刘淑芬、胡艳梅任副主编。

　　由于编者水平有限及时间仓促，不妥之处在所难免，希望广大读者不吝批评、指正。

编者

2017 年 5 月

目 录

MULU

第一章　函数、极限与连续

一、基本要求

（1）理解集合及其运算，理解邻域的概念.

（2）理解函数的定义以及函数的三种表达方式；会求函数的定义域、表达式及函数值；了解函数的奇偶性、单调性、周期性和有界性；理解复合函数及分段函数的概念，了解反函数及隐函数的概念；掌握基本初等函数的性质和图形，理解初等函数的定义.

（3）理解数列极限和函数极限的定义，掌握数列和函数极限的性质.

（4）理解无穷小与无穷大的概念.

（5）掌握极限运算法则.

（6）掌握两个极限存在准则以及两个重要极限，并会加以运用.

（7）掌握无穷小的比较方法，会用等价无穷小求极限.

（8）理解函数连续（含左连续与右连续）的定义，会判别函数间断点的类型.

（9）了解连续函数和、差、积、商的连续性和初等函数的连续性.

（10）了解闭区间上连续函数的性质.

二、知识结构

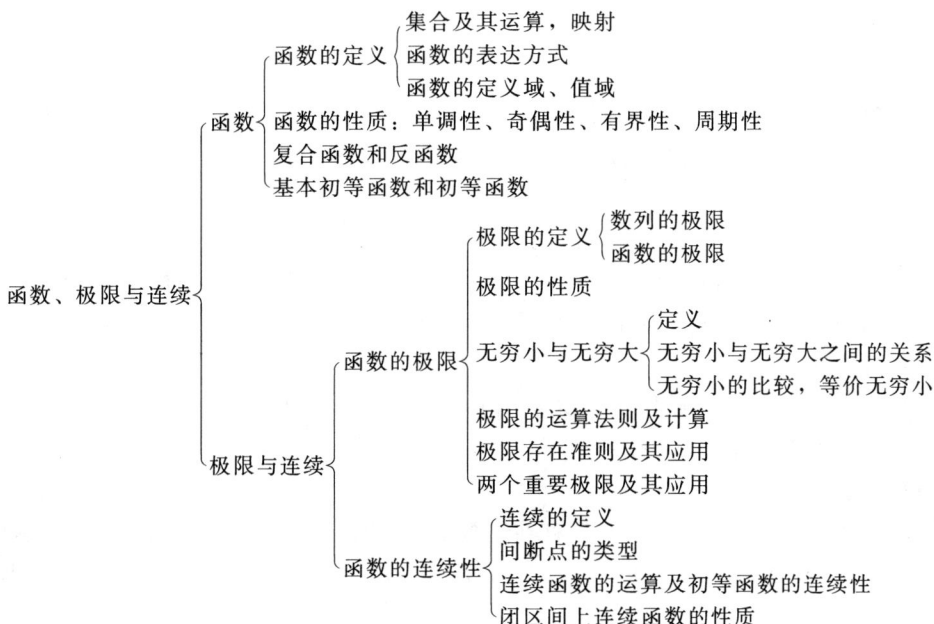

三、内容小结

1. 函数的一些基本概念

(1) 集合（简称"集"）是指具有某种特定性质事物的全体，组成这个集合的事物称为该集合的元素（简称元）．

(2) 点 a 为中心的任何开区间称为点 a 的邻域，记作 $U(a)$．设 δ 是任一正数，则开区间 $(a-\delta，a+\delta)$ 就是点 a 的一个邻域，这个邻域称为点 a 的 δ 邻域，记作 $U(a，\delta)$，即 $U(a,\delta)=\{x|a-\delta<x<a+\delta\}$．其中点 a 称为这个邻域的中心，δ 称为这个邻域的半径．

(3) 设 X，Y 是两个非空集合，对 X 中的任意一个元素 x，存在一个法则 f，使得按照法则 f，在 Y 中都有唯一确定的元素 y 与之对应，则称 f 为从 X 到 Y 的映射，记作

$$f：X \to Y$$

其中，y 称为元素 x（在映射 f 下）的像，并记作 $f(x)$，即 $y=f(x)$；元素 x 称为元素 y（在映射 f 下）的一个原像，集合 X 称为映射 f 的定义域，记作 D_f，即 $D_f=X$；X 中所有元素的像所组成的集合称为映射 f 的值域，记作 R_f 或 $f(X)$，即

$$R_f=f(X)=\{f(x)|x\in X\}$$

注意：映射存在一对一和多对一两种情况．在不同的数学分支中，映射有不同的惯用名称．

(4) 设数集 $D\subset R$，则称映射 $f：D \to R$ 为定义在 D 上的函数，通常简记为

$$y=f(x),x\in D$$

其中，x 称为自变量，y 称为因变量，D 称为定义域，记作 D_f，即 $D_f=D$．

注意：函数是从实数集到实数集的映射．函数的两个基本要素：定义域和对应法则．

(5) 表示函数的方法主要有三种，即公式法、表格法和图形法．

2. 函数的性质

(1) 有界性．

设函数 $f(x)$ 的定义域为 D，区间 $I\in D$．若存在正数 M，对任意 $x\in I$，使得 $|f(x)|\leqslant M$，则称 $f(x)$ 在 I 上有界，否则称 $f(x)$ 在 I 上无界．

(2) 单调性．

设函数 $f(x)$ 的定义域为 D，区间 $I\in D$．对任意的 x_1、$x_2\in I$，当 $x_1<x_2$ 时，若 $f(x_1)<f(x_2)$，则称 $f(x)$ 在 I 上单调增加；若 $f(x_1)>f(x_2)$，则称 $f(x)$ 在 I 上单调减少．单调增加和单调减少的函数统称为单调函数．

(3) 奇偶性．

设函数 $f(x)$ 的定义域 D 关于原点对称，对任意 $x\in D$，若 $f(-x)=f(x)$，则称 $y=f(x)$ 为偶函数；若 $f(-x)=-f(x)$，则称 $y=f(x)$ 为奇函数．

(4) 周期性．

设函数 $f(x)$ 的定义域为 D，若存在正数 T，使得对任意 $x\in D$，有 $(x\pm T)\in D$，且 $f(x+T)=f(x)$，则称 $y=f(x)$ 为周期函数，T 称为 $f(x)$ 的周期．通常说的周期是指最小正周期．

3. 复合函数与反函数

（1）复合函数.

设函数 $y=f(u)(u\in D_f)$ 和函数 $u=\varphi(x)(x\in D)$，若 $\varphi(D)\subset D_f$，则称 $y=f[\varphi(x)]$ 为 x 的复合函数，记为

$$(f\circ\varphi)(x)=f[\varphi(x)]$$

其中，x 称为自变量，u 称为中间变量，y 称为因变量，定义域为 D.

注意："复合"是由简单函数构造复杂函数的一种重要方法. 在讨论函数的性质时，往往是先将复杂函数分解为简单函数，再讨论简单函数的相应性质，最后讨论"复合"的复杂函数的有关性质.

（2）反函数.

设函数 $y=f(x)$ 的自变量 x 遍取区间 $I_x\subset D_f$ 时，其对应的函数值的集合为 I_y，若对任意 $y\in I_y$，有唯一的 $x\in I_x$，使 $f(x)=y$，则在 I_y 上确定了一个函数 $x=\varphi(y)$，$y\in I_y$，$x=\varphi(y)$ 称为 $y=f(x)$ 的反函数.

由定义可知，如果 $x=\varphi(y)$ 是 $y=f(x)$ 的反函数，则 $y=f(x)$ 也是 $x=\varphi(y)$ 的反函数，即 $x=\varphi(y)$ 与 $y=f(x)$ 互为反函数.

注意：首先，并不是每一个函数都有反函数；其次，函数单调是存在反函数的充分条件而不是必要条件，即一个非单调函数也可能存在反函数.

（3）其他.

由于函数的定义中并没有限制对应关系用何种形式来表达，通常情况下函数解析法的表达形式有以下几种：

1）显函数. 把因变量 y 用含有自变量 x 的解析式 $y=f(x)$ 直接表示出来的函数，称为显函数.

2）隐函数. 自变量 x 与因变量 y 之间的对应法则由二元方程 $f(x,y)=0$ 所确定的函数 $y=y(x)$ 称为隐函数.

3）分段函数. 如果函数在其定义域的不同部分，对应法则由不同的解析式表达，则称这种函数为分段函数.

4）参数方程确定的函数. 如果变量 x 与变量 y 之间的对应法则由参数方程

$$\begin{cases} x=\varphi(t) \\ y=\psi(t) \end{cases} \quad (t\ 为参数)$$

确定，则称这种函数为参数方程确定的函数，或称为参数式函数.

4. 基本初等函数和初等函数

（1）基本初等函数.

1）常数函数：$y=c$.

2）幂函数：$y=x^\mu$（μ 为实数）.

3）指数函数：$y=a^x$（$a>0,a\neq 1$）.

4）对数函数：$y=\log_a x$（$a>0,a\neq 1$）.

5）三角函数：

$y=\sin x$（正弦函数）；$y=\cos x$（余弦函数）；

$y = \tan x$（正切函数）；$y = \cot x$（余切函数）；

$y = \sec x$（正割函数）；$y = \csc x$（余割函数）.

6）反三角函数：

$y = \arcsin x$，$x \in [-1, 1]$，$y \in \left[-\dfrac{\pi}{2}, \dfrac{\pi}{2}\right]$.

$y = \arccos x$，$x \in [-1, 1]$，$y \in [0, \pi]$.

$y = \arctan x$，$x \in (-\infty, +\infty)$，$y \in \left(-\dfrac{\pi}{2}, \dfrac{\pi}{2}\right)$.

$y = \text{arccot} x$，$x \in (-\infty, +\infty)$，$y \in (0, \pi)$.

（2）初等函数.

六类基本初等函数经过有限次的四则运算和有限次的函数复合步骤所构成并可以用一个式子表示的函数，称为初等函数.

注意：微积分中所讨论的函数绝大多数都是初等函数.

5. 极限的定义

（1）数列的极限.

按照一定的顺序排列起来的一组数 $x_1, x_2, \cdots, x_n$ 称为数列，记作 $\{x_n\}$. 数列中的每一个数称为数列的项，第 n 项称为数列的通项.

设 $\{x_n\}$ 为一数列，如果存在常数 A，对于任意给定的正数 ε（ε 可以任意小），总存在正整数 N，当 $n > N$ 时，不等式

$$|x_n - A| < \varepsilon$$

恒成立，那么就称常数 A 是数列 $\{x_n\}$ 的极限，或者称数列 $\{x_n\}$ 收敛于 A，记为 $\lim\limits_{n \to \infty} x_n = A$，或 $x_n \to A (n \to \infty)$.

如果这样的 A 不存在，则称该数列的极限不存在或者该数列发散.

注意：如果让数列中的元素与实数轴上的点一一对应，那么若某个数列存在极限，这表示当 n 足够大时，落在区间 $(A - \varepsilon, A + \varepsilon)$ 内的点有无穷多个.

（2）函数的极限.

1）自变量趋于有限值时函数的极限. 设函数 $f(x)$ 在点 x_0 的某一去心邻域内有定义，如果存在常数 A，对于任意给定的正数 ε（ε 可以任意小），总存在正数 δ，使得当 x 满足不等式 $0 < |x - x_0| < \delta$ 时，对应的函数值 $f(x)$ 都满足不等式

$$|f(x) - A| < \varepsilon$$

那么常数 A 就称为函数 $f(x)$ 在点 x_0 处的极限，记作

$$\lim\limits_{x \to x_0} f(x) = A \text{ 或 } f(x) \to A (x \to x_0)$$

如果这样的 A 不存在，则称该函数在这点的极限不存在.

2）自变量趋于无穷大时函数的极限. 函数 $f(x)$ 当 $|x|$ 大于某一正数时有定义，如果存在常数 A，对于任意给定的正数 ε（ε 可以任意小），总存在正数 X，使得当 x 满足不等式 $|x| > X$ 时，对应的函数值 $f(x)$ 都满足不等式

$$|f(x) - A| < \varepsilon$$

那么常数 A 就称为函数 $f(x)$ 当 $x \to \infty$ 时的极限，记作

$$\lim_{x\to\infty} f(x)=A \quad \text{或} \quad f(x)\to A\,(x\to\infty)$$

3）单侧极限. 设函数 $f(x)$ 在点 x_0 的左邻域内有定义，如果存在常数 A，对于任意给定的正数 ε（ε 可以任意小），总存在正数 δ，使得当 x 满足不等式 $x_0-\delta<x<x_0$ 时，对应的函数值 $f(x)$ 都满足不等式

$$|f(x)-A|<\varepsilon$$

那么常数 A 就称为函数 $f(x)$ 在点 x_0 处的左极限，记作

$$\lim_{x\to x_0^-} f(x)=A \quad \text{或} \quad f(x_0^-)=A$$

注意：类似可定义自变量趋于正无穷大、负无穷大时函数的极限和左右极限.

把数列也看成函数，那么共有以下七种基本极限类型：

$$\lim_{n\to\infty} x_n,\ \lim_{x\to x_0} f(x),\ \lim_{x\to x_0^-} f(x),\ \lim_{x\to x_0^+} f(x),\ \lim_{x\to-\infty} f(x),\ \lim_{x\to+\infty} f(x),\ \lim_{x\to\infty} f(x)$$

6. 极限的性质

（1）数列极限的性质.

1）极限的唯一性. 如果数列 $\{x_n\}$ 收敛，则其极限唯一.

2）收敛数列的有界性. 如果数列 $\{x_n\}$ 收敛，则其必定有界. 即存在 $M>0$，使得 $|x_n|\leqslant M,\forall\, n\in \mathbf{N}$.

注意：如果数列 $\{x_n\}$ 无界，则其必发散.

3）收敛数列的保号性. 如果 $\lim\limits_{n\to\infty} x_n=a$ 且 $a>0$（或 $a<0$），那么存在正整数 N，当 $n>N$ 时，都有 $x_n>0$（或 $x_n<0$）.

推论 1 如果 $\lim\limits_{n\to\infty} x_n=a$，$\lim\limits_{n\to\infty} y_n=b$，且 $x_n\geqslant y_n$，则 $a\geqslant b$.

推论 2 如果 $\lim\limits_{n\to\infty} x_n=a>b$（或 $a<b$），则当 n 充分大时，有 $x_n>b$（或 $x_n<b$）. 特别地，若 $b=0$，则当 n 充分大时，有 $x_n>0$（或 $x_n<0$）.

4）收敛数列与其子数列的关系. 如果数列 $\{x_n\}$ 收敛于 a，那么它的任一子列也收敛，且极限也是 a.

（2）函数极限的性质.

为简单明确起见，仅就 $x\to x_0$ 的情形叙述. 其他五种极限形式有相同的性质.

1）函数极限的唯一性. 如果极限 $\lim\limits_{x\to x_0} f(x)$ 存在，则其极限唯一.

2）函数极限的局部有界性. 如果极限 $\lim\limits_{x\to x_0} f(x)$ 存在，则在点 x_0 的附近，函数 $f(x)$ 有界.

3）函数极限的局部保号性. 如果 $\lim\limits_{x\to x_0} f(x)=A$，$\lim\limits_{x\to x_0} g(x)=B$，且 $A>B$，则在点 x_0 的附近，有 $f(x)>g(x)$. 它的逆否命题为：如果 $\lim\limits_{x\to x_0} f(x)=A$，$\lim\limits_{x\to x_0} g(x)=B$，且在点 x_0 的附近，有 $f(x)\leqslant g(x)$，则 $A\leqslant B$.

特别的，如果 $\lim\limits_{x\to x_0} f(x)=A>B$（或 $A<B$），则在点 x_0 的附近，有 $f(x)>B$ ［或 $f(x)<B$］. 若 $B=0$，则在点 x_0 的附近，有 $f(x)>0$ ［或 $f(x)<0$］.

4）函数极限与数列极限的关系. 如果极限 $\lim\limits_{x\to x_0} f(x)$ 存在，$\{x_n\}$ 为函数 $f(x)$ 的定义

域内任一收敛于 x_0 的数列，且满足 $x_n \neq x_0 (n \in \mathbf{N}^+)$，那么相应的函数值数列 $\{f(x_n)\}$ 必收敛，且 $\lim\limits_{n \to \infty} f(x_n) = \lim\limits_{x \to x_0} f(x)$.

注意：有些教材把该性质称为海涅（Heine）定理或者归结原则，意义在于把函数极限归结为数列极限问题来处理.

7. 无穷小与无穷大

（1）定义.

1）当 $x \to x_0$（或 $x \to \infty$）时，若 $f(x) \to 0$，则称 $f(x)$ 为 $x \to x_0$（或 $x \to \infty$）时的无穷小.

2）对于任意 $M > 0$，存在 $\delta > 0$，当 $0 < |x - x_0| < \delta$ 时，若 $|f(x)| > M$ 恒成立，则称当 $x \to x_0$ 时，$f(x)$ 为 $x \to x_0$ 时的无穷大.

同样的方法，可以定义 $x \to \infty$ 时的无穷大.

（2）无穷小的比较.

在同一变化过程中，设 $\alpha \to 0$，$\beta \to 0$，那么

1）若 $\lim \dfrac{\beta}{\alpha} = 0$，则称 β 相对于 α 是高阶无穷小，记为 $\beta = o(\alpha)$.

2）若 $\lim \dfrac{\beta}{\alpha} = \infty$，则称 β 相对于 α 是低阶无穷小.

3）若 $\lim \dfrac{\beta}{\alpha} = c \neq 0$，则称 β 与 α 是同阶无穷小.

4）若 $\lim \dfrac{\beta}{\alpha^k} = c \neq 0$，则称 β 是关于 α 的 k 阶无穷小.

5）若 $\lim \dfrac{\beta}{\alpha} = 1$，则称 β 与 α 是等价无穷小，记为 $\alpha \sim \beta$.

（3）等价无穷小的替换原理.

在同一变换过程中，设 $\alpha \sim \alpha'$，$\beta \sim \beta'$，且 $\lim \dfrac{\beta'}{\alpha'}$ 存在，则 $\lim \dfrac{\beta}{\alpha} = \lim \dfrac{\beta'}{\alpha'}$.

在利用等价无穷小求函数极限的时候，$x \to 0$ 时，常见的一些等价无穷小有：$\sin x \sim x$，$\tan x \sim x$，$\arcsin x \sim x$，$\arctan x \sim x$，$1 - \cos x \sim \dfrac{1}{2} x^2$，$\ln(1 + x) \sim x$，$e^x - 1 \sim x$，$(1 + x)^a - 1 \sim \alpha x$.

8. 极限的运算法则及计算

如果 $\lim f(x) = A$，$\lim g(x) = B$，那么

1）$\lim[f(x) \pm g(x)] = \lim f(x) \pm \lim g(x) = A \pm B$.

2）$\lim[f(x)g(x)] = \lim f(x) \lim g(x) = AB$.

3）若又有 $B \neq 0$，则 $\lim \dfrac{f(x)}{g(x)} = \dfrac{\lim f(x)}{\lim g(x)} = \dfrac{A}{B}$.

4）特别的，如果 $\lim f(x)$ 存在，而 c 为常数，则 $\lim[cf(x)] = c \lim f(x)$；如果 $\lim f(x)$ 存在，而 n 是正整数，则 $\lim[f(x)]^n = [\lim f(x)]^n$.

注意：上述极限包括极限的七种类型，前提条件是极限存在.

9. 极限的存在法则及应用

(1) 夹逼准则.

如果数列 $\{x_n\}$、$\{y_n\}$ 及 $\{z_n\}$ 满足下列条件：

① $y_n \leqslant x_n \leqslant z_n (n=1,2,3,\cdots)$；

② $\lim\limits_{n \to \infty} y_n = A$，$\lim\limits_{n \to \infty} z_n = A$；

那么数列 $\{x_n\}$ 的极限存在，且 $\lim\limits_{n \to \infty} x_n = A$.

注意：夹逼准则也适用于函数.

(2) 单调有界准则.

单调有界数列必有极限.

10. 两个重要极限及应用

1) $\lim\limits_{x \to 0} \dfrac{\sin x}{x} = 1 \left(\dfrac{0}{0} 型 \right)$.

2) $\lim\limits_{x \to \infty} \left(1 + \dfrac{1}{x} \right)^x = \mathrm{e}$ （1^∞ 型）.

11. 函数连续的定义

1) 设函数 $y = f(x)$ 在点 x_0 的某一邻域内有定义，如果

$$\lim_{\Delta x \to 0} \Delta y = \lim_{\Delta x \to 0} [f(x_0 + \Delta x) - f(x_0)] = 0$$

那么就称函数 $y = f(x)$ 在点 x_0 连续. 若 $\lim\limits_{\Delta x \to 0} \Delta y \neq 0$，则称该函数在点 x_0 不连续.

2) 设函数 $y = f(x)$ 在点 x_0 的某一邻域内有定义，如果

$$\lim_{x \to x_0} f(x) = f(x_0)$$

那么就称函数 $y = f(x)$ 在点 x_0 连续.

3) 设函数 $y = f(x)$ 在点 x_0 处有 $\lim\limits_{x \to x_0^-} f(x) = f(x_0)$，那么就称函数 $y = f(x)$ 在点 x_0 左连续.

设函数 $y = f(x)$ 在点 x_0 处有 $\lim\limits_{x \to x_0^+} f(x) = f(x_0)$，那么就称函数 $y = f(x)$ 在点 x_0 右连续. 当 $\lim\limits_{x \to x_0^-} f(x) = \lim\limits_{x \to x_0^+} f(x) = f(x_0)$ 时，称 $f(x)$ 在点 x_0 连续.

注意：函数 $f(x)$ 在点 x_0 连续的三种定义形式不同，但其实质是相同的，互相之间是等价的.

12. 间断点的类型

如果函数 $f(x)$ 在点 x_0 不连续，则称 x_0 是 $f(x)$ 的间断点.

(1) 第一类间断点.

若 $f(x)$ 在点 x_0 处的左右极限都存在，那么 x_0 称为函数 $f(x)$ 的第一类间断点. 第一类间断点包含以下两种：

1) 可去间断点：$f(x)$ 在点 x_0 处的左右极限都存在且相等.

2) 跳跃间断点：$f(x)$ 在点 x_0 处的左右极限都存在但不相等，发生了跳跃.

(2) 第二类间断点.

若 $f(x)$ 在点 x_0 处的左右极限至少有一个不存在，那么 x_0 称为函数 $f(x)$ 的第二类

间断点. 第二类间断点有以下几种类型：

1）无穷间断点：$f(x)$ 在点 x_0 处的极限不存在且趋向于 ∞. 例如：$x=\dfrac{\pi}{2}$ 就是 $y=\tan x$ 的无穷间断点.

2）震荡间断点：当 $x\to x_0$ 时，$f(x)$ 的函数值在 a 和 b 之间变动无数多次，其中 $a\neq b$.

13. **连续函数的运算及初等函数的连续性**

（1）连续函数的和、差、积、商的连续性.

设函数 $f(x)$ 和 $g(x)$ 在点 x_0 连续，则它们的和（差）$f\pm g$，积 $f\cdot g$ 及商 $\dfrac{f}{g}$〔当 $g(x_0)\neq0$时〕都在点 x_0 连续.

（2）反函数的连续性.

如果函数 $y=f(x)$ 在区间 I_x 上单调增加（或单调减少）且连续，那么它的反函数 $x=f^{-1}(y)$ 也在对应的区间 $I_y=\{y\,|\,y=f(x),x\in I_x\}$ 上单调增加（或单调减少）且连续.

（3）复合函数的连续性.

函数 $y=f[g(x)]$ 是由函数 $y=f(u)$ 与函数 $u=g(x)$ 复合而成的，$U(x_0)\subset D_{f\circ g}$. 若函数 $u=g(x)$ 在 $x=x_0$ 连续，且 $g(x_0)=u_0$，而函数 $y=f(u)$ 在 $u=u_0$ 连续，则复合函数 $y=f[g(x)]$ 在 $x=x_0$ 也连续.

（4）初等函数的连续性.

首先，基本初等函数在其定义域内都是连续的. 根据初等函数的定义，一切初等函数在其定义区间内都是连续的.

14. **闭区间上连续函数的性质**

（1）最值性.

若 $f(x)$ 在 $[a,b]$ 上连续，则 $f(x)$ 在 $[a,b]$ 上必能取得最小值 m 和最大值 M，即在 $[a,b]$ 上至少存在两点 ξ_1 和 ξ_2，使得 $f(\xi_1)=M$，$f(\xi_2)=m$.

（2）有界性.

若 $f(x)$ 在 $[a,b]$ 上连续，则 $f(x)$ 在 $[a,b]$ 上必有界.

（3）介值性.

若 $f(x)$ 在 $[a,b]$ 上连续，且 $f(a)=A$，$f(b)=B(A\neq B)$，则对介于 A、B 之间的任何一个数 C，至少存在一点 $\xi\in(a,b)$，使得 $f(\xi)=C$.

注意：实际上，闭区间上连续函数必能取得介于最大值与最小值之间的任何值.

（4）零点存在定理.

若 $f(x)$ 在 $[a,b]$ 上连续，且 $f(a)$ 与 $f(b)$ 异号，则至少存在一点 $\xi\in(a,b)$，使得 $f(\xi)=0$，ξ 称为 $f(x)$ 的零点.

四、例题解析

【例 1-1】 下列函数 $f(x)$ 与 $g(x)$ 是否相同？

（1）$f(x)=\dfrac{x-1}{x^2-1}$ 与 $g(x)=\dfrac{1}{x+1}$；

(2) $f(x)=\sqrt{(1-x)^2}$ 与 $g(x)=1-x$；

(3) $f(x)=x$ 与 $g(x)=\ln e^x$.

解 (1) $f(x)$ 的定义域为 $x\neq\pm1$，$g(x)$ 的定义域为 $x\neq-1$，故 $f(x)$ 与 $g(x)$ 不是相同的函数.

(2) $f(x)=\sqrt{(1-x)^2}=|1-x|$，所以当 $x>1$ 时，$f(x)\neq g(x)$，即 $f(x)$ 与 $g(x)$ 的对应法则不相同，故 $f(x)$ 与 $g(x)$ 不是相同的函数.

(3) 对 $\forall x$，$\ln e^x=x$，所以 $f(x)$ 与 $g(x)$ 的定义域相同且对应法则也相同，故 $f(x)$ 与 $g(x)$ 是相同的函数.

【例 1-2】 求下列函数的定义域：

(1) $f(x)=\dfrac{\sqrt{1-x^2}}{x}+\ln(2x^2-x)$；

(2) $f(x)=\dfrac{1}{1-x^2}+\arcsin\dfrac{1}{x+1}$.

解 (1) 为使函数有意义，自变量 x 必须满足

$$\begin{cases} 1-x^2\geqslant0 \\ x\neq0 \\ 2x^2-x>0 \end{cases}, \quad 即 \begin{cases} -1\leqslant x\leqslant1 \\ x\neq0 \\ x<0 \text{ 或 } x>\dfrac{1}{2} \end{cases}, \quad 解得 -1\leqslant x<0 \text{ 或 } \dfrac{1}{2}<x\leqslant1.$$

所以函数的定义域为 $\left[-1,0\right)\cup\left(\dfrac{1}{2},1\right]$.

(2) 依题意必须有 $\begin{cases} 1-x^2\neq0 \\ x+1\neq0 \\ \left|\dfrac{1}{x+1}\right|\leqslant1 \end{cases}$，即 $\begin{cases} x\neq\pm1 \\ x\neq-1 \\ x\leqslant-2 \text{ 或 } x\geqslant0 \end{cases}$，解得 $x\leqslant-2$ 或 $0\leqslant x<1$ 或 $x>1$.

所以函数的定义域为 $(-\infty,-2]\cup[0,1)\cup(1,+\infty)$.

【例 1-3】 设 $f(x+1)=x^2+x+3$，求 $f(x)$.

分析：首先，把 $f(x+1)$ 看作一个整体，用拼凑法将等式右边改写成 $(x+1)$ 的函数关系式，再换元写出函数的表达式.

解

解法一：$f(x+1)=(x+1)^2-(x+1)+3$，则 $f(x)=x^2-x+3$.

解法二：令 $\mu=x+1$，则 $x=\mu-1$，代入得

$$f(\mu)=(\mu-1)^2+(\mu-1)+3=\mu^2-\mu+3$$

所以 $f(x)=x^2-x+3$.

【例 1-4】 $f(x)=\begin{cases} x, & |x|\geqslant1 \\ x^2, & |x|<1 \end{cases}$，$g(x)=2\lg x$，求 $f(g(x))$，$g(f(x))$.

分析：考查两个函数的复合函数求法，注意一定要写出函数的定义域.

解 (1) $f(g(x)) = \begin{cases} 2\lg x, & |\lg x| \geqslant 1 \\ (2\lg x)^2, & |\lg x| < 1 \end{cases} = \begin{cases} 2\lg x, & 0 < x \leqslant \dfrac{1}{10} \text{ 或 } x \geqslant 10 \\ 4\lg^2 x, & \dfrac{1}{10} < x < 10 \end{cases}$.

(2) $g(f(x)) = 2\lg f(x)$,故 $f(x) > 0$.

当 $|x| \geqslant 1$ 时,即 $x \leqslant -1$ 或 $x \geqslant 1$ 时,有 $f(x) = x$. 显然,$x \leqslant -1$ 时 $\lg x$ 无意义,故
$$g(f(x)) = 2\lg f(x) = 2\lg x (x \geqslant 1 \text{ 时})$$

当 $|x| < 1$ 时,即 $-1 < x < 1$ 时,$f(x) = x^2$. 显然 $f(0) = 0$ 不符合 $f(x) > 0$ 的要求,故 $x = 0$ 不在 $g(f(x))$ 的定义域内,所以 $g(f(x)) = 2\lg f(x) = 2\lg x^2 (-1 < x < 0$ 或 $0 < x < 1)$. 故
$$g(f(x)) = \begin{cases} 2\lg x, & x \geqslant 1 \\ 2\lg x^2, & -1 < x < 0 \text{ 或 } 0 < x < 1 \end{cases}$$

【例 1-5】 求下列函数的反函数:

(1) $y = 1 + \log_4 x$;

(2) $y = \dfrac{2^x}{2^x + 1}$.

解 (1) $\log_4 x = y - 1$,$x = 4^{y-1} = \dfrac{1}{4} 4^y$,$y \in \mathbf{R}$.

则反函数为 $y = \dfrac{1}{4} 4^x$,$x \in \mathbf{R}$.

(2) $\lim\limits_{x \to -\infty} \dfrac{2^x}{2^x + 1} = 0$,$\lim\limits_{x \to +\infty} \dfrac{2^x}{2^x + 1} = 1$,则 $y \in (0, 1)$

$$y 2^x + y = 2^x, \quad 2^x = \dfrac{y}{1 - y}, \quad x = \log_2 \dfrac{y}{1 - y}, \quad y \in (0, 1).$$

则反函数为 $y = \log_2 \dfrac{x}{1 - x}$,$x \in (0, 1)$.

【例 1-6】 求 $\lim\limits_{n \to \infty} \dfrac{1^2 + 2^2 + \cdots + n^2}{n^2} - \dfrac{n}{3}$.

解 $\lim\limits_{n \to \infty} \dfrac{1^2 + 2^2 + \cdots + n^2}{n^2} - \dfrac{n}{3} = \lim\limits_{n \to \infty} \left[\dfrac{\dfrac{n(n+1)(2n+1)}{6}}{n^2} - \dfrac{n}{3} \right]$

$$= \lim\limits_{n \to \infty} \left[\dfrac{\left(1 + \dfrac{1}{n}\right)(2n+1) - 2n}{6} \right] = \lim\limits_{n \to \infty} \dfrac{2 + 1 + \dfrac{1}{n}}{6} = \dfrac{1}{2}.$$

【例 1-7】 求极限 $\lim\limits_{n \to \infty} \left(1 - \dfrac{1}{2^2}\right)\left(1 - \dfrac{1}{3^2}\right) \cdots \left(1 - \dfrac{1}{n^2}\right)$.

解 $1 - \dfrac{1}{k^2} = \dfrac{k^2 - 1}{k^2} = \dfrac{k-1}{k} \dfrac{k+1}{k}$.

$$\lim\limits_{n \to \infty} \left(1 - \dfrac{1}{2^2}\right)\left(1 - \dfrac{1}{3^2}\right) \cdots \left(1 - \dfrac{1}{n^2}\right) = \lim\limits_{n \to \infty} \dfrac{1}{2} \cdot \dfrac{3}{2} \times \dfrac{2}{3} \cdot \dfrac{4}{3} \times \cdots \times \dfrac{n-1}{n} \cdot \dfrac{n+1}{n}$$

$$= \lim\limits_{n \to \infty} \dfrac{1}{2} \cdot \dfrac{n+1}{n} = \dfrac{1}{2}.$$

【例 1 - 8】 证明：$\lim\limits_{n\to\infty}\dfrac{\sqrt{n^2+n}}{n}=1$.

解 $\forall \varepsilon>0$，$\left|\dfrac{\sqrt{n^2+n}}{n}-1\right|=\left|\dfrac{(\sqrt{n^2+n}-n)(\sqrt{n^2+n}+n)}{n(\sqrt{n^2+n}+n)}\right|=\left|\dfrac{1}{\sqrt{n^2+n}+n}\right|<\dfrac{1}{n}$，

要使 $\left|\dfrac{\sqrt{n^2+n}}{n}-1\right|<\varepsilon$，取 $N=\left[\dfrac{1}{\varepsilon}\right]$，当 $n>N$ 时，恒有 $\left|\dfrac{\sqrt{n^2+n}}{n}-1\right|<\dfrac{1}{n}<\varepsilon$.

【例 1 - 9】 已知 $a>0$，$x_1>0$，定义 $x_{n+1}=\dfrac{1}{4}\left(3x_n+\dfrac{a}{x_n^3}\right)(n=1,2,3,\cdots)$. 证明 $\lim\limits_{n\to+\infty}x_n$ 存在，并求其值.

解 第一步，先证数列 $\{x_n\}$ 的极限存在.

当 $n\geqslant 2$ 时，$x_{n+1}=\dfrac{1}{4}\left(x_n+x_n+x_n+\dfrac{a}{x_n^3}\right)\geqslant\sqrt[4]{x_n x_n x_n\dfrac{a}{x_n^3}}=\sqrt[4]{a}$，因此数列 $\{x_n\}$ 有下界. 又 $\dfrac{x_{n+1}}{x_n}=\dfrac{1}{4}\left(3+\dfrac{a}{x_n^4}\right)\leqslant\dfrac{1}{4}\left(3+\dfrac{a}{a}\right)=1$，即 $x_{n+1}\leqslant x_n$，所以 $\{x_n\}$ 单调递减. 由极限存在准则知，数列 $\{x_n\}$ 有极限.

第二步，求数列 $\{x_n\}$ 的极限.

设 $\lim\limits_{n\to+\infty}x_n=A$，则有 $A\geqslant\sqrt[4]{a}>0$.

由 $\lim\limits_{n\to+\infty}x_{n+1}=\dfrac{1}{4}\lim\limits_{n\to+\infty}\left(3x_n+\dfrac{a}{x_n^3}\right)$，得 $A=\dfrac{1}{4}\left(3A+\dfrac{a}{A^3}\right)$，解得 $A=\sqrt[4]{a}$（舍掉负根），即 $\lim\limits_{n\to+\infty}x_n=\sqrt[4]{a}$.

【例 1 - 10】 设 $f(x)=\dfrac{x}{2x}$，$g(x)=\dfrac{|x|}{2x}$，求当 $x\to0$ 时它们的左、右极限，并说明它们当 $x\to0$ 时的极限是否存在.

分析：由定义先求出左、右极限，若左右极限存在且相等，则函数在该点的极限存在；否则，称函数在该点的极限不存在.

解 (1) $\lim\limits_{x\to0^+}f(x)=\lim\limits_{x\to0^+}\dfrac{x}{2x}=\dfrac{1}{2}$，$\lim\limits_{x\to0^-}f(x)=\lim\limits_{x\to0^-}\dfrac{x}{2x}=\dfrac{1}{2}$，$\lim\limits_{x\to0^+}f(x)=\lim\limits_{x\to0^-}f(x)=\dfrac{1}{2}$. 所以 $\lim\limits_{x\to0}f(x)$ 存在，且 $\lim\limits_{x\to0}f(x)=\dfrac{1}{2}$.

(2) $\lim\limits_{x\to0^+}g(x)=\lim\limits_{x\to0^+}\dfrac{|x|}{2x}=\dfrac{1}{2}$，$\lim\limits_{x\to0^-}g(x)=\lim\limits_{x\to0^-}\dfrac{|x|}{2x}=-\dfrac{1}{2}$，$\lim\limits_{x\to0^+}g(x)\neq\lim\limits_{x\to0^-}g(x)$. 所以 $\lim\limits_{x\to0}g(x)$ 不存在.

【例 1 - 11】 求极限 $\lim\limits_{x\to1}f(x)$，其中 $f(x)=\begin{cases}x^2, & x\leqslant1\\ 2-x, & x>1\end{cases}$.

解 由于 $\lim\limits_{x\to1^-}f(x)=\lim\limits_{x\to1^-}x^2=1$，$\lim\limits_{x\to1^+}f(x)=\lim\limits_{x\to1^+}(2-x)=1$，则 $\lim\limits_{x\to1}f(x)=1$.

【例 1 - 12】 求下列极限：

(1) $\lim\limits_{x\to\infty}\dfrac{\ln(x^2-x+1)}{\ln(x^9+x+1)}$；(2) $\lim\limits_{x\to0}\dfrac{\sqrt{1+x}-\sqrt{1-x}}{\sin x}$.

分析：（1）所求代数式是 $\dfrac{\infty}{\infty}$ 型，利用无穷大与无穷小的关系消去无穷因式求该极限.

（2）所求代数式属 $\dfrac{0}{0}$ 型，且分子带根号，则先进行有理化，再求出极限.

解 （1）原式 $=\lim\limits_{x\to\infty}\dfrac{\ln\left[x^2\left(1-\dfrac{x}{x^2}+\dfrac{1}{x^2}\right)\right]}{\ln\left[x^9\left(1+\dfrac{x}{x^9}+\dfrac{1}{x^9}\right)\right]}=\lim\limits_{x\to\infty}\dfrac{2\ln x+\ln\left(1-\dfrac{1}{x}+\dfrac{1}{x^2}\right)}{9\ln x+\ln\left(1+\dfrac{1}{x^8}+\dfrac{1}{x^9}\right)}=\dfrac{2}{9}.$

（2）原式 $=\lim\limits_{x\to0}\dfrac{(\sqrt{1+x}-\sqrt{1-x})(\sqrt{1+x}+\sqrt{1-x})}{\sin x(\sqrt{1+x}+\sqrt{1-x})}=\lim\limits_{x\to0}\dfrac{2x}{\sin x(\sqrt{1+x}+\sqrt{1-x})}$

$=2\lim\limits_{x\to0}\dfrac{x}{\sin x}\lim\limits_{x\to0}\dfrac{1}{\sqrt{1+x}+\sqrt{1-x}}=1.$

【例 1 - 13】 已知 $\lim\limits_{x\to\infty}\left(\dfrac{x^2}{x+1}-ax-b\right)=0$，其中 a、b 为常数. 求 a、b.

分析：（1）综合利用函数表达式的特点及极限 $x\to\infty$ 时的性质求解.

（2）此题实质上是求相应曲线的渐近线问题，a、b 可以直接代入公式得.

解

解法一：$\lim\limits_{x\to\infty}\left(\dfrac{x^2}{x+1}-ax-b\right)=\lim\limits_{x\to\infty}\dfrac{(1-a)x^2-(a+b)x-b}{x+1}.$

当 $x\to\infty$ 时，分母趋于无穷大，要使整个分式极限为零，则分子中二次项及一次项的

系数都必须为零，即 $\begin{cases}1-a=0\\-(a+b)=0\end{cases}$，解得 $\begin{cases}a=1\\b=-1\end{cases}$.

解法二：因为 $\lim\limits_{x\to\infty}\left(\dfrac{x^2}{x+1}-ax-b\right)=0$，则 $\lim\limits_{x\to\infty}\dfrac{\dfrac{x^2}{x+1}-ax-b}{x}=\lim\limits_{x\to\infty}\left(\dfrac{x}{x+1}-a\right)=0.$

所以 $a=\lim\limits_{x\to\infty}\dfrac{x}{x+1}=1.$

再由 $\lim\limits_{x\to\infty}\left(\dfrac{x^2}{x+1}-ax-b\right)=0$，得 $b=\lim\limits_{x\to\infty}\left(\dfrac{x^2}{x+1}-x\right)=\lim\limits_{x\to\infty}\dfrac{-x}{x+1}=-1.$

所以 $a=1$，$b=-1$.

【例 1 - 14】 已知 $\lim\limits_{x\to a}\dfrac{x^2+bx+3b}{x-a}=8$，求常数 a、b.

分析：综合利用函数表达式的特点及极限 $x\to a$ 时的性质求解.

解 由于 $x-a$ 在 $x\to a$ 时趋于 0，极限值为 8，故此极限式必为 $\dfrac{0}{0}$ 型极限. 由因式分

解得 $x^2+bx+3b=(x-a)(x+c)=x^2+(c-a)x-ac$（$c$ 为待定常数），比较两边系数有

$\begin{cases}c-a=b\\-ac=3b\end{cases}$，再由 $\lim\limits_{x\to a}\dfrac{x^2+bx+3b}{x-a}=\lim\limits_{x\to a}(x+c)=a+c$，得到 $a+c=8$.

联立方程组 $\begin{cases}c-a=b\\-ac=3b\\a+c=8\end{cases}$，解得 $\begin{cases}a=6\\b=-4\end{cases}$ 或 $\begin{cases}a=-4\\b=16\end{cases}$.

【例 1 - 15】 求下列极限：

(1) $\lim\limits_{x\to\infty}\dfrac{x^2+x-1}{2x^2+1}$； (2) $\lim\limits_{x\to1}\left(\dfrac{1}{x-1}-\dfrac{3}{x^3-1}\right)$； (3) $\lim\limits_{n\to\infty}\left(\cos\dfrac{\pi}{n}+\ln\dfrac{n^2+1}{n^2+n+2}\right)$.

解 (1) $\lim\limits_{x\to\infty}\dfrac{x^2+x-1}{2x^2+1}=\lim\limits_{x\to\infty}\dfrac{1+\dfrac{1}{x}-\dfrac{1}{x^2}}{2+\dfrac{1}{x^2}}=\dfrac{1}{2}$.

(2) $\lim\limits_{x\to1}\left(\dfrac{1}{x-1}-\dfrac{3}{x^3-1}\right)=\lim\limits_{x\to1}\dfrac{x^2+x+1-3}{x^3-1}=\lim\limits_{x\to1}\dfrac{(x-1)(x+2)}{(x-1)(x^2+x+1)}$

$=\lim\limits_{x\to1}\dfrac{x+2}{x^2+x+1}=\dfrac{1+2}{1^2+1+1}=1$.

(3) $\lim\limits_{n\to\infty}\left(\cos\dfrac{\pi}{n}+\ln\dfrac{n^2+1}{n^2+n+2}\right)=\lim\limits_{n\to\infty}\cos\dfrac{\pi}{n}+\lim\limits_{n\to\infty}\ln\dfrac{n^2+1}{n^2+n+2}=\cos0+\ln1=1$.

【例 1 - 16】 求 $\lim\limits_{x\to\infty}\left(1-\dfrac{1}{x}\right)^x$.

解 令 $t=-x$，则 $x\to\infty$ 时，$t\to\infty$.

$$\lim\limits_{x\to\infty}\left(1-\dfrac{1}{x}\right)^x=\lim\limits_{t\to\infty}\left(1+\dfrac{1}{t}\right)^{-t}=\lim\limits_{t\to\infty}\dfrac{1}{\left(1+\dfrac{1}{t}\right)^t}=\dfrac{1}{e}.$$

【例 1 - 17】 求下列极限：

(1) $\lim\limits_{x\to\infty}\left(\dfrac{1+x}{x}\right)^{3x}$； (2) $\lim\limits_{x\to0}\dfrac{\sin\dfrac{x}{2}}{2x}$； (3) $\lim\limits_{x\to0}(\sin x+\cos x)^{\frac{1}{x}}$； (4) $\lim\limits_{x\to0}\left(x\sin\dfrac{1}{x}\right)$；

(5) $\lim\limits_{x\to\infty}\left(x\sin\dfrac{1}{x}\right)$.

解 (1) $\lim\limits_{x\to\infty}\left(\dfrac{1+x}{x}\right)^{3x}=\lim\limits_{x\to\infty}\left[\left(1+\dfrac{1}{x}\right)^x\right]^3=e^3$.

(2) $\lim\limits_{x\to0}\dfrac{\sin\dfrac{x}{2}}{2x}=\lim\limits_{x\to0}\dfrac{1}{4}\cdot\dfrac{\sin\dfrac{x}{2}}{\dfrac{x}{2}}=\dfrac{1}{4}$.

(3) $\lim\limits_{x\to0}(\sin x+\cos x)^{\frac{1}{x}}=\lim\limits_{x\to0}\left[(\sin x+\cos x)^2\right]^{\frac{1}{2x}}=\lim\limits_{x\to0}(1+\sin2x)^{\frac{1}{2x}}$

$=\lim\limits_{x\to0}\left[(1+\sin2x)^{\frac{1}{\sin2x}}\right]^{\frac{\sin2x}{2x}}=e$.

(4) 由于 $\sin\dfrac{1}{x}$ 有界，当 $x\to0$ 时，原式 $=0$.

(5) 原式 $=\lim\limits_{x\to\infty}\dfrac{\sin\dfrac{1}{x}}{\dfrac{1}{x}}=1$.

【例 1 - 18】 当 $x\to1$ 时，无穷小 $1-x$ 和 (1) $(1-x)^2$，(2) $1-x^3$，(3) $\dfrac{1}{2}(1-x^2)$ 是低阶无穷小，高阶无穷小还是同阶无穷小？是否等价无穷小？

解 (1) $\lim\limits_{x\to 1}\dfrac{1-x}{(1-x)^2}=\lim\limits_{x\to 1}\dfrac{1}{1-x}=\infty$，因此无穷小 $1-x$ 是 $(1-x)^2$ 的低阶无穷小，显然不是等价无穷小.

(2) $\lim\limits_{x\to 1}\dfrac{1-x}{1-x^3}=\lim\limits_{x\to 1}\dfrac{1}{1+x+x^2}=\dfrac{1}{3}$，因此无穷小 $1-x$ 是 $1-x^3$ 的同阶无穷小，但不是等价无穷小.

(3) $\lim\limits_{x\to 1}\dfrac{1-x}{\frac{1}{2}(1-x^2)}=\lim\limits_{x\to 1}\dfrac{1}{\frac{1}{2}(1+x)}=1$，因此无穷小 $1-x$ 是 $\dfrac{1}{2}(1-x^2)$ 的同阶无穷小，而且也是等价无穷小.

*【例 1 - 19】 已知 $\lim\limits_{x\to 0}\dfrac{2\arctan x-\ln\dfrac{1+x}{1-x}}{x^n}=C\neq 0$，试确定常数 n 和 C 的值.

解
$$\lim\limits_{x\to 0}\dfrac{2\arctan x-\ln\dfrac{1+x}{1-x}}{x^n}=\lim\limits_{x\to 0}\dfrac{\dfrac{2}{1+x^2}-\dfrac{1}{1+x}-\dfrac{1}{1-x}}{nx^{n-1}}=\lim\limits_{x\to 0}\dfrac{1}{nx^{n-1}}\cdot\dfrac{-4x^2}{1-x^4}$$
$$=\lim\limits_{x\to 0}\dfrac{-4}{nx^{n-3}(1-x^4)}.$$

故 $n=3$，$C=-\dfrac{4}{3}$.

【例 1 - 20】 利用等价无穷小的替换性质，求下列函数的极限：

(1) $\lim\limits_{x\to 0}\dfrac{\tan 2x}{x^3+3x}$；(2) $\lim\limits_{x\to 0}\dfrac{\tan(2x^2)}{1-\cos^2 x}$；(3) $\lim\limits_{x\to 0}\dfrac{(x^2+2)\sin x}{\arcsin x}$；(4) $\lim\limits_{x\to 0^+}(\cos\sqrt{x})^{\frac{p}{2x}}$.

解 (1) $\lim\limits_{x\to 0}\dfrac{\tan 2x}{x^3+3x}=\lim\limits_{x\to 0}\dfrac{2x}{3x}=\dfrac{2}{3}$.

(2) $\lim\limits_{x\to 0}\dfrac{\tan(2x^2)}{1-\cos^2 x}=\lim\limits_{x\to 0}\dfrac{2x^2}{\sin^2 x}=\lim\limits_{x\to 0}\dfrac{2x^2}{x^2}=2$.

(3) $\lim\limits_{x\to 0}\dfrac{(x^2+2)\sin x}{\arcsin x}=\lim\limits_{x\to 0}\dfrac{(x^2+2)x}{x}=\lim\limits_{x\to 0}(x^2+2)=2$.

(4) $\lim\limits_{x\to 0^+}(\cos\sqrt{x})^{\frac{p}{2x}}=\lim\limits_{x\to 0^+}\Big[1+(\cos\sqrt{x}-1)\Big]^{\frac{1}{\cos\sqrt{x}-1}\cdot(\cos\sqrt{x}-1)\frac{p}{2x}}$

$$=\mathrm{e}^{\lim\limits_{x\to 0^+}\frac{-2\sin^2\frac{\sqrt{x}}{2}}{x}\cdot\frac{p}{2}}=\mathrm{e}^{\lim\limits_{x\to 0^+}\frac{-2\left(\frac{\sqrt{x}}{2}\right)^2}{x}\cdot\frac{p}{2}}=\mathrm{e}^{-\frac{p}{4}}.$$

【例 1 - 21】 求极限 $\lim\limits_{x\to 0}(\cos x)^{\frac{1}{\ln(1+x^2)}}$.

解 此类型的题目有多种解法，这里利用重要极限来求.

$$\lim\limits_{x\to 0}(\cos x)^{\frac{1}{\ln(1+x^2)}}=\lim\limits_{x\to 0}\big[1+(\cos x-1)\big]^{\frac{1}{\cos x-1}\cdot\frac{\cos x-1}{\ln(1+x^2)}}.$$

当 $x\to 0$ 时，$1-\cos x\sim\dfrac{1}{2}x^2$，$\ln(1+x)\sim x$. 利用等价无穷小因子替换求得

$$\lim\limits_{x\to 0}(\cos x-1)\cdot\dfrac{1}{\ln(1+x^2)}=\lim\limits_{x\to 0}\dfrac{-\dfrac{1}{2}x^2}{x^2}=-\dfrac{1}{2}，\quad\text{故}\lim\limits_{x\to 0}(\cos x)^{\frac{1}{\ln(1+x^2)}}=\mathrm{e}^{-\frac{1}{2}}.$$

【例 1 - 22】 求极限 $\lim\limits_{x \to 0} \dfrac{\sqrt{1+x\sin x}-1}{\mathrm{e}^{x^2}-1}$.

解 当 $x \to 0$ 时，$x\sin x \to 0$，则 $\sqrt{1+x\sin x}-1=(1+x\sin x)^{\frac{1}{2}}-1 \to \dfrac{1}{2}x\sin x$.

而 $\mathrm{e}^{x^2}-1 \to x^2$，

故原式 $= \lim\limits_{x \to 0} \dfrac{\dfrac{1}{2}x\sin x}{x^2} = \dfrac{1}{2}\lim\limits_{x \to 0}\dfrac{\sin x}{x} = \dfrac{1}{2}$.

【例 1 - 23】 利用极限存在准则证明 $\lim\limits_{n \to \infty} n\left(\dfrac{1}{n^2+\pi}+\dfrac{1}{n^2+2\pi}+\cdots+\dfrac{1}{n^2+n\pi}\right)=1$.

解 因为 $\dfrac{n^2}{n^2+n\pi} \leqslant n\left(\dfrac{1}{n^2+\pi}+\dfrac{1}{n^2+2\pi}+\cdots+\dfrac{1}{n^2+n\pi}\right) \leqslant \dfrac{n^2}{n^2+\pi}$，且 $\lim\limits_{n \to \infty}\dfrac{n^2}{n^2+n\pi}=1$，

$\lim\limits_{n \to \infty}\dfrac{n^2}{n^2+\pi}=1$，由夹逼定理知

$$\lim\limits_{n \to \infty} n\left(\frac{1}{n^2+\pi}+\frac{1}{n^2+2\pi}+\cdots+\frac{1}{n^2+n\pi}\right)=1$$

【例 1 - 24】 设 $a_1 \geqslant -12$，$a_{n+1}=\sqrt{a_n+12}$，$n=1$，2，3，$\cdots$，证明 $\lim\limits_{n \to \infty}a_n$ 存在并求其值.

解 因为 $a_{n+1}-a_n=\sqrt{a_n+12}-\sqrt{a_{n-1}+12}=\dfrac{a_n-a_{n-1}}{\sqrt{a_n+12}+\sqrt{a_{n-1}+12}}$，所以 $a_{n+1}-a_n$

与 a_n-a_{n-1} 的符号相同，且类似可得与 a_2-a_1 同号.

而 $a_2-a_1=\sqrt{a_1+12}-a_1=\dfrac{a_1+12-a_1^2}{\sqrt{a_1+12}+a_1}=-\dfrac{(a_1-4)(a_1+3)}{\sqrt{a_1+12}+a_1}$，于是

(1) 当 $a_1 \leqslant 0$ 时，有 $a_2 > a_1$，即数列 $\{a_n\}$ 单调增加.

(2) 当 $0 < a_1 < 4$ 时，也有 $a_2 > a_1$，数列 $\{a_n\}$ 单调增加.

(3) 当 $a_1 > 4$ 时，有 $a_2 < a_1$，数列 $\{a_n\}$ 单调减少.

(4) 当 $a_1 = 4$ 时，$a_n=4$，$n=1,2,3,\cdots$. 又 $a_{n+1}-4=\sqrt{a_n+12}-4=\dfrac{a_n-4}{\sqrt{a_n+12}+4}$，

即 $a_{n+1}-4$ 与 a_1-4 同号.

所以，当 $a_1 \leqslant 0$ 时，或 $0 < a_1 < 4$ 时，$a_n < 4$，$n=1,2,3,\cdots$，即数列 $\{a_n\}$ 有上界，此时数列 $\{a_n\}$ 单调增加且有上界，$\{a_n\}$ 收敛.

当 $a_1 > 4$ 时，$a_n > 4$，$n=1,2,3,\cdots$，数列 $\{a_n\}$ 有下界，此时数列 $\{a_n\}$ 单调减少且有下界，$\{a_n\}$ 收敛.

当 $a_1 = 4$ 时，$a_n=4$，$n=1,2,3,\cdots$，常数数列 $\{a_n\}$ 显然收敛.

综上所述，$\lim\limits_{n \to \infty}a_n$ 存在，设其值为 A，故 $A=\lim\limits_{n \to \infty}a_{n+1}=\lim\limits_{n \to \infty}\sqrt{a_n+12}=\sqrt{A+12}$.

而 $A^2-A-12=0$，$(A-4)(A+3)=0$，得 $A=4$（$A=-3$ 舍去，因 $a_n \geqslant 0$，$n=1,2$，$3,\cdots$）.

【例 1 - 25】 利用函数的连续性求 $\lim\limits_{x \to 1}\dfrac{\ln(\mathrm{e}^x+\mathrm{e}^{x^2})}{\arccos x+\sqrt{3^x+1}}$ 的极限.

分析：由于 $f(x)=\dfrac{\ln(\mathrm{e}^x+\mathrm{e}^{x^2})}{\arccos x+\sqrt{3^x+1}}$ 是初等函数，且 $x=1$ 在其定义域内，从而在

$x=1$ 处连续，因此其极限值等于该点的函数值.

解 原式 $=\dfrac{\ln(\mathrm{e}+\mathrm{e})}{\arccos 1+\sqrt{3+1}}=\dfrac{\ln(2\mathrm{e})}{2}=\dfrac{1}{2}(1+\ln 2)$.

【例 1-26】 研究下列函数的连续性：

(1) $f(x)=\begin{cases}x^2+1,&x\leqslant 1\\3-x,&\text{其他}\end{cases}$；(2) $f(x)=\begin{cases}x+1,&-1\leqslant x\leqslant 1\\2,&\text{其他}\end{cases}$.

解 (1) 显然 $f(x)$ 在 $(-\infty,1]$ 和 $(1,+\infty)$ 上连续，而 $\lim\limits_{x\to 1^-}f(x)=\lim\limits_{x\to 1^-}(x^2+1)=2$，

$\lim\limits_{x\to 1^+}f(x)=\lim\limits_{x\to 1^+}(3-x)=2$，从而 $\lim\limits_{x\to 1^-}f(x)=\lim\limits_{x\to 1^+}f(x)=f(1)=2$，因此 $f(x)$ 在 $x=1$ 处连续，从

而在 $(-\infty,+\infty)$ 上连续.

(2) $\lim\limits_{x\to -1^-}f(x)=\lim\limits_{x\to -1^-}2=2$，$\lim\limits_{x\to -1^+}f(x)=\lim\limits_{x\to -1^+}(x+1)=0$，从而 $f(x)$ 在 $x=-1$ 处

极限不存在，因此不连续.

又 $\lim\limits_{x\to 1^-}f(x)=\lim\limits_{x\to 1^-}(x+1)=2$，$\lim\limits_{x\to 1^+}f(x)=\lim\limits_{x\to 1^+}2=2$，于是 $\lim\limits_{x\to 1^+}f(x)=\lim\limits_{x\to 1^-}f(x)=f(1)=2$，

因此 $f(x)$ 在 $x=1$ 处连续.

综上，$f(x)$ 在 $(-\infty,-1)$ 与 $(-1,+\infty)$ 上分段连续.

【例 1-27】 设 $f(x)=\begin{cases}2,&x=0,x=\pm 2\\4-x^2,&0<|x|<2\\4,&|x|>2\end{cases}$，求 $f(x)$ 的间断点，并指出是哪一类间

断点，若可去，则补充定义，使其在该点连续.

解 (1) $\lim\limits_{x\to 0}f(x)=4$，$f(0)=2$，故知 $x=0$ 为可去间断点，令 $f(0)=4$ 可使 $f(x)$ 在

$x=0$ 处连续.

(2) $\lim\limits_{x\to 2^+}f(x)=4$，$\lim\limits_{x\to 2^-}f(x)=0$，$x=2$ 为第一类间断点中的跳跃间断点.

(3) $\lim\limits_{x\to -2^-}f(x)=4$，$\lim\limits_{x\to -2^+}f(x)=0$，$x=-2$ 为第一类间断点的跳跃间断点.

*【例 1-28】 函数 $f(x)=\begin{cases}\dfrac{\ln(1+ax^3)}{x-\arcsin x},&x<0\\6,&x=0\\\dfrac{\mathrm{e}^{ax}+x^2-ax-1}{x\sin\dfrac{x}{4}},&x>0\end{cases}$，

(1) a 为何值时，$f(x)$ 在 $x=0$ 点处连续？

(2) a 为何值时，$x=0$ 为 $f(x)$ 的可去间断点？

解 $\lim\limits_{x\to 0^-}f(x)=\lim\limits_{x\to 0^-}\dfrac{\ln(1+ax^3)}{x-\arcsin x}=\lim\limits_{x\to 0^-}\dfrac{ax^3}{x-\arcsin x}=\lim\limits_{x\to 0^-}\dfrac{3ax^2}{1-\dfrac{1}{\sqrt{1-x^2}}}$

$=\lim\limits_{x\to 0^-}\dfrac{3ax^2(\sqrt{1-x^2}+1)\sqrt{1-x^2}}{(\sqrt{1-x^2}-1)(\sqrt{1-x^2}+1)}=-6a$

$$\lim_{x \to 0^+} f(x) = \lim_{x \to 0^+} \frac{e^{ax} + x^2 - ax - 1}{x \sin \frac{x}{4}} = 4 \lim_{x \to 0^+} \frac{e^{ax} + x^2 - ax - 1}{x^2}$$

$$= 4 \lim_{x \to 0^+} \frac{ae^{ax} + 2x - a}{2x} = 2 \lim_{x \to 0^+} (a^2 e^{ax} + 2) = 2a^2 + 4$$

令 $\lim\limits_{x \to 0^-} f(x) = \lim\limits_{x \to 0^+} f(x)$，即 $-6a = 2a^2 + 4$，解得 $a = -1$，$a = -2$.

当 $a = -1$ 时，$\lim\limits_{x \to 0} f(x) = 6 = f(0)$，故 $f(x)$ 在 $x = 0$ 处连续.

当 $a = -2$ 时，$\lim\limits_{x \to 0} f(x) = 12 \neq f(0) = 6$，故 $x = 0$ 为 $f(x)$ 的可去间断点.

【例 1-29】 设函数 $f(x)$ 在 $(-\infty, +\infty)$ 内有定义，对任意实数 x、y 有关系式 $f(x+y) = f(x) + f(y)$ 且 $f(x)$ 在 $x = 0$ 处连续. 试证：$f(x)$ 在 $(-\infty, +\infty)$ 内连续.

解 由题意有 $f(0+0) = f(0) + f(0)$，所以 $f(0) = 0$.

又对 $\forall x_0 \in (-\infty, +\infty)$，设 Δx 为增量，有

$$f(x_0 + \Delta x) = f(x_0) + f(\Delta x)$$

$$\lim_{\Delta x \to 0} f(x_0 + \Delta x) = \lim_{\Delta x \to 0} f(x_0) + \lim_{\Delta x \to 0} f(\Delta x) = f(x_0) + f(0) = f(x_0) + 0 = f(x_0)$$

又由 x_0 的任意性，知 $f(x)$ 在 $(-\infty, +\infty)$ 内连续.

【例 1-30】 证明方程 $x \cdot 2^x = 1$ 至少有一个小于 1 的根.

分析：直接利用闭区间上连续函数的性质即可证明.

解 设 $f(x) = x \cdot 2^x - 1$，则 $f(x)$ 在闭区间 $[0,1]$ 上连续，又

$$f(1) = 1 > 0, \quad f(0) = -1 < 0$$

根据介值定理，在开区间 $(0,1)$ 内至少有一点 ξ，使得

$$f(\xi) = 0, \quad 即 \ x \cdot 2^x - 1 = 0 \ (0 < \xi < 1)$$

该等式说明方程 $f(x) = x \cdot 2^x - 1$ 在开区间 $(0,1)$ 内至少有一个根.

【例 1-31】 试证明方程 $x = a \sin x + b$，其中 $a > 0$，$b > 0$，至少有一个正根，且不超过 $a + b$.

解 令 $f(x) = x - a \sin x - b$，则 $f(0) = -b < 0$，$f(a+b) = a + b - a \sin(a+b) - b > 0$.
由零点定理，$\exists \xi \in (0, a+b)$，使得 $f(\xi) = 0$.

【例 1-32】 设函数 $f(x)$ 在 $[a,b]$ 上连续，且函数的值域也是 $[a,b]$. 证明：至少存在一点 $\xi \in (a, b)$ 使 $f(\xi) = \xi$，其中 $b > a$.

分析：先由题意构造一个新的函数，再利用闭区间上连续函数的性质即可证明.

解 设 $F(x) = f(x) - x$，则 $F(x)$ 在 $[a,b]$ 上连续.

(1) 若 $F(a) = 0$（或 $F(b) = 0$），则 $f(a) = a$（或 $f(b) = b$），令 $\xi = a$（或 $\xi = b$）即可.

(2) 若 $F(a) \neq 0$，且 $F(b) \neq 0$，即 $f(a) \neq a$，$f(b) \neq b$.

由 $a \leq f(x) \leq b$ 知，$f(a) > a$，$f(b) < b$，即 $F(a) > 0$ 且 $F(b) < 0$. 由介值定理，至少 $\exists \xi \in (a,b)$，使 $F(\xi) = 0$，即 $f(\xi) = \xi$.

故原命题成立.

【例 1-33】 设 $f(x)=x^a\sin x$，其中 $a>0$，讨论函数 $f''(x)$ 在区间 $(0,\pi)$ 内零点的个数.

解 $f'(x)=ax^{a-1}\sin x+x^a\cos x$，$f''(x)=a(a-1)x^{a-2}\sin x+2ax^{a-1}\cos x-x^a\sin x$

$$=[a(a-1)x^{a-2}-x^a]\sin x+2ax^{a-1}\cos x$$

注意到：$x\in(0,\pi)$ 时，$\sin x\neq 0$，故方程 $f''(x)=0$ 与方程 $\cot x+\dfrac{a-1}{2x}-\dfrac{x}{2a}=0$ 同解.

令 $g(x)=\cot x+\dfrac{a-1}{2x}-\dfrac{x}{2a}$，$x\in(0,\pi)$.

$$\lim_{x\to 0^+}g(x)=\lim_{x\to 0^+}\left(\cot x+\frac{a-1}{2x}-\frac{x}{2a}\right)$$

$$=\lim_{x\to 0^+}\frac{2x\cos x+(a-1)\sin x}{2x\sin x}=\frac{1}{2}\lim_{x\to 0^+}\frac{2(\cos x-x\sin x)+(a-1)\cos x}{\sin x+x\cos x}$$

$$=\frac{1}{2}\lim_{x\to 0^+}\frac{(a+1)\cos x-2x\sin x}{\sin x+x\cos x}=+\infty$$

$$\lim_{x\to \pi^-}g(x)=\lim_{x\to \pi^-}\left(\cot x+\frac{a-1}{2x}-\frac{x}{2a}\right)=-\infty$$

由闭区间上连续函数零点定理知，$g(x)$ 在区间 $x\in(0,\pi)$ 内至少有一个零点. 又 $g'(x)=-\dfrac{1}{\sin^2 x}-\dfrac{a-1}{2x^2}-\dfrac{1}{2a}=\dfrac{2x^2-\sin^2 x}{2x^2\sin^2 x}-\dfrac{a}{2x^2}-\dfrac{1}{2a}<0$，即 $g(x)$ 在区间 $(0,\pi)$ 内单调递减，所以 $g(x)$ 在区间 $(0,\pi)$ 内至多有一个零点，从而函数 $f''(x)$ 在区间 $(0,\pi)$ 内有且仅有一个零点.

五、测试题

测 试 题　A

1. 选择题

(1) 设函数 $f(x)=x\tan x\,e^{\sin x}$，则 $f(x)$ 是（　　）.

A. 偶函数　　　　B. 无界函数　　　　C. 周期函数　　　　D. 单调函数

(2) 函数 $y=\dfrac{1}{x^3}$ 在区间 $(0,1)$ 内（　　）.

A. 有界且单调增加　　　　　　　　B. 无界且单调增加

C. 有界且单调减少　　　　　　　　D. 无界且单调减少

(3) 下列结论正确的是（　　）.

A. $y=5^x$ 与 $y=-5^x$ 的图形关于原点对称

B. $y=5^x$ 与 $y=-5^x$ 的图形关于 x 轴对称

C. $y=5^x$ 与 $y=-5^x$ 的图形关于 y 轴对称

D. $y=5^x$ 与 $y=\log_5 x$ 的图形关于直线 $y=x$ 对称

(4) 下列各组函数能组合成复合函数 $f(\varphi(x))$ 的是（　　）.

A. $y=f(\mu)=\ln\mu$，$\mu=\varphi(x)=\sin x-2$

B. $y=f(\mu)=\sqrt{\mu}$，$\mu=\varphi(x)=-x,x>0$

C. $y=f(\mu)=\dfrac{1}{\mu-\mu^2}$，$\mu=\varphi(x)=\sin^2 x+\cos^2 x-1$

D. $y=f(\mu)=\arctan\mu$，$\mu=\varphi(x)=1+x^2$

(5) 设函数 $f(x)=e^x$ $(x\neq 0)$，那么 $f(x_1)\cdot f(x_2)$ 为（　　）.

A. $f(x_1)+f(x_2)$　　B. $f(x_1+x_2)$　　　　C. $f(x_1 x_2)$　　　　D. $f\left(\dfrac{x_1}{x_2}\right)$

(6) 若函数 $f(x)=\begin{cases}x^2+a, & x\geq 1\\ \cos\pi x, & x<1\end{cases}$ 在 **R** 上连续，则 a 的值为（　　）.

A. 0　　　　　　　B. 1　　　　　　　C. -1　　　　　　D. -2

(7) 若函数 $f(x)$ 在某点 x_0 处极限存在，则（　　）.

A. $f(x)$ 在 x_0 的函数值必存在且等于极限值

B. $f(x)$ 在 x_0 的函数值必存在，但不一定等于极限值

C. $f(x)$ 在 x_0 的函数值可以不存在

D. 如果 $f(x_0)$ 存在的话，必等于极限值

(8) 无穷小量是（　　）.

A. 比零稍大一点的一个数　　　　B. 一个很小很小的数

C. 以零为极限的一个变量　　　　D. 数零

(9) 设 $f(x)$ 在 **R** 上有定义，函数 $f(x)$ 在某点 x_0 处左，右极限都存在且相等是函数 $f(x)$ 在 x_0 处连续的（　　）.

A. 充分条件　　　　　　　　　　B. 充分必要条件

C. 必要条件　　　　　　　　　　D. 非充分也非必要条件

2. 求下列函数的自然定义域：

(1) $y=\dfrac{1}{1-x^2}$；　　　　　　　　　(2) $y=\dfrac{1}{x}-\sqrt{1-x^2}$；

(3) $y=\sin\sqrt{x}$；　　　　　　　　　　(4) $y=\tan(x+1)$；

(5) $y=\arcsin(x-3)$；　　　　　　　　(6) $y=\ln(x+1)$；

(7) $y=e^{\frac{1}{x}}$.

3. 下列函数可以看成由哪些简单函数复合而成？

(1) $y=\sqrt{3x+1}$；　　　　　　　　　　(2) $y=e^{e^{x^2}}$；

(3) $y=(1+\sin x)^3$；　　　　　　　　　(4) $y=\sqrt{\lg\sqrt{x}}$.

4. 下列函数中哪些是偶函数，哪些是奇函数，哪些既非偶函数又非奇函数？

(1) $y=x^2(1-x^2)$；　　　　　　　　　(2) $y=3x^2-x^3$；

(3) $y=\dfrac{1-x^2}{1+x^2}$；　　　　　　　　(4) $y=x(x-1)(x+1)$；

(5) $y=\sin x-\cos x+1$；　　　　　　(6) $y=\dfrac{a^x+a^{-x}}{2}$.

5. 求下列数列的极限：

(1) $\lim\limits_{n\to\infty}\dfrac{n^3+3n^2-1}{7n^3+5n+3}$；　　　　　(2) $\lim\limits_{n\to\infty}\dfrac{5n-10}{n^2}$；

(3) $\lim\limits_{n\to\infty}(\sqrt{n+3}-\sqrt{n})\sqrt{n-1}$；

(4) $\lim\limits_{n\to\infty}(\sqrt[n]{1}+\sqrt[n]{2}+\cdots+\sqrt[n]{10})$；

(5) $\lim\limits_{n\to\infty}\left(1+\dfrac{1}{2}+\dfrac{1}{3}+\cdots+\dfrac{1}{1+2+\cdots+n}\right)$；

(6) $\lim\limits_{n\to\infty}\left[\left(1+\dfrac{1}{n}\right)\left(1+\dfrac{2}{n}\right)\cdots\left(1+\dfrac{n}{n}\right)\right]^{\frac{1}{n}}$；

(7) $\lim\limits_{n\to\infty}\left(\dfrac{1}{n^2}+\dfrac{1}{(n+1)^2}+\cdots+\dfrac{1}{(2n)^2}\right)$；

(8) $\lim\limits_{n\to\infty}n^2(\sqrt{n^4+2n}-\sqrt{n^4+2n-1})$.

6. 求下列函数的极限:

(1) $\lim\limits_{x\to1^+}\dfrac{x-2\sqrt{x}+1}{\sqrt{x}-1}$；

(2) $\lim\limits_{x\to+\infty}\dfrac{x^3}{e^x}$；

(3) $\lim\limits_{x\to\infty}\dfrac{x^2-1}{3x^3-x-2}$；

(4) $\lim\limits_{x\to-\infty}\dfrac{x-\cos x}{x-7}$；

(5) $\lim\limits_{x\to0}\dfrac{1-\cos2x}{x\sin x}$；

(6) $\lim\limits_{x\to\infty}\dfrac{\arctan x}{2x}$；

(7) $\lim\limits_{x\to1}\dfrac{x^n-1}{x^m-1}$（$n,m$ 为正整数）；

(8) $\lim\limits_{x\to\infty}\dfrac{(4x-7)^{81}(5x-8)^{19}}{(2x-3)^{100}}$；

(9) $\lim\limits_{x\to8}\dfrac{\sqrt{5x-4}-\sqrt{x}}{x-1}$；

(10) $\lim\limits_{x\to4}\dfrac{\sqrt{2x+1}-3}{\sqrt{x-2}-\sqrt{2}}$；

(11) $\lim\limits_{x\to+\infty}(\sqrt{x^2+x+1}-\sqrt{x^2-x+1})$；

(12) $\lim\limits_{x\to0}\dfrac{\sin x^2-x}{\cos^2 x-x}$；

(13) $\lim\limits_{x\to0}\left(\dfrac{2x+3}{2x+1}\right)^{x+1}$；

(14) $\lim\limits_{x\to\infty}\dfrac{2x^2+1}{3x-1}\sin\dfrac{1}{x}$；

(15) $\lim\limits_{x\to0}\dfrac{\tan3x}{2x}$；

(16) $\lim\limits_{x\to0}(1+2x)^{\frac{1}{x}}$；

(17) $\lim\limits_{x\to\infty}\dfrac{2x\sin x}{\sqrt{1+x^2}}\arctan\dfrac{1}{x}$；

(18) $\lim\limits_{x\to0}(1-3x)^{\frac{2}{x}}$.

7. $\lim\limits_{n\to\infty}\dfrac{1+\dfrac{1}{2}+\dfrac{1}{4}+\cdots+\dfrac{1}{2^n}}{1+\dfrac{1}{3}+\dfrac{1}{9}+\cdots+\dfrac{1}{3^n}}=$_____.

8. 设 $\lim\limits_{x\to\infty}\left(\dfrac{x^2}{x+1}-ax+b\right)=0$，其中 a、b 均为常数，则 $a=$_____, $b=$_____.

9. 当 $x\to0$ 时，$2x-x^2$ 与 x^2-x^3 相比，哪一个是高阶无穷小?

10. 设 $f(x)=2^x-1$，则当 $x\to0$ 时，$f(x)$ 是 x 的_____无穷小.

11. 确定常数 α，使函数 $f(x)=\begin{cases}\alpha x+2, & x<1 \\ \sin\dfrac{\pi}{2}x, & x\geqslant1\end{cases}$ 在 $(-\infty,+\infty)$ 内连续.

12. 下列函数在 $x=0$ 处是否连续? 为什么?

(1) $f(x)=\begin{cases}x^2\sin\dfrac{1}{x}, & x\neq0 \\ 0, & x=0\end{cases}$；

(2) $f(x)=\begin{cases}e^{-\frac{1}{x^2}}, & x\neq0 \\ 0, & x=0\end{cases}$；

(3) $f(x)=\begin{cases}\dfrac{\sin x}{|x|}, & x\neq0 \\ 1, & x=0\end{cases}$；

(4) $f(x)=\begin{cases}e^x, & x\leqslant0 \\ \dfrac{\sin x}{x}, & x>0\end{cases}$.

13. 求下列函数的间断点，并判断间断点的类型.

(1) $f(x) = \dfrac{1}{x^2 - 1}$；

(2) $f(x) = e^{\frac{1}{x}}$；

(3) $f(x) = \dfrac{|x|}{x}$；

(4) $f(x) = \begin{cases} \dfrac{1}{x+1}, & x < -1 \\ x, & -1 \leqslant x < 1. \\ (x-1)\sin\dfrac{1}{x-1}, & x > 1 \end{cases}$

14. 设数列 $\{x_n\}$ 有界，又 $\lim\limits_{n \to \infty} y_n = 0$，证明：$\lim\limits_{n \to \infty} x_n y_n = 0$.

15. 设函数 $f(x)$ 在闭区间 $[0, 2a]$ 上连续，$f(0) = f(2a)$. 求证：在 $[0, a]$ 上至少存在一个 x，使 $f(x) = f(x + a)$.

测 试 题　B

1. 设 $f(x)$ 的定义域是 $[0, 1]$，求下列函数的定义域：

(1) $f(e^x)$；

(2) $f(\ln x)$；

(3) $f(\arctan x)$；

(4) $f(\cos x)$.

2. 判断下列给出的关系式是不是函数关系，并说明为什么.

(1) $y = \sqrt{-x + 1}$；

(2) $y = \arcsin(x^2 + 2)$；

(3) $y^2 = x + 1$.

3. 设对一切实数 x 和 y，恒有 $f(x + y) = f(x) + f(y)$，且知 $f(\sqrt{2}) = 1$，则 $f\left(\dfrac{1}{\sqrt{2}}\right) = $ _____.

4. 设函数 $f(x) = \ln\dfrac{1 + x}{1 - x}$，则函数 $f\left(\dfrac{x}{2}\right) + f\left(\dfrac{1}{x}\right)$ 的定义域为 _____.

5. 设 $f(x) = \begin{cases} 1, & x \geqslant 0 \\ -1, & x < 0 \end{cases}$，$g(x) = \sin x$，复合函数 $f[g(x)]$ 的连续区间是 _____.

6. 设 $f(x) = \dfrac{\sqrt{1 + f(x)\sin 2x} - 1}{e^{3x} - 1}$，则极限 $\lim\limits_{n \to 0} f(x) = $ _____.

7. 设 $f(x)$ 是连续函数，且 $\lim\limits_{x \to 0} \dfrac{f(x)}{1 - \cos x} = 4$，则 $\lim\limits_{x \to 0}\left(1 + \dfrac{f(x)}{x}\right)^{\frac{1}{x}} = $ _____.

8. 用极限的定义证明下列极限：

(1) $\lim\limits_{n \to \infty} \dfrac{n^2 + 3n}{n^2 + 1} = 1$；

(2) $\lim\limits_{x \to 1}(2x + 3) = 5$；

(3) $\lim\limits_{x \to 0} 2x \cos\dfrac{2}{3x} = 0$；

(4) $\lim\limits_{x \to 0} \dfrac{2 + 3x}{4x} = \infty$.

9. 求下列函数的极限：

(1) $\lim\limits_{x \to 0} \dfrac{x^2 \sin\dfrac{1}{x}}{\sin x}$；

(2) $\lim\limits_{x \to 1} \dfrac{\sin^2(1 - x)}{(x - 1)^2(x + 2)}$；

(3) $\lim\limits_{x\to 0}\dfrac{1-\cos x}{x^2\cos x}$;　　　　(4) $\lim\limits_{x\to +\infty}\dfrac{x^3}{\mathrm{e}^2}$;

(5) $\lim\limits_{x\to 0}x\sin\dfrac{1}{x}$;　　　　(6) $\lim\limits_{x\to \frac{\pi}{2}}\dfrac{\cos x}{x-\dfrac{\pi}{2}}$;

(7) $\lim\limits_{x\to -\infty}\dfrac{\sqrt{4x^2+x-1}+x+1}{\sqrt{x^2+\sin x}}$.

10. 用两个极限存在准则证明:

(1) $\lim\limits_{n\to\infty}\sqrt{1+\dfrac{1}{n}}=1$;

(2) 数列 $\sqrt{2}$, $\sqrt{2+\sqrt{2}}$, $\sqrt{2+\sqrt{2+\sqrt{2}}}$, …的极限存在.

11. 设 $x_n=\left(1-\dfrac{1}{2^2}\right)\left(1-\dfrac{1}{3^2}\right)\cdots\left(1-\dfrac{1}{n^2}\right)$, 证明: 当 $n\to\infty$ 时, 数列 $\{x_n\}$ 的极限存在.

12. 若 $\lim\limits_{x\to 1}\dfrac{x^2+ax+b}{\sin(x^2-1)}=3$, 求 a、b 的值.

13. 设函数 $f(x)$ 在 $[a,b]$ 上恒为正的连续函数, 且 $a<x_1<x_2<x_3<b$. 证明: 至少 $\exists\xi\in(x_1,x_3)$ 使得 $f(\xi)=\sqrt[3]{f(x_1)f(x_2)f(x_3)}$.

14. 证明: 若 $f(x)$ 在 $(-\infty,+\infty)$ 内连续, 且 $\lim\limits_{x\to\infty}f(x)$ 存在, 则 $f(x)$ 必在 $(-\infty,+\infty)$ 内有界.

15. 设函数 $y=y(x)$ 在 $(-\infty,+\infty)$ 上可导, 且满足: $y'=x^2+y^2$, $y(0)=0$.
(1) 研究 $y(x)$ 在区间 $(0,+\infty)$ 的单调性和曲线 $y=y(x)$ 的凹凸性;
(2) 求极限 $\lim\limits_{x\to 0}\dfrac{y(x)}{x^3}$.

测试题 A 答案

1. (1) B; (2) D; (3) D; (4) C; (5) B; (6) D; (7) C; (8) C; (9) C.

2.

(1) $D=(-\infty,-1)\cup(-1,1)\cup(1,+\infty)$;

(2) $\begin{cases}x\neq 0\\1-x^2\geqslant 0\end{cases}$, 即 $\begin{cases}-1\leqslant x<0\\0<x\leqslant 1\end{cases}$, $D=[-1,0)\cup(0,1]$;

(3) $D=[0,+\infty)$;

(4) $x+1\neq k\pi+\dfrac{\pi}{2}$ (k 为整数), 即 $x\neq k\pi+\dfrac{\pi}{2}-1$ (k 为整数);

(5) $|x-3|\leqslant 1$, 即 $2\leqslant x\leqslant 4$, $D=[2,4]$;

(6) $x+1>0$, 即 $x>-1$, $D=(-1,+\infty)$;

(7) $x\neq 0$, 即 $D=(-\infty,0)\cup(0,+\infty)$.

3.

(1) $y=\sqrt{u}$, $u=3x+1$, $x\geqslant -\dfrac{1}{3}$;

(2) $y = e^u$，$u = e^v$，$v = x^2$；

(3) $y = u^3$，$u = 1 + \sin x$；

(4) $y = \sqrt{u}$，$u = \lg v$，$v = \sqrt{x}$，$x > 1$.

4. （1）偶函数；（2）非奇非偶函数；（3）偶函数；（4）奇函数；（5）非奇非偶函数；

（6）偶函数.

5. （1）$\dfrac{1}{7}$；（2）0；（3）$\dfrac{3}{2}$；（4）10；（5）$\dfrac{5}{2}$；（6）$\dfrac{5}{2}$；（7）0；（8）$\dfrac{1}{2}$.

6. （1）0；（2）0；（3）0；（4）1；（5）2；（6）0；（7）$\dfrac{n}{m}$；（8）$4^{31} 5^{19}$；

（9）$\dfrac{6 - 2\sqrt{2}}{7}$；（10）$\dfrac{2\sqrt{2}}{3}$；（11）1；（12）0；（13）e；（14）$\dfrac{2}{3}$；（15）$\dfrac{3}{2}$；（16）e^2；

（17）0；（18）e^{-6}.

7. $\dfrac{4}{3}$.

8. $a = 1$，$b = 1$.

9. $x^2 - x^3$ 是 $2x - x^2$ 的高阶无穷小.

10. 同阶无穷小.

11. $\alpha = -1$.

12. （1）连续；（2）连续；（3）不连续；（4）连续.

13.

（1）$x = \pm 1$，第二类间断点中的无穷间断点；

（2）$x = 0$，第二类间断点中的无穷间断点；

（3）$x = 0$，第一类间断点中的可去间断点；

（4）$x = -1$ 为第二类间断点中的无穷间断点；$x = 1$ 为第一类间断点的跳跃间断点.

14. 略.

15. 略.

测试题 B 答案

1. 略.

2. （1）是；（2）不是；（3）是.

3. $\dfrac{1}{2}$.

4. $(-2, -1) \bigcup (1, 2)$.

5. $(k\pi, (k+1)\pi)$，$k = 0, \pm 1, \pm 2, \cdots$.

6. 6.

7. e^2.

8. 略.

9. （1）0；（2）$\dfrac{1}{3}$；（3）$\dfrac{1}{2}$；（4）0；（5）0；（6）-1；（7）1.

10. 略.

11. 略.

12. $a=1$，$b=2$.

13. 略.

14. 略.

15. （1）$y(x)$ 在区间 $(0,+\infty)$ 单调增加，凸；（2）$\dfrac{1}{3}$.

第二章 导 数 与 微 分

一、基本要求

（1）理解导数的定义以及几何意义.

（2）理解函数可导性和连续性之间的关系.

（3）掌握函数导数的四则运算法则、复合函数的求导法和反函数求导法，掌握基本初等函数的导数公式.

（4）了解高阶导数的概念，会求二阶导数.

（5）会求隐函数和参数方程所确定函数的导数，掌握对数求导法.

（6）理解函数微分的定义以及几何意义，理解导数和微分的区别.

（7）掌握基本初等函数的微分公式与微分运算法则.

（8）理解一阶微分形式的不变性.

（9）了解微分在近似计算中的应用.

二、知识结构

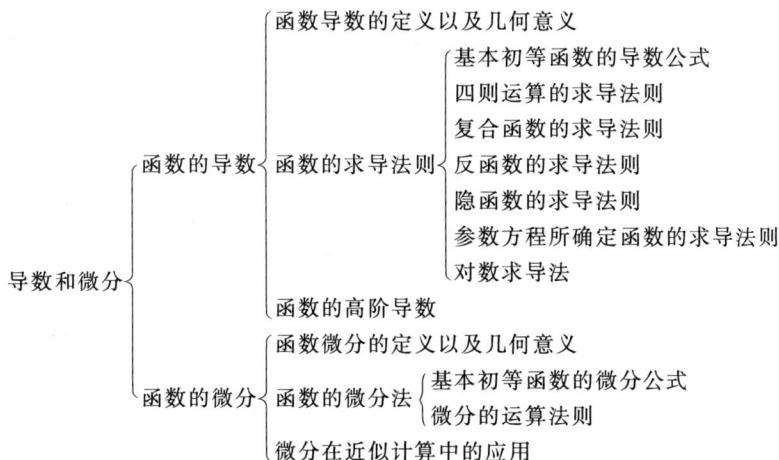

三、内容小结

1. 函数的导数

（1）函数导数的定义.

1）设函数 $y=f(x)$ 在点 x_0 的邻域内有定义，当自变量 x 在点 x_0 处取得增量 Δx（$\Delta x \neq 0$ 且点 $x_0+\Delta x$ 仍在该邻域）时，函数 $\Delta y=f(x_0+\Delta x)-f(x_0)$.

如果极限 $\lim\limits_{\Delta x \to 0} \dfrac{\Delta y}{\Delta x} = \lim\limits_{\Delta x \to 0} \dfrac{f(x + \Delta x) - f(x_0)}{\Delta x}$ 存在，则称函数 $y = f(x)$ 在点 x_0 处可导，

且称此极限为 $y = f(x)$ 在点 x_0 处的导数，记 $y'\big|_{x=x_0}$，$f'(x_0)$，$\dfrac{\mathrm{d}y}{\mathrm{d}x}\Big|_{x=x_0}$ 或 $\dfrac{\mathrm{d}f}{\mathrm{d}x}\Big|_{x=x_0}$.

2）对定义式 $\lim\limits_{\Delta x \to 0} \dfrac{\Delta y}{\Delta x} = \lim\limits_{\Delta x \to 0} \dfrac{f(x_0 + \Delta x) - f(x_0)}{\Delta x}$ 做一变量替换，令 $x = x_0 + \Delta x$，则有导

数的另一定义式：$f'(x_0) = \lim\limits_{x \to x_0} \dfrac{f(x) - f(x_0)}{x - x_0}$.

注意：由导数的定义可知，可导与连续的关系为：可导必连续，连续不一定可导.

3）设函数在点 x_0 的左邻域 $(x_0 - \delta, x_0]$（或右邻域 $[x_0, x_0 + \delta)$）有定义. 如果极限

$$\lim_{\Delta x \to 0^-} \frac{\Delta y}{\Delta x} = \lim_{\Delta x \to 0^-} \frac{f(x_0 + \Delta x) - f(x_0)}{\Delta x} \left[\text{或} \lim_{\Delta x \to 0^+} \frac{\Delta y}{\Delta x} = \lim_{\Delta x \to 0^+} \frac{f(x_0 + \Delta x) - f(x_0)}{\Delta x} \right]$$

存在，则称函数 $y = f(x)$ 在点 x_0 处左可导（或右可导），且称此极限为 $y = f(x)$ 在点 x_0 处的左导数（或右导数），记作 $f'_-(x_0)$ [或 $f'_+(x_0)$].

注意：根据定义，则函数 $y = f(x)$ 在点 x_0 的导数与左右导数之间的关系为

$$f'(x_0) = A \Leftrightarrow f'_-(x_0) = f'_+(x_0) = A$$

4）若 $y = f(x)$ 在 (a, b) 内每一点可导，则称 $f(x)$ 在 (a, b) 可导. 这时对任一确定的 $x \in (a, b)$，有唯一确定的导数值与之对应，则此构成了对于变量 x 的函数，称为 $f(x)$ 的导函数（简称导数），记为 $f'(x)$，y'，$\dfrac{\mathrm{d}y}{\mathrm{d}x}$，$\dfrac{\mathrm{d}f(x)}{\mathrm{d}x}$，即

$$f'(x) = \lim_{\Delta x \to 0} \frac{f(x + \Delta x) - f(x)}{\Delta x}$$

这时 $f(x)$ 在点 x_0 处的导数 $f'(x_0)$ 就是导函数 $f'(x)$ 在 x_0 处的函数值，即

$$f'(x_0) = f'(x)\big|_{x=x_0}$$

注意：区分导数与导函数的概念，但导函数常简称为导数.

（2）导数的几何意义.

函数 $y = f(x)$ 在点 x_0 处可导，表明曲线 $y = f(x)$ 在点 $(x_0, f(x_0))$ 处有不垂直于 x 轴的切线，且导数 $f'(x_0)$ 就是曲线 $y = f(x)$ 在点 $(x_0, f(x_0))$ 处的切线的斜率.

（3）高阶导数.

函数 $y = f(x)$ 的导数 $y' = f'(x)$ 若可导，则 y' 的导数 $(y')'$ 称为函数的二阶导数，记作 $f''(x)$，y''，$\dfrac{\mathrm{d}^2 y}{\mathrm{d}x^2}$，即 $f''(x) = \lim\limits_{\Delta x \to 0} \dfrac{f'(x + \Delta x) - f'(x)}{\Delta x}$. 依次类推，函数 $y = f(x)$ 的

$n-1$ 阶导数的导数称为函数 $y = f(x)$ 的 n 阶导数，记作 $f^{(n)}(x)$，$y^{(n)}$，$\dfrac{\mathrm{d}^{(n)} y}{\mathrm{d}x^n}$.

二阶和二阶以上的导数统称为高阶导数. 对此，$f'(x)$ 也称为一阶导数.

（4）导数的求导法则.

1）基本初等函数的导数公式：

$(C)' = 0$（C 为常数）；

$(x^u)' = u x^{u-1}$（u 为常数）；

$(a^x)'=a^x\ln a$ $(a>0$ 且 $a\neq1)$，当 $a=e$ 时有 $(e^x)'=e^x$；

$(\log_a x)'=\dfrac{1}{x\ln a}$ $(a>0$ 且 $a\neq1)$，当 $a=e$ 时有 $(\ln x)'=\dfrac{1}{x}$；

$(\sin x)'=\cos x$；

$(\cos x)'=-\sin x$；

$(\tan x)'=\sec^2 x$；

$(\cot x)'=-\csc^2 x$；

$(\sec x)'=\sec x\tan x$；

$(\csc x)'=-\csc x\cot x$；

$(\arcsin x)'=\dfrac{1}{\sqrt{1-x^2}}$；

$(\arccos x)'=-\dfrac{1}{\sqrt{1-x^2}}$；

$(\arctan x)'=\dfrac{1}{1+x^2}$；

$(\text{arccot}\,x)'=-\dfrac{1}{1+x^2}$.

2）函数的和、差、积、商的求导法则. 设函数 $u(x)$，$v(x)$ 都是可导函数，则：

$[u(x)\pm v(x)]'=u'(x)\pm v'(x)$；

$[u(x)v(x)]'=u'(x)v(x)+u(x)v'(x)$；

$[Cu(x)]'=Cu'(x)$；

$\left[\dfrac{u(x)}{v(x)}\right]'=\dfrac{u'(x)v(x)+u(x)v'(x)}{v^2(x)}$ $[v(x)\neq0]$.

3）反函数的求导法则. 如果函数 $y=f(x)$ 在点 x 的邻域内有定义. 如果函数 $y=f(x)$ 严格单调，在点 x 处可导，且 $f'(x)\neq0$，则它的反函数 $x=\phi(y)$ 在对应的点 y 处也可导，且 $\phi'(y)=\dfrac{1}{f'(x)}$ 或 $\dfrac{\mathrm{d}y}{\mathrm{d}x}=\dfrac{1}{\dfrac{\mathrm{d}x}{\mathrm{d}y}}$.

4）复合函数的求导法则. 设 $u=\phi(x)$ 在点 x 可导，$y=f(u)$ 在相应的点 u 可导，则复合函数 $y=f(\phi(x))$ 点 x 可导，且

$$\dfrac{\mathrm{d}y}{\mathrm{d}x}=\dfrac{\mathrm{d}y}{\mathrm{d}u}\dfrac{\mathrm{d}u}{\mathrm{d}x} \quad\text{或}\quad y_x'=f'(u)\phi'(x)=f'(\phi(x))\phi'(x)$$

注意：

①$[f(\phi(x))]'$ 表示 y 对自变量 x 求导数，$f'(\phi(x))$ 表示 y 对中间变量 $\phi(x)$ 求导数，即 $[f(\phi(x))]'=f'(\phi(x))\phi'(x)$.

②上述法则可推广到任意有限次复合的情形. 例如，$y=f(u),u=\phi(v),v=\psi(x)$，对复合函数 $y=f(\phi(\psi(x)))$，则 $y_x'=f'(u)\phi'(v)\psi'(x)$.

5）隐函数的求导法则. 设方程 $F(x,y)=0$ 所确定的隐函数为 $y=y(x)$，代入原方程中可得 $F(x,y(x))=0$. 用求导法则，两边对 x 求导，注意到 y 是 x 的函数，最后从等式中解出 y'，即得隐函数 $y=y(x)$ 的导数.

6) 参数方程所确定函数的求导法则. 设有参数方程 $\begin{cases} x=\varphi(t) \\ y=\psi(t) \end{cases}$ (t 为参数). 如果函数 $x=\varphi(t)$ 与 $y=\psi(x)$ 在 $[\alpha,\beta]$ 上可导，且 $\varphi'(t)\neq0$，则由参数方程确定的函数 $y=y(x)$ 在 $[\alpha,\beta]$ 上也可导，且

$$\frac{\mathrm{d}y}{\mathrm{d}x}=\frac{\mathrm{d}y}{\mathrm{d}t}\Big/\frac{\mathrm{d}x}{\mathrm{d}t} \quad 或 \quad \frac{\mathrm{d}y}{\mathrm{d}x}=\frac{\psi'(t)}{\varphi'(t)}$$

如果 $\varphi(t)$、$\psi(t)$ 还是二阶可导的，由上式还可得到 $y=y(x)$ 的二阶导数：

$$y''(x)=\frac{\mathrm{d}}{\mathrm{d}x}\left(\frac{\mathrm{d}y}{\mathrm{d}x}\right)=\frac{\mathrm{d}}{\mathrm{d}t}\left(\frac{\psi'(t)}{\varphi'(t)}\right)\cdot\frac{\mathrm{d}t}{\mathrm{d}x}=\frac{\psi''(t)\varphi'(t)-\psi'(t)\varphi''(t)}{\varphi'^{2}(t)}\cdot\frac{1}{\varphi'(t)}$$

$$=\frac{\psi''(t)\varphi'(t)-\psi'(t)\varphi''(t)}{\varphi'^{3}(t)}$$

7) 对数求导法. 将所给的显函数 $y=f(x)$ 两端取对数，得到隐函数 $\ln y=\ln f(x)$ 的形式，然后按隐函数求导数的思路求出 y 对 x 的导数. 取对数求导法常用于下面两种形式的函数：

a. 形如 $y=f(x)^{g(x)}$ 的幂指函数，两端取对数，得

$$\ln y=g(x)\ln f(x)$$

这就化为积的导数运算.

b. 若干个因子幂的连乘积，如 $y=\dfrac{\sqrt{x-2}}{(x+1)^{3}(4-x)^{2}}$ 形式的函数可看成 $y=(x-2)^{\frac{1}{2}}(x+1)^{-3}(4-x)^{-2}$，取对数后可化为和、差的导数运算.

注意：对于幂指函数 $y=f(x)^{g(x)}$，也可将它转化成指数函数的复合函数形式，即 $y=f(x)^{g(x)}=\mathrm{e}^{g(x)\ln f(x)}$，然后用复合函数求导法进行求导.

2. 函数的微分

(1) 函数微分的定义.

设函数 $y=f(x)$ 在某区间内有定义，x_0 及 $x_0+\Delta x$ 在这区间内，如果函数的增量 $\Delta y=f(x_0+\Delta x)-f(x_0)$ 可表示为 $\Delta y=A\cdot\Delta x+o(\Delta x)$，其中 A 与 Δx 无关，则称函数 $f(x)$ 在点 x_0 可微，并称 $A\Delta x$ 为函数 $f(x)$ 在点 x_0 的微分，记作 $\mathrm{d}y|_{x=x_0}$ 或 $\mathrm{d}f(x)|_{x=x_0}$. 在任一点 x 处的微分记为 $\mathrm{d}y$ 或 $\mathrm{d}f(x)$，即 $\mathrm{d}y=A\cdot\Delta x$.

实际上，此处 $A=f'(x)$，而 $\Delta x\to0$ 时，Δx 也即是 $\mathrm{d}x$，于是有 $\mathrm{d}f(x)=f'(x)\mathrm{d}x$. 且进一步有结论：

函数 $y=f(x)$ 在点 x 可微的充分必要条件是 $f(x)$ 在点 x 处可导，且 $\mathrm{d}y=f'(x)\mathrm{d}x$.

(2) 微分的几何意义.

如图 2-1 所示，$y=f(x)$ 在点 M 关于自变量增量 Δx 的微分为 $\mathrm{d}y$，即 PQ 这段线段长（记为 $|PQ|$），Δy 表示的是 NQ 这条线段长（记为 $|NQ|$）. 其中直线 T 为曲线 $y=f(x)$ 在点 M 的切线，于是 $f'(x_0)=\tan\alpha$，又有 $|PQ|=|MQ|\cdot$

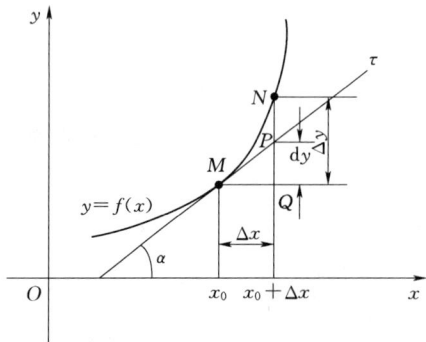
图 2-1

$\tan\alpha$，即 $\mathrm{d}y=\Delta x\cdot f'(x_0)$. 当 $|\Delta x|$ 足够小时，$\Delta y\approx\mathrm{d}y$，也即图中 $|NP|\to 0$.

因此，微分的几何意义就在于在点 M 的邻近用该点的切线段来近似代替曲线段，以便于考察相对于自变量 x 一个微小的改变量 Δx 时，函数 $y=f(x)$ 函数值的改变量 $\Delta y\approx\mathrm{d}y=\Delta x\cdot f'(x_0)$.

（3）微分的计算.

1）微分的基本公式. 由关系式 $\mathrm{d}f(x)=f'(x)\mathrm{d}x$，对应于每一个基本初等函数的导数公式就有一个基本初等函数的微分公式. 如 $(\sin x)'=\cos x$，则 $\mathrm{d}\sin x=\cos x\mathrm{d}x$.

2）微分运算法则：

$\mathrm{d}[u(x)\pm v(x)]=\mathrm{d}u(x)\pm\mathrm{d}v(x)$；

$\mathrm{d}[u(x)v(x)]=v(x)\mathrm{d}u(x)+u(x)\mathrm{d}v(x)$；

$\mathrm{d}\left[\dfrac{u(x)}{v(x)}\right]=\dfrac{v(x)\mathrm{d}u(x)-u(x)\mathrm{d}v(x)}{v^2(x)}[v(x)\neq 0]$；

$\mathrm{d}[f(\phi(x))]=f'(\phi(x))\phi'(x)\mathrm{d}x$.

3）一阶微分形式的不变性. 设函数 $\mathrm{d}y=f(u)$ 可导，当 u 是自变量时或当 u 是某一自变量的可导函数时，都有 $\mathrm{d}y=f'(u)\mathrm{d}u$.

4）微分在近似计算中的应用. 在点 $x=x_0$ 处，当 $|\Delta x|$ 较小时，$\Delta y=f(x_0+\Delta x)-f(x_0)\approx\mathrm{d}y=f'(x_0)\Delta x$，即 $f(x_0+\Delta x)\approx f(x_0)+f'(x_0)\Delta x$.

四、例题解析

【例 2-1】 若下列各极限存在，则成立的是（ ）.

A. $f'(a)=\lim\limits_{\Delta x\to 0^-}\dfrac{f(a+\Delta x)-f(a)}{\Delta x}$

B. $f'(x_0)=\lim\limits_{\Delta x\to 0}\dfrac{f(x_0)-f(x_0-\Delta x)}{\Delta x}$

C. $f'(1)=\lim\limits_{t\to 0}\dfrac{f(1+2t)-f(1)}{t}$

D. $f'(4)=\lim\limits_{x\to 4}\dfrac{f(8-x)-f(4)}{x-4}$

解 A 中，注意到 $\Delta x\to 0^-$，所以等式右端的极限是 $f'_-(a)$. 而 $f'_-(a)$ 存在并不能确保 $f'(a)$ 存在，故否定 A.

B 式可改为 $\lim\limits_{\Delta x\to 0}\dfrac{-[f(x_0-\Delta x)-f(x_0)]}{\Delta x}=\lim\limits_{\Delta x\to 0}\dfrac{[f(x_0+(-\Delta x))-f(x_0)]}{-\Delta x}=f'(x_0)$.

C $\lim\limits_{t\to 0}\dfrac{f(1+2t)-f(1)}{t}=2\lim\limits_{t\to 0}\dfrac{f(1+2t)-f(1)}{2t}=2f'(1)$.

D $\lim\limits_{x\to 4}\dfrac{f(8-x)-f(4)}{x-4}=-\lim\limits_{x\to 4}\dfrac{f(4-(x-4))-f(4)}{-(x-4)}=-\lim\limits_{h\to 0}\dfrac{f(4+(-h))-f(4)}{-h}$（令 $h=x-4$）$=-f'(4)$，故选 B.

【例 2-2】 下列结论错误的是（ ）.

A. 如果函数 $f(x)$ 在点 x_0 处连续，则 $f(x)$ 在点 x_0 处可导

B. 如果函数 $f(x)$ 在点 x_0 处不连续，则 $f(x)$ 在点 x_0 处不可导

C. 如果函数 $f(x)$ 在点 x_0 处可导，则函数 $f(x)$ 在点 x_0 处连续

D. 如果函数 $f(x)$ 在点 x_0 处不可导，则函数 $f(x)$ 在点 x_0 处也可能连续

解 由连续与可导的关系，可导一定连续，但连续不一定可导，故选 A.

【**例 2-3**】 设函数 $f(x)=|x^3-1|\phi(x)$，其中 $\phi(x)$ 在 $x=1$ 处连续，则 $\phi(1)=0$ 是 $f(x)$ 在 $x=1$ 可导的（ ）.

A. 充分必要条件   B. 必要但非充分条件

C. 充分但非必要条件   D. 既非充分也非必要条件

解 因为

$$\lim_{x\to 1^+}\frac{f(x)-f(1)}{x-1}=\lim_{x\to 1^+}\left[\frac{x^3-1}{x-1}\phi(x)\right]=3\phi(1)$$

$$\lim_{x\to 1^-}\frac{f(x)-f(1)}{x-1}=-\lim_{x\to 1^-}\left[\frac{x^3-1}{x-1}\phi(x)\right]=-3\phi(1)$$

可见，$f(x)$ 在 $x=1$ 处可导的充分必要条件是 $3\phi(1)=-3\phi(1)\Leftrightarrow\phi(1)=0$.

故应选 A.

【**例 2-4**】 设 $f(x)=\begin{cases}e^x-1, & x<0\\ x+2, & 0\leqslant x<1.\\ 2\sin(x-1)+3, & x\geqslant 1\end{cases}$ 求 $f(1^-)$，$f(1^+)$，$f'_-(1)$，

$f'_+(1)$；判断 $f(x)$ 在 $x=0$ 处是否可导？如可导，求出 $f'(0)$.

分析：（1）$f(1^-)$、$f(1^+)$ 分别表示 $f(x)$ 在 $x=1$ 处的左、右极限. 单侧导数 $f'_-(1)$、$f'_+(1)$ 的求法可以按照定义来求，其中左导数 $f'_-(x_0)=\lim_{x\to x_0^-}\frac{f(x)-f(x_0)}{x-x_0}$，右导数 $f'_+(x_0)=\lim_{x\to x_0^+}\frac{f(x)-f(x_0)}{x-x_0}$.

（2）判断分段函数在分段点是否可导，可依照函数在某点可导的充分必要条件，即左、右导数均存在且相等，并且都等于函数在该点的导数.

解 （1）当 $x\to 1^-$ 时，$x\in[0,1)$，从而 $f(x)=x+2$，于是有

$$f(1^-)=\lim_{x\to 1^-}f(x)=\lim_{x\to 1^-}(x+2)=3$$

$$f'_-(1)=\lim_{x\to 1^-}\frac{f(x)-f(1)}{x-1}=\lim_{x\to 1^-}\frac{x+2-3}{x-1}=1$$

当 $x\to 1^+$ 时，$x\in[1,+\infty)$，从而 $f(x)=2\sin(x-1)+3$，于是有

$$f(1^+)=\lim_{x\to 1^+}f(x)=\lim_{x\to 1^+}[2\sin(x-1)+3]=3$$

$$f'_+(1)=\lim_{x\to 1^+}\frac{f(x)-f(1)}{x-1}=\lim_{x\to 1^+}\frac{2\sin(x-1)+3-3}{x-1}=\lim_{x\to 1^+}\frac{2\sin(x-1)}{x-1}=2$$

（2）当 $x\to 0^-$ 时，$x\in(-\infty,0)$，从而 $f(x)=e^x-1$，于是有

$$f'_-(0)=\lim_{x\to 0^-}\frac{f(x)-f(0)}{x-0}=\lim_{x\to 0^-}\frac{(e^x-1)-(1-1)}{x}=\lim_{x\to 0^-}\frac{e^x-1}{x}=1$$

当 $x\to 0^+$ 时，$x\in[0,1)$，从而 $f(x)=x+2$，于是有

$$f'_+(0)=\lim_{x\to 0^+}\frac{f(x)-f(0)}{x-0}=\lim_{x\to 0^+}\frac{x+2-2}{x}=1$$

于是，$f'_-(0)=f'_+(0)=1$，所以 $f(x)$ 在 $x=0$ 处可导，且 $f'(0)=f'_-(0)=1$.

注意：$f(1^-)=f(1^+)$，$f'_-(1)\neq f'_+(1)$，即 $f(x)$ 在 $x=1$ 处连续，但是不可导. 实际上，函数在某点连续是函数在该点可导的必要条件，但非充分条件. 即连续不一定是可导的，但可导一定是连续的.

【**例 2 - 5**】 讨论下列函数在 $x=0$ 处的连续性和可导性：

(1) $f(x)=|\sin x|$；(2) $f(x)=\begin{cases} x\sin\dfrac{1}{x}, & x\neq 0 \\ 0, & x=0 \end{cases}$.

解 (1)$\lim\limits_{x\to 0}|\sin x|=0=\sin 0$，则 $f(x)=|\sin x|$ 在 $x=0$ 处连续.

又
$$f'_-(0)=\lim\limits_{x\to 0^-}\frac{f(x)-f(0)}{x-0}=\lim\limits_{x\to 0^-}\frac{|\sin x|}{x}=\lim\limits_{x\to 0^-}\frac{-\sin x}{x}=-1$$
$$f'_+(0)=\lim\limits_{x\to 0^+}\frac{f(x)-f(0)}{x-0}=\lim\limits_{x\to 0^+}\frac{|\sin x|}{x}=\lim\limits_{x\to 0^+}\frac{\sin x}{x}=1$$

$f'_-(0)\neq f'_+(0)$，则 $f(x)=|\sin x|$ 在 $x=0$ 处不可导.

(2) $\lim\limits_{x\to 0}\left(x\sin\dfrac{1}{x}\right)=0=f(0)$，则 $f(x)$ 在 $x=0$ 处连续.

又$\lim\limits_{x\to 0}\dfrac{f(x)-f(0)}{x-0}=\lim\limits_{x\to 0}\dfrac{x\sin\dfrac{1}{x}-0}{x}=\lim\limits_{x\to 0}\sin\dfrac{1}{x}$ 不存在，则 $f(x)$ 在 $x=0$ 处不可导.

【**例 2 - 6**】 设 $f(x)=\ln\sqrt{\dfrac{e^{4x}}{e^{4x}+1}}$，求 $f'(x)$.

解 $f'(x)=\left(\ln\sqrt{\dfrac{e^{4x}}{e^{4x}+1}}\right)'=\dfrac{1}{2}[\ln e^{4x}-\ln(e^{4x}+1)]'=\dfrac{1}{2}[4x-\ln(e^{4x}+1)]'$

$\qquad =\dfrac{1}{2}\left(4-\dfrac{4e^{4x}}{e^{4x}+1}\right)=\dfrac{2}{e^{4x}+1}$.

【**例 2 - 7**】 若 $f(x)=\begin{cases} e^x, & x<0 \\ a+bx, & x\geq 0 \end{cases}$ 在 $x=0$ 处可导，试求参数 a、b 的值.

解 因为 $f(x)$ 在 $x=0$ 处可导，所以在 $x=0$ 处连续，则有 $\lim\limits_{x\to 0^+}=f(0)=\lim\limits_{x\to 0^-}f(x)$，即 $a=e^0=1$.

由在 $x=0$ 处可导，则
$$f'_+(0)=\lim\limits_{x\to 0^+}\frac{f(x)-f(0)}{x-0}=\lim\limits_{x\to 0^+}\frac{a+bx-a}{x}=b$$
$$f'_-(0)=\lim\limits_{x\to 0^-}\frac{f(x)-f(0)}{x-0}=\lim\limits_{x\to 0^-}\frac{e^x-a}{x}=\lim\limits_{x\to 0^-}\frac{e^x-1}{x}=1$$

所以 $b=1$.

【**例 2 - 8**】 求 $y=\ln x$ 在点（e，1）处的切线方程和法线方程.

分析：根据导数的几何意义，可得到切线的斜率，用点斜式即可得到切线的方程.

解 因为 $y'=(\ln x)'=\dfrac{1}{x}$，$y'|_{x=e}=\dfrac{1}{e}$，则

切线方程为：$y-1=\dfrac{1}{e}(x-e)$，即 $x-ey=0$.

法线方程为：$y-1=-\mathrm{e}(x-\mathrm{e})$，即 $\mathrm{e}x+y-1-\mathrm{e}^2=0$.

【例 2 - 9】 求 $y=\sin x$ 在点 $\left(\dfrac{\pi}{6},\dfrac{1}{2}\right)$ 处的切线方程和法线方程.

分析：根据导数的几何意义，可得到切线的斜率，用点斜式即可得到切线的方程.

解 因为 $y'=(\sin x)'=\cos x,y'|_{x=\frac{\pi}{6}}=\cos x|_{x=\frac{\pi}{6}}=\dfrac{\sqrt{3}}{2}$，则

切线方程为 $y-\dfrac{1}{2}=\dfrac{\sqrt{3}}{2}\left(x-\dfrac{\pi}{6}\right)$.

法线方程为 $y-\dfrac{1}{2}=-\dfrac{1}{\frac{\sqrt{3}}{2}}\left(x-\dfrac{\pi}{6}\right)$ 即 $y-\dfrac{1}{2}=-\dfrac{2}{3}\sqrt{3}\left(x-\dfrac{\pi}{6}\right)$.

【例 2 - 10】 求下列函数的导数：

(1) $y=x^5\cdot\sqrt[3]{x}$；   (2) $y=\cos x+\sin x+\ln x$；

(3) $y=\dfrac{\ln t}{t}$；   (4) $y=\dfrac{x}{1+x^2}$.

解 (1) $y'=(x^{\frac{16}{3}})'=\dfrac{16}{3}x^{\frac{13}{3}}$.

(2) $y'=(\cos x)'+(\sin x)'+(\ln x)'=-\sin x+\cos x+\dfrac{1}{x}$.

(3) $y'=\dfrac{(\ln t)'t-\ln t(t)'}{t^2}=\dfrac{\frac{1}{t}t-\ln t}{t^2}=\dfrac{1-\ln t}{t^2}$.

(4) $y'=\dfrac{(x)'(1+x^2)-x(1+x^2)'}{(1+x^2)^2}=\dfrac{1+x^2-2x^2}{(1+x^2)^2}=\dfrac{1-x^2}{(1+x^2)^2}$.

【例 2 - 11】 用复合函数求导法求下列函数的导数：

(1) $y=\ln^2(x^2)$；   (2) $y=x^2\sin x$；   (3) $y=\mathrm{arccot}\,\mathrm{e}^{3x}$；

(4) $y=\ln\tan\dfrac{x}{2}$；   (5) $y=\arcsin(\sin x)$；   (6) $y=\ln(\mathrm{e}^x+\sqrt{1+\mathrm{e}^{2x}})$；

(7) $y=\ln\tan\dfrac{x}{2}-\cos x\cdot\ln\tan x$.

分析：一次或多次运用复合函数的求导法则，总能将一个复杂函数的求导转化成多个基本初等函数的求导运算. 同时要求熟记基本初等函数的导数公式以及函数和、差、积、商的求导法则.

解 (1) $y'=2\ln(x^2)\cdot\left[\ln(x^2)\right]'=2\ln(x^2)\cdot\dfrac{1}{x^2}(x^2)'$

$$=2\ln(x^2)\dfrac{1}{x^2}\cdot 2x=\dfrac{4\ln(x^2)}{x}=\dfrac{8}{x}\ln|x|.$$

(2) $y'=(x^2\sin x)'=(x^2)'\sin x+(\sin x)'x^2=2x\sin x+x^2\cos x$.

(3) $y'=\dfrac{-1}{1+(\mathrm{e}^{3x})^2}\cdot(\mathrm{e}^{3x})'=\dfrac{-1}{1+(\mathrm{e}^{3x})^2}\cdot(\mathrm{e}^{3x})\cdot(3x)'=\dfrac{-3\mathrm{e}^{3x}}{1+(\mathrm{e}^{3x})^2}$.

(4) $y' = \dfrac{1}{\tan\frac{x}{2}}\left(\tan\frac{x}{2}\right)' = \dfrac{1}{\tan\frac{x}{2}}\sec^2\frac{x}{2}\cdot\left(\frac{x}{2}\right)' = \dfrac{1}{2}\dfrac{\cos\frac{x}{2}}{\sin\frac{x}{2}}\cdot\dfrac{1}{\cos^2\frac{x}{2}} = \dfrac{1}{\sin x} = \csc x.$

(5) $y' = \dfrac{1}{\sqrt{1-\sin^2 x}}(\sin x)' = \dfrac{\cos x}{\sqrt{1-\sin^2 x}} = \dfrac{\cos x}{|\cos x|}.$

(6) $y' = \dfrac{1}{e^x + \sqrt{1+e^{2x}}}(e^x + \sqrt{1+e^{2x}})' = \dfrac{1}{e^x + \sqrt{1+e^{2x}}}\left[e^x + \dfrac{e^{2x}}{\sqrt{1+e^{2x}}}\right]$

$\qquad = \dfrac{e^x}{e^x + \sqrt{1+e^{2x}}}\dfrac{\sqrt{1+e^{2x}}+e^x}{\sqrt{1+e^{2x}}} = \dfrac{e^x}{\sqrt{1+e^{2x}}}.$

(7) $y' = \dfrac{1}{\tan\frac{x}{2}}\left(\tan\frac{x}{2}\right)' - \left[(\cos x)'\ln\tan x + \cos x\cdot(\ln\tan x)'\right]$

$\qquad = \dfrac{1}{\tan\frac{x}{2}}\sec^2\frac{x}{2}\cdot\dfrac{1}{2} - \left(-\sin x\ln\tan x + \cos x\cdot\dfrac{1}{\tan x}\sec^2 x\right)$

$\qquad = \dfrac{1}{\sin x} + \sin x\ln\tan x - \dfrac{1}{\sin x} = \sin x\ln\tan x.$

【例 2 - 12】 $y = \arccos x$，$x\in[-1,1]$，运用反函数求导法则求出 $\dfrac{dy}{dx}$。

解 由 $x = \cos y$，$y\in[0,\pi]$，

$$(\arccos x)' = \dfrac{1}{(\cos y)'} = \dfrac{1}{-\sin y} = \dfrac{1}{-\sqrt{1-\cos^2 y}} = -\dfrac{1}{\sqrt{1-x^2}}$$

即 $(\arccos x)' = -\dfrac{1}{\sqrt{1-x^2}}.$

【例 2 - 13】 设 $f(x) = \begin{cases} 0, & x\leqslant 0 \\ x, & x>0 \end{cases}$，$g(x) = \begin{cases} 0, & x\leqslant 0 \\ -x^2, & x>0 \end{cases}$，求 $\dfrac{d}{dx}g[f(x)]$。

分析： 对于分段函数的复合函数求导，首先要求出复合函数的表达式，然后再求导函数，特别要注意在分段点处要利用左、右导数来求。

解 $g[f(x)] = \begin{cases} 0, & f(x)\leqslant 0 \\ -f^2(x), & f(x)>0 \end{cases} = \begin{cases} 0, & x\leqslant 0 \\ -x^2, & x>0 \end{cases}.$

当 $x\neq 0$ 时，$\dfrac{d}{dx}g[f(x)] = \begin{cases} 0, & x<0 \\ -2x, & x>0 \end{cases}.$

当 $x=0$ 时，$\dfrac{d}{dx}g[f(x)] = 0.$

故 $\dfrac{d}{dx}g[f(x)] = \begin{cases} 0, & x\leqslant 0 \\ -2x, & x>0 \end{cases}.$

【例 2 - 14】 $y = \ln(1+x)$，求 $y^{(n)}$。

解 $y' = \dfrac{1}{1+x}$，$y'' = -\dfrac{1}{(1+x)^2}$，$y''' = (-1)(-2)\dfrac{1}{(1+x)^3}$，$y^{(4)} = (-1)(-2)(-3)\dfrac{1}{(1+x)^4}.$

依此类推：$y^{(n)} = [\ln(1+x)]^{(n)} = (-1)^{n-1} \dfrac{(n-1)!}{(1+x)^n}$.

【例 2 - 15】 设函数 $f(x)$ 二阶可导，求 $y = f(e^x + \sin x)$ 的二阶导数.

解 先求一阶导数，$y' = f'(e^x + \sin x)(e^x + \sin x)' = f'(e^x + \sin x)(e^x + \cos x)$.

y' 对 x 再求导，得二阶导数

$$y'' = (e^x + \cos x)' f'(e^x + \sin x) + (e^x + \cos x) f''(e^x + \sin x)(e^x + \sin x)'$$
$$= (e^x - \sin x) f'(e^x + \sin x) + (e^x + \cos x)^2 f''(e^x + \sin x).$$

【例 2 - 16】 由方程 $\ln(x^2 + y^2) = x + y - 1$ 在点 $(0,1)$ 附近所确定的隐函数 $y = y(x)$，求该函数在点 $(0,1)$ 处的导数.

分析： 对方程 $F(x,y) = 0$ 两边分别对 x 求导数，即可求得隐函数 $y = y(x)$ 的导数 $y'(x)$. 进而可求得函数 $y = y(x)$ 在某一点的导数.

解 方程两边对 x 求导得 $\dfrac{1}{x^2 + y^2}(x^2 + y^2)' = 1 + y' - 0$，即

$$\frac{1}{x^2 + y^2}(2x + 2yy') = 1 + y'$$

将 y' 移到方程的一边得

$$\frac{2x}{x^2 + y^2} - 1 = \frac{-2y}{x^2 + y^2} y' + y'$$

整理得

$$2x - x^2 - y^2 = (x^2 + y^2 - 2y) y'$$

从而

$$y' = \frac{2x - x^2 - y^2}{x^2 + y^2 - 2y}$$

代入坐标有

$$|y'|_{\substack{x=0 \\ y=1}} = \frac{2x - x^2 - y^2}{x^2 + y^2 - 2y} \Big|_{\substack{x=0 \\ y=1}} = 1$$

注意： 隐函数 $y = y(x)$ 并不一定能从方程 $F(x,y) = 0$ 直接得到，即方程 $F(x,y) = 0$ 并不一定能解. 如 [例 2 - 16]，并不能将 y 求解出来，称这种情况为隐函数不能显化. 但是通过隐函数的求导法，可以求得隐函数的导数，如 [例 2 - 16] 中的 $y' = \dfrac{2x - x^2 - y^2}{x^2 + y^2 - 2y}$，表达式中含有 x 以及 y，因此只要知道某点的坐标即可得到函数在该点的导数，并不一定要求隐函数能显化.

而某些隐函数是可以显化的，如由方程 $x = y^2$ 所确定的隐函数，其中 $y \in [0, +\infty)$，便可求得 $y = \sqrt{x}$. 也可以用隐函数的求导法来做：

方程两边对 x 求导得：$1 = 2yy'$，即可得到函数的导数 $y' = \dfrac{1}{2y}$.

如要求 $y'|_{x=3}$，则只需将 $x = 3$ 代入方程 $x = y^2$，又 $y \in [0, +\infty)$，得到 $y = \sqrt{3}$，从而 $y'|_{x=3} = \dfrac{1}{2y}\big|_{y=\sqrt{3}} = \dfrac{1}{2\sqrt{3}}$. 或者直接将求得的 $y = \sqrt{x}$ 代入求得的导数 $y' = \dfrac{1}{2y}$ 便可得到显化以后的导函数 $y' = \dfrac{1}{2\sqrt{x}}$.

【例 2-17】 由方程 $1+\cos(x+y)=e^{-xy}$ 在点 $\left(0,\dfrac{\pi}{2}\right)$ 附近所确定的隐函数 $y=y(x)$，求该函数在 $x=0$ 处的切线方程.

分析：先求得隐函数 $y=y(x)$ 在 $\left(0,\dfrac{\pi}{2}\right)$ 处的导数，即切线方程的斜率，从而得到切线方程.

解 方程两边对 x 求导，得

$$-\sin(x+y)(x+y)'=e^{-xy}(-xy)'$$

$$-\sin(x+y)(1+y')=e^{-xy}[-y+(-x)y']$$

将 y' 移到方程的一边，得

$$ye^{-xy}-\sin(x+y)=\sin(x+y)y'-xe^{-xy}y'$$

$$y'=\frac{ye^{-xy}-\sin(x+y)}{\sin(x+y)-xe^{-xy}}$$

从而

$$y'\Big|_{\substack{x=0\\y=\frac{\pi}{2}}}=\frac{ye^{-xy}-\sin(x+y)}{\sin(x+y)-xe^{-xy}}\Bigg|_{\substack{x=0\\y=\frac{\pi}{2}}}=\frac{\pi}{2}-1$$

于是，$y=y(x)$ 在 $x=0$ 处的切线方程为

$$\left(y-\frac{\pi}{2}\right)=\left(\frac{\pi}{2}-1\right)(x-0)$$

即

$$y=\left(\frac{\pi}{2}-1\right)x+\frac{\pi}{2}$$

【例 2-18】 设 $u=f(\phi(x)+y^2)$，其中 x、y 满足方程 $y+e^y=x$ 且 $f(x)$、$\phi(x)$ 均可导. 求 $\dfrac{\mathrm{d}u}{\mathrm{d}x}$.

分析：这是复合函数求导与隐函数求导的综合题，只要将 u 的表达式中的 y 看成由方程 $y+e^y=x$ 所确定的隐函数 $y=y(x)$ 即可.

解 $$\frac{\mathrm{d}u}{\mathrm{d}x}=\left[f(\phi(x)+y^2)\right]'_x=f'(\phi(x)+y^2)(\phi'(x)+2yy'_x).$$

再由 $y+e^y=x$ 确定 y'_x. 由 $y'_x+e^y y'_x=1$ 知 $y'_x=\dfrac{1}{1+e^y}$.

将 y'_x 的表达式代入 $\dfrac{\mathrm{d}u}{\mathrm{d}x}$ 的表达式中，得 $\dfrac{\mathrm{d}u}{\mathrm{d}x}=f'(\phi(x)+y^2)\left(\phi'(x)+\dfrac{2y}{1+e^y}\right)$.

【例 2-19】 求下列函数导数：

(1) $y=(\sin x)^{\cos x}$，$x\in\left(0,\dfrac{\pi}{2}\right)$；(2) $y=\sqrt[x]{x}$ $(x>0)$.

分析：对于一般形如 $y=u^v$ $(u>0)$ 的幂指函数，其中 $u=u(x)$，$v=v(x)$ 都可导，可以用对数求导法求导数. 具体方法为：先在 $y=u^v$ 两边取对数，得 $\ln y=v\ln u$，于是得到一个二元方程确定的隐函数，两边对 x 求导，得 $\dfrac{1}{y}y'=v'\ln u+v(\ln u)'=v'\ln u+v\dfrac{1}{u}u'$，于是 $y'=y\left(v'\ln u+\dfrac{vu'}{u}\right)=u^v\left(v'\ln u+\dfrac{vu'}{u}\right)$. 或者将 $y=u^v$ 写成 $y=e^{v\ln u}$ 的形式，然后运用复合函数求导法则进行求导，也可得到 $y'=u^v\left(v'\ln u+\dfrac{vu'}{u}\right)$.

解 (1) 两边取对数，有 $\ln y = \cos x \ln \sin x$，两边再对 x 求导，得

$$\frac{1}{y}y' = (\cos x)' \ln \sin x + \cos x (\ln \sin x)' = -\sin x \ln \sin x + \cos x \frac{1}{\sin x}(\sin x)'$$

$$= \frac{\cos^2 x}{\sin x} - \sin x \ln \sin x$$

于是

$$y' = y\left(\frac{\cos^2 x}{\sin x} - \sin x \ln \sin x\right) = \sin x^{\cos x}\left(\frac{\cos^2 x}{\sin x} - \sin x \ln \sin x\right)$$

(2) $\ln y = \frac{1}{x}\ln x$, $\frac{1}{y}y' = \left(\frac{1}{x}\ln x\right)' = -\frac{1}{x^2}\ln x + \frac{1}{x}\frac{1}{x}$, $y' = \sqrt[x]{x}\left(-\frac{1}{x^2}\ln x + \frac{1}{x^2}\right) = \frac{1}{x^2}\sqrt[x]{x}(1-\ln x)$.

注意：对于幂指函数 $y = u^v (u>0)$ 的求导，并不要求记住公式 $y' = u^v\left(v'\ln u + \frac{vu'}{u}\right)$，只需理解对数求导法的一般步骤.

【例 2 - 20】 设 $y = \dfrac{\sqrt{x+2}(3-x)^4}{(1+x)^5}$，求 y'.

解 两边取自然对数，得

$$\ln y = \frac{1}{2}\ln(x+2) + 4\ln(3-x) - 5\ln(1+x)$$

两边对 x 求导，得

$$\frac{1}{y}y' = \frac{1}{2(x+2)} + \frac{4(-1)}{(3-x)} - \frac{5}{(1+x)}$$

则

$$y' = \frac{\sqrt{x+2}(3-x)^4}{(1+x)^5}\left[\frac{1}{2(x+2)} + \frac{4(-1)}{(3-x)} - \frac{5}{(1+x)}\right]$$

【例 2 - 21】 求曲线 $\begin{cases} x = 2e^t \\ y = e^{-t} \end{cases}$ 在 $t=0$ 处的切线方程和法线方程.

分析：使用参数方程求导法求 $\dfrac{dy}{dx}$. 由导数的几何意义知切线的斜率 k 与法线的斜率 k' 之间的关系是 $k' = -\dfrac{1}{k}$，由点斜式得法线方程.

解 $t=0$ 时，$x=2$, $y=1$.

$$k_{切} = \frac{dy}{dx}\bigg|_{t=0} = \frac{dy}{dt}\cdot\frac{dt}{dx}\bigg|_{t=0} = \frac{dy}{dt}\cdot\frac{1}{\frac{dx}{dt}}\bigg|_{t=0} = \frac{-e^{-t}}{2e^t}\bigg|_{t=0} = -\frac{1}{2}, k_{法} = -\frac{1}{k_{切}} = 2.$$

切线方程：$y-1 = -\dfrac{1}{2}(x-2)$.

法线方程：$y-1 = 2(x-2)$.

【例 2 - 22】 设函数 $x = x(t)$ 由方程 $t\cos x + x = 0$ 确定，又函数 $y = y(x)$ 由方程 $e^{y-2} - xy = 1$ 确定. 求复合函数 $y = y(x(t))$ 的导数 $\dfrac{dy}{dt}\bigg|_{t=0}$.

解 方程 $t\cos x + x = 0$ 两边对 t 求导：

$$\cos x - t\sin x \frac{dx}{dt} + \frac{dx}{dt} = 0$$

当 $t=0$ 时，$x=0$，则有

$$\frac{\mathrm{d}x}{\mathrm{d}t}\bigg|_{t=0} = \frac{\cos x}{t\sin x-1}\bigg|_{\substack{t=0\\x=0}} = -1$$

方程 $\mathrm{e}^{y-2}-xy=1$ 两边对 x 求导：

$$\mathrm{e}^{y-2}\frac{\mathrm{d}y}{\mathrm{d}x} - y - x\frac{\mathrm{d}y}{\mathrm{d}x} = 0$$

当 $x=0$ 时，$y=2$，故 $\dfrac{\mathrm{d}y}{\mathrm{d}x}\bigg|_{x=0} = \dfrac{y}{\mathrm{e}^{y-2}-x}\bigg|_{\substack{x=0\\y=2}} = 2.$

因此 $\dfrac{\mathrm{d}y}{\mathrm{d}t}\bigg|_{t=0} = \dfrac{\mathrm{d}y}{\mathrm{d}x}\bigg|_{x=0} \cdot \dfrac{\mathrm{d}x}{\mathrm{d}t}\bigg|_{t=0} = -2.$

【例 2-23】 求下列函数的微分：

(1) $y=x\sin 2x$；　　　　　(2) $y=\ln^2(1-x)$；

(3) $y=\mathrm{e}^{-x}\cos(3-x)$；　　　(4) $y=\tan^2(1+2x^2)$；

(5) $y=5^{\sin x}$；　　　　　(6) $y=\sin(\ln x)$；

(7) $y=x+\ln y$.

分析：对于函数微分的计算，可直接根据微分基本公式以及微分法则进行计算. 或者根据 $\mathrm{d}f(x)=f'(x)\mathrm{d}x$，只要求出函数 $y=f(x)$ 的导数 $f'(x)$，便可得到函数的微分 $\mathrm{d}y$.

解 (1) $\mathrm{d}y=(x\sin 2x)'\mathrm{d}x=(\sin 2x+2x\cos 2x)\mathrm{d}x.$

(2) $\mathrm{d}y=[\ln^2(1-x)]'\mathrm{d}x=\dfrac{2}{x-1}\ln(1-x)\mathrm{d}x.$

(3) $\mathrm{d}y=(\mathrm{e}^{-x}\cos(3-x))'\mathrm{d}x=[-\mathrm{e}^{-x}\cos(3-x)-\mathrm{e}^{-x}(-\sin(3-x))]\mathrm{d}x$
$\qquad = \mathrm{e}^{-x}[\sin(3-x)-\cos(3-x)]\mathrm{d}x.$

(4) $\mathrm{d}y=[\tan^2(1+2x^2)]'\mathrm{d}x=8x\tan(1+2x^2)\sec^2(1+2x^2)\mathrm{d}x.$

(5) $\mathrm{d}y=(5^{\sin x})'\mathrm{d}x=5^{\sin x}\ln 5\cos x\mathrm{d}x.$

(6) $\mathrm{d}y=[\sin(\ln x)]'\mathrm{d}x=\dfrac{1}{x}\cos(\ln x)\mathrm{d}x.$

(7) $y'=1+\dfrac{1}{y}y'$，$y'=\dfrac{y}{y-1}$，$\mathrm{d}y=y'\mathrm{d}x=\dfrac{y}{y-1}\mathrm{d}x.$

【例 2-24】 求下列式子的近似值：

(1) $\sqrt[10]{1000}$；(2) $\cos 31°$.

分析：给自变量 x 一个微小的改变量 Δx 时，函数 $y=f(x)$ 函数值的改变量 $\Delta y\approx\mathrm{d}y=\Delta x\cdot f'(x_0)$. 此即函数微分的几何意义.

解 (1) $\sqrt[10]{1000}=\sqrt[10]{1024-24}$，$\sqrt[10]{1024-24}-\sqrt[10]{1024}\approx f'(1024)\Delta x.$

取 $f(x)=\sqrt[10]{x}$，$\Delta x=-24$，$f'(x)=\dfrac{1}{10}x^{-\frac{9}{10}}$，$f'(1024)=\dfrac{1}{10}\times\dfrac{1}{2^9}$，

$\sqrt[10]{1000}\approx\sqrt[10]{1024}+\dfrac{1}{10}\times\dfrac{1}{2^9}\times(-24)=2-\dfrac{3}{640}.$

(2) $\cos 31°=\cos(30°+1°)=\cos\left(\dfrac{\pi}{6}+\dfrac{\pi}{180}\right)$，$\cos\left(\dfrac{\pi}{6}+\dfrac{\pi}{180}\right)-\cos\dfrac{\pi}{6}\approx f'\left(\dfrac{\pi}{6}\right)\Delta x.$

$f(x)=\cos x$，$\Delta x=\dfrac{\pi}{180}$，$f'(x)=-\sin x$，$f'\left(\dfrac{\pi}{6}\right)\Delta x=-\sin\dfrac{\pi}{6}\cdot\dfrac{\pi}{180}=-\dfrac{\pi}{360}.$

$$\cos 31° \approx \cos \frac{\pi}{6} + f'\left(\frac{\pi}{6}\right)\Delta x = \frac{\sqrt{3}}{2} - \frac{\pi}{360}.$$

五、测试题

测 试 题 A

1. 选择题

(1) 设函数 $f(x)$ 对任意 x 都满足 $f(x+1)=af(x)$，且 $f'(0)=b$，其中 a、b 均为非零常数，则 $f(x)$ 在 $x=1$ 处 (　　).

　　A. 不可导　　　　　　　　　　　B. 可导，且 $f'(1)=a$

　　C. 可导，且 $f'(1)=b$　　　　　　D. 可导，且 $f'(1)=ab$

(2) 设函数 $f(x)$ 在 x_0 的一个邻域内有定义，则在 x_0 点处存在连续函数 $g(x)$ 使 $f(x)-f(x_0)=(x-x_0)g(x)$ 是 $f(x)$ 在 x_0 点处可导的 (　　).

　　A. 充分而非必要条件　　　　　　B. 必要而非充分条件

　　C. 充分必要条件　　　　　　　　D. 既非充分，也非必要条件

(3) 设函数 $f(x)$ 可导，并且 $f'(x_0)=5$，则当 $\Delta x \rightarrow 0$ 时，该函数在点 x_0 处微分 $\mathrm{d}y$ 是 Δy 的 (　　).

　　A. 等价无穷小　　　　　　　　　B. 同阶但不等价的无穷小

　　C. 高阶无穷小　　　　　　　　　D. 低阶无穷小

(4) 设函数 $f(x)$ 在点 $x=a$ 处可导，则 $|f(x)|$ 在点 $x=a$ 处不可导的充分必要条件是 (　　).

　　A. $f(a)=0$，且 $f'(a)=0$　　　　B. $f(a)\neq0$，但 $f'(a)=0$

　　C. $f(a)=0$，且 $f'(a)\neq0$　　　　D. $f(a)\neq0$，且 $f'(a)\neq0$

(5) 设 $f(x)=(2+|x|)\ln(1-x)$，则 $f(x)$ 在 $x=0$ 处 (　　).

　　A. $f'(0)=-2$　　B. $f'(0)=0$　　C. $f'(0)=2$　　D. 不可导

2. 设函数 $y=y(x)$ 由方程 $\mathrm{e}^{x+y}-\cos(xy)=0$ 所确定，则 $\mathrm{d}y|_{x=0}=$ ＿＿＿＿.

3. 求下列函数的导数：

(1) $y=\mathrm{e}^{\sin(3x+2)}$；　　　　　　　(2) $y=\mathrm{e}^{-3x^2}$；

(3) $y=\dfrac{1}{x+\cos x}$；　　　　　　　(4) $y=\mathrm{e}^{-\frac{x}{2}}\cos x$；

(5) $y=\ln(\sec x+\tan x)$；　　　　(6) $y=\arctan\dfrac{x+1}{x-1}$；

(7) $y=\dfrac{x}{\sqrt{1-x^2}}$；　　　　　　(8) $y=\sqrt{x+\sqrt{x}}$；

(9) $y=x\arcsin\dfrac{x}{2}+\sqrt{4-x^2}$；　　(10) $y=F(\sin^2 x)+F(\cos^2 x)$；

(11) $y=\sqrt{\ln\tan(\mathrm{e}^{\frac{1}{x}})}$；　　　　　(12) $f(x)=\sqrt{\cos x}\left(-\dfrac{\pi}{2}<x<\dfrac{\pi}{2}\right)$；

(13) $f(x)=\tan\dfrac{1}{x}$；　　　　　　(14) $f(x)=\arcsin\sqrt{x}\,(0\leqslant x\leqslant 1)$；

(15) $y = \ln \sqrt{\dfrac{1 - \sin x}{1 + \sin x}}$;　　　　　(16) $y = \ln \sqrt{\dfrac{e^{4x}}{e^{4x} + 1}}$;

(17) $y = \dfrac{\sin^2 x}{1 + \cot x} + \dfrac{\cos^2 x}{1 + \tan x}$.

4. 求下列方程所确定的隐函数的导数 $\dfrac{dy}{dx}$：

(1) $e^{xy} + x^2 y = 1$;　　　　　(2) $\arctan \dfrac{y}{x} = \ln \sqrt{x^2 + y^2}$ $(y \geqslant 0)$.

5. 求下列参数方程所确定的函数的导数 $\dfrac{dy}{dx}$：

(1) $\begin{cases} x = a \cos^3 t \\ y = b \sin^3 t \end{cases}$;　　　　　(2) $\begin{cases} x = e^t \cos t \\ y = e^t \sin t \end{cases}$.

6. 用对数求导法求下列导数：

(1) $y = \dfrac{(2x + 3) \sqrt[4]{x - 6}}{\sqrt[3]{x + 1}}$;　　　　　(2) $y = (x^3 + \sin x)^{\frac{1}{x}}$ $(x > 1)$.

7. 求下列函数的二阶导数：

(1) $y = \ln(1 + x^2)$;　　　　　(2) $y = x \ln x$;

(3) $y = (1 + x^2) \arctan x$;　　　　　(4) $y = x e^{x^2}$.

8. 求曲线 $y = \ln x$ 在点 $(e, 1)$ 处的切线方程.

9. 设 $f(x) = \begin{cases} x = t^2 + 2t \\ y = \ln(1 + t) \end{cases}$，则 $\dfrac{dy}{dx}\Big|_{t=0} = $ _____.

10. 曲线 $(5y + 2)^3 = (2x + 1)^5$ 在点 $\left(0, -\dfrac{1}{5} \right)$ 处的切线方程是 _____.

11. 设 $y = f(e^x) e^{f(x)}$ 且 $f'(x)$ 存在，求 $\dfrac{dy}{dx}$.

12. 求下列函数的 n 阶导数：

(1) $y = a^x$;　　　　　(2) $y = \ln(1 + x)$;

(3) $y = (1 + x)^m$;　　　　　(4) $y = x e^x$.

13. 当 $x = 1$，且 (1) $\Delta x = 1$，(2) $\Delta x = 0.1$，(3) $\Delta x = 0.01$ 时，分别求出函数 $f(x) = x^2 - 3x + 5$ 的 Δy 和 dy 并加以比较，是否能得出结论：Δx 越小，两者越近似.

14. 求下列函数的微分 dy：

(1) $y = x^2 \sin \dfrac{1}{x}$;　　　　　(2) $x \arcsin \dfrac{x}{2} + \sqrt{4 - x^2}$;

(3) $y = \sin^2(2x - 1)$;　　　　　(4) $y = \dfrac{2x^2 - x + 1}{x + 2}$;

(5) $y = \ln[\ln(\ln x)]$;　　　　　(6) $y = \left(1 - \dfrac{1}{2x} \right)^x$.

15. 求近似值：

(1) $\sqrt[6]{65}$;　　　　　(2) $\sin 30°30'$.

测 试 题 B

1. 判断函数 $f(x)=\begin{cases} x\sin\dfrac{1}{x}, & x\neq0 \\ 0, & x=0 \end{cases}$ 与 $g(x)=\begin{cases} x^2\sin\dfrac{1}{x}, & x\neq0 \\ 0, & x=0 \end{cases}$ 在 $x=0$ 处是否可导？

2. 设 $f(0)=1$，$f'(0)=-1$，$g(1)=2$，$g'(1)=-2$，求：

(1) $\lim\limits_{x\to0}\dfrac{\mathrm{e}^x-f(x)}{x}$；　　　　　　　　(2) $\lim\limits_{x\to1}\dfrac{xg(x)-2}{x-1}$.

3. 设 $f(x)$ 可导，求下列函数的导数：

(1) $y=f((x+a)^n)$；　　　　　　　(2) $y=[f(x+a)]^n$；

(3) $y=f(\mathrm{e}^x+x^{\mathrm{e}})$；　　　　　　　(4) $y=[f(x)]^{f(x)}$.

4. 求下列参数方程所确定的函数的二阶导数 $\dfrac{\mathrm{d}^2y}{\mathrm{d}x^2}$：

(1) $\begin{cases} x=1-t^2 \\ y=1-t^3 \end{cases}$；　　　　　　　(2) $\begin{cases} x=\ln(1+t^2) \\ y=t-\arctan t \end{cases}$.

5. $y=y(x)$ 是由方程组 $\begin{cases} x=3t^2+2t+3 \\ \mathrm{e}^y\sin t-y+1=0 \end{cases}$ 所确定的隐函数，求 $\dfrac{\mathrm{d}^2y}{\mathrm{d}x^2}\Big|_{t=0}$.

6. 将适当的函数填入下列括号内，使得等式成立.

(1) $\mathrm{d}(\quad)=3\mathrm{d}x$；　　　　　　(2) $\mathrm{d}(\quad)=\dfrac{2}{\sqrt{x}}\mathrm{d}x$；

(3) $\mathrm{d}(\quad)=\sin2x\mathrm{d}x$；　　　　　(4) $\mathrm{d}(\quad)=x\mathrm{e}^{x^2}\mathrm{d}x$.

7. 设函数 $y=y(x)$ 由参数方程 $\begin{cases} x=1+2t^2 \\ y=\displaystyle\int_1^{1+2\ln t}\dfrac{\mathrm{e}^u}{u}\mathrm{d}u \end{cases}$，$(t>1)$ 所确定，求 $\dfrac{\mathrm{d}^2y}{\mathrm{d}x^2}\Big|_{x=9}$.

测试题 A 答案

1. (1) D；(2) C；(3) A；(4) C；(5) A.

2. $-\mathrm{d}x$.

3. (1) $3\mathrm{e}^{\sin(3x+2)}\cos(3x+2)$；　　　(2) $-6x\mathrm{e}^{-3x^2}$；　　　(3) $\dfrac{\sin x-1}{(x+\cos x)^2}$；

(4) $-\dfrac{1}{2}\mathrm{e}^{-\frac{x}{2}}\cos x-\mathrm{e}^{-\frac{x}{2}}\sin x$；　(5) $\sec x$；　　　(6) $-\dfrac{1}{x^2+1}$；

(7) $(1-x^2)^{-\frac{3}{2}}$；　　　(8) $\dfrac{2\sqrt{x}+1}{4\sqrt{x}\sqrt{x+\sqrt{x}}}$；　(9) $\arcsin\dfrac{x}{2}$；

(10) $\sin2x\cdot F'(\sin^2x)-\sin2x\cdot F'(\cos^2x)$；　(11) $\dfrac{-\dfrac{1}{x^2}\mathrm{e}^{\frac{1}{x}}\sec^2(\mathrm{e}^{\frac{1}{x}})}{2\tan(\mathrm{e}^{\frac{1}{x}})\sqrt{\ln\tan(\mathrm{e}^{\frac{1}{x}})}}$；

(12) $\dfrac{-\sin x}{2\sqrt{\cos x}}$；　　　(13) $-\dfrac{1}{x^2}\sec^2\dfrac{1}{x}$；　　(14) $\dfrac{1}{2\sqrt{x-x^2}}$；

(15) $-\dfrac{1}{\cos x}$；　　　(16) $\dfrac{2}{\mathrm{e}^{4x}+1}$；　　　(17) $-\cos2x$.

4. (1) $-\dfrac{(e^{xy}+2x)y}{(e^{xy}+x)x}$;　(2) $\dfrac{x+y}{x-y}$.

5. (1) $-\dfrac{b}{a}\tan t$;　(2) $\dfrac{\sin t+\cos t}{\cos t-\sin t}$.

6.

(1) $\left[\dfrac{2}{2x+3}+\dfrac{1}{4(x-6)}-\dfrac{1}{3(x+1)}\right]\dfrac{(2x+3)\sqrt[4]{x-6}}{\sqrt[3]{x+1}}$;

(2) $(x^3+\sin x)^{\frac{1}{x}}\left[-\dfrac{1}{x^2}\ln(x^3+\sin x)+\dfrac{1}{x}\dfrac{3x^2+\cos x}{x^3+\sin x}\right]$.

7. (1) $\dfrac{2(1-x^2)}{(1+x^2)^2}$;　(2) $\dfrac{1}{x}$;　(3) $2\arctan x+\dfrac{2x}{1+x^2}$;　(4) $e^{x^2}(6x+4x^3)$.

8. $y-1=\dfrac{1}{e}(x-e)$.

9. $\dfrac{1}{2}$.

10. $y=\dfrac{2x}{3}-\dfrac{1}{5}$

11. $y'=\left[f(e^x)\right]'e^{f(x)}+f(e^x)\left[e^{f(x)}\right]'=f'(e^x)e^x e^{f(x)}+f(e^x)e^{f(x)}f'(x)$
$=e^{f(x)}\left[f'(e^x)e^x+f(e^x)f'(x)\right]$.

12. (1) $a^x(\ln a)^n$;　(2) $(-1)^{n-1}\dfrac{(n-1)!}{(1+x)^n}$;

(3) 当 $m>n$ 时，$y^{(n)}=m(m-1)(m-2)\cdots(m-n+1)x^{m-n}$;

当 $m=n$ 时，$y^{(n)}=n!$;

当 $m<n$ 时，$y^{(n)}=0$.

(4) ne^x+xe^x.

13. 当 $\Delta y=0$，$\mathrm{d}y=-1$；当 $\Delta y=-0.09$，$\mathrm{d}y=-0.1$；当 $\Delta y=-0.0099$，$\mathrm{d}y=-0.01$. Δx 越小时，Δy 与 $\mathrm{d}y$ 越近似.

14. (1) $\mathrm{d}y=\left(2x\sin\dfrac{1}{x}-\cos\dfrac{1}{x}\right)\mathrm{d}x$;　(2) $\mathrm{d}y=\arcsin\dfrac{x}{2}\mathrm{d}x$;

(3) $\mathrm{d}y=2\sin(4x-2)\mathrm{d}x$;　(4) $\mathrm{d}y=\dfrac{2x^2+8x-3}{(x+2)^2}\mathrm{d}x$;

(5) $\mathrm{d}y=\dfrac{1}{x\ln x\ln(\ln x)}\mathrm{d}x$;　(6) $\mathrm{d}y=\left(1-\dfrac{1}{2x}\right)^x\left[\ln\left(1-\dfrac{1}{2x}\right)+\dfrac{1}{2x-1}\right]\mathrm{d}x$.

15. (1) $2+\dfrac{1}{192}$;　(2) 0.5076.

测试题 B 答案

1. $f(x)$ 不可导；$g(x)$ 可导.

2. (1) 2;　(2) 0.

3. (1) $y'=f'((x+a)^n)n(x+a)^{n-1}$.

(2) $y'=n[f(x+a)]^{n-1}f'(x+a)$.

(3) $y'=f'(e^x+x^e)(e^x+ex^{e-1})$.

(4) $y' = [f(x)]^{f(x)} [f'(x) \ln f(x) + f'(x)]$.

4. (1) $\dfrac{6t^2 + 2}{-8t^3}$; (2) $\dfrac{1 + t^2}{4t}$.

5. $\dfrac{e^{2y}}{8}$.

6. (1) $3x$; (2) $4\sqrt{x}$; (3) $-\dfrac{1}{2}\cos 2x$; (4) $\dfrac{1}{2}e^{x^2}$.

7. $\dfrac{-e^{1+2\ln 2}}{(8 + 16\ln 2)^2}$.

第三章　微分学中值定理与导数的应用

一、基本要求

（1）理解罗尔中值定理和拉格朗日中值定理，了解柯西中值定理.

（2）理解罗尔中值定理和拉格朗日中值定理的几何意义.

（3）掌握用洛必达法则求 $\dfrac{0}{0}$，$\dfrac{\infty}{\infty}$，$0 \cdot \infty$，$\infty - \infty$，0^0，∞^0，1^∞ 等类型的函数极限.

（4）掌握函数单调区间的求法.

（5）理解极值点与驻点的定义，以及两者间的关系.

（6）掌握函数凹凸性的判定，理解拐点的定义.

（7）掌握函数极大值与极小值、最值的求法.

（8）掌握曲线渐近线的求法.

（9）掌握函数图形的描绘.

（10）理解曲率的定义及计算公式.

二、知识结构

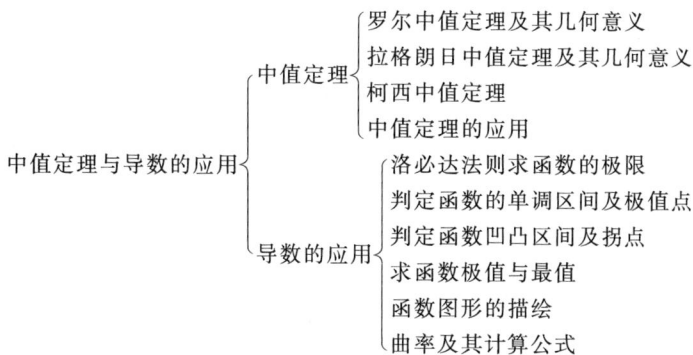

三、内容小结

1. 中值定理

（1）罗尔中值定理.

如果函数 $f(x)$ 满足：①在闭区间 $[a,b]$ 上连续；②在开区间 (a,b) 内可导；③在区间端点处的函数值相等，即 $f(a)=f(b)$. 那么在 (a,b) 内至少有一点 ξ，使得 $f'(\xi)=0$.

几何意义：两端点同高的连续光滑曲线 $f(x)$ 在点 $(\xi, f(\xi))$ 处切线水平（图 3-1）.

（2）拉格朗日中值定理.

如果函数 $f(x)$ 满足：①在闭区间 $[a,b]$ 上连续；②在开区间 (a,b) 内可导. 那么在 (a,b) 内至少有一点 ξ，使等式 $f(b)-f(a)=f'(\xi)(b-a)$ 成立.

几何意义：若 $y=f(x)$ 在 $[a,b]$ 上连续光滑，则至少存在一点 $\xi \in (a,b)$，此点的切线平行于割线 AB（图 3-2）.

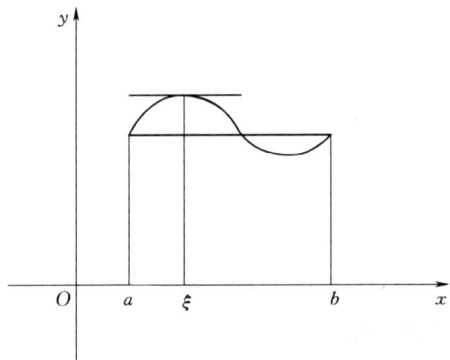
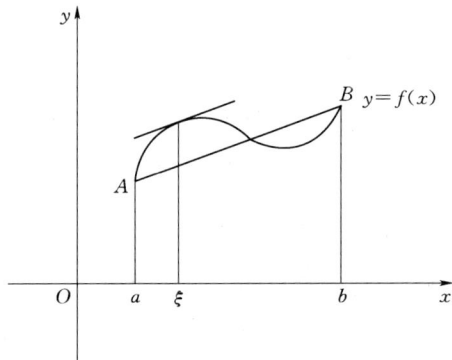

图 3-1   图 3-2

拉格朗日中值定理的增量形式：令 $a=x$，$b=x+\Delta x$，则 $b-a=\Delta x$，即有 $x<x+\theta\Delta x<x+\Delta x$（其中 $0<\theta<1$）. 于是拉格朗日中值定理变为

$$f(x+\Delta x)-f(x)=f'(x+\theta\Delta x)\Delta x \text{ 或 } \Delta y=f'(x+\theta\Delta x)\Delta x, 0<\theta<1.$$

注意：该式给出了自变量增量 Δx、函数增量 Δy 和导数值 $f'(\xi)$ 之间的精确等式，注意与微分 $\mathrm{d}y=f'(x)\Delta x$ 之间的区别.

（3）柯西中值定理.

如果函数 $f(x)$ 及 $g(x)$ 满足：①在闭区间 $[a,b]$ 上连续；②在开区间 (a,b) 内可导；③对任一 $x \in (a,b)$，$g'(x)\neq 0$. 那么在 (a,b) 内至少有一点 ξ，使等式 $\dfrac{f(b)-f(a)}{g(b)-g(a)}=\dfrac{f'(\xi)}{g'(\xi)}$ 成立.

2. 洛必达法则

（1）洛必达法则.

1）$\dfrac{0}{0}$ 型. 设 $f(x)$ 与 $g(x)$ 满足：① $\lim\limits_{\substack{x\to a \\ (x\to\infty)}} f(x)=\lim\limits_{\substack{x\to a \\ (x\to\infty)}} g(x)=0$；②在点 a 的某去心邻域内（或当 $|x|>X$ 时），$f'(x)$ 及 $g'(x)$ 都存在且 $g'(x)\neq 0$；③ $\lim\limits_{\substack{x\to a \\ (x\to\infty)}} \dfrac{f'(x)}{g'(x)}$ 存在（或为 ∞）.

那么 $\lim\limits_{\substack{x\to a \\ (x\to\infty)}} \dfrac{f(x)}{g(x)}=\lim\limits_{\substack{x\to a \\ (x\to\infty)}} \dfrac{f'(x)}{g'(x)}$.

2）$\dfrac{\infty}{\infty}$ 型. 设 $f(x)$ 与 $g(x)$ 满足：① $\lim\limits_{\substack{x\to a \\ (x\to\infty)}} f(x)=\lim\limits_{\substack{x\to a \\ (x\to\infty)}} g(x)=\infty$；②在点 a 的某去心邻

域内（或当$|x|>X$ 时），$f'(x)$ 及 $g'(x)$ 都存在且 $g'(x)\neq0$；③ $\lim\limits_{\substack{x\to a \\ (x\to\infty)}}\dfrac{f'(x)}{g'(x)}$ 存在（或为∞）.

那么 $\lim\limits_{\substack{x\to a \\ (x\to\infty)}}\dfrac{f(x)}{g(x)}=\lim\limits_{\substack{x\to a \\ (x\to\infty)}}\dfrac{f'(x)}{g'(x)}$.

（2）运用洛必达法则求极限的几种情况.

1）$\dfrac{0}{0}$ 与 $\dfrac{\infty}{\infty}$ 型，直接运用洛必达法则.

2）其他待定型，如 $0\cdot\infty$，$\infty-\infty$，0^0，∞^0，1^∞ 等，可以先化为 $\dfrac{0}{0}$ 或 $\dfrac{\infty}{\infty}$ 型，再应用洛必达法则求极限.

对于 $0\cdot\infty$ 型，可转化为 $\dfrac{0}{\dfrac{1}{\infty}}=\dfrac{0}{0}$ 型，或转化为 $\dfrac{\infty}{\dfrac{1}{0}}=\dfrac{\infty}{\infty}$ 型.

对于 $\infty-\infty$ 型，可以通过通分或有理化化为 $\dfrac{0}{0}$ 或 $\dfrac{\infty}{\infty}$.

对于 0^0，∞^0，1^∞，可以利用对数恒等式 $x=\mathrm{e}^{\ln x}$ 求其极限或通过取对数化为 $\dfrac{0}{0}$ 或 $\dfrac{\infty}{\infty}$.

3. 函数的单调性和凸凹性

（1）函数的单调性.

判定函数的单调区间：设 $f(x)$ 在 $[a,b]$ 上连续，在 (a,b) 内可导，若 $f'(x)>0$ ［或 $f'(x)<0$］，$x\in(a,b)$，则 $f(x)$ 在 $[a,b]$ 上单调增加（或减少）.

（2）函数的极值.

1）定义. 设函数 $f(x)$ 在点 x_0 的某领域 $U(x_0)$ 内有定义，如果对于去心领域 $\mathring{U}(x_0)$ 内的任一 x，有 $f(x)<f(x_0)$ ［或 $f(x)>f(x_0)$］，那么就称 $f(x_0)$ 是函数 $f(x)$ 的一个极大值（或极小值）.

注意：大部分情况下可认为极值点也即单调区间的分界点.

2）判别条件.

a. 必要条件：$f(x)$ 在 x_0 处可导且在 x_0 处取极值，则 $f'(x_0)=0$.

b. 第一充分条件：设函数 $f(x)$ 在 x_0 处连续，且在 x_0 的去心领域 $\mathring{U}(x_0,\delta)$ 内可导，则：

$x\in(x_0-\delta,x_0)$ 时 $f'(x)>0$，而 $x\in(x_0,x_0+\delta)$ 时 $f'(x)<0$，则 $f(x)$ 在 x_0 处取得极大值.

$x\in(x_0-\delta,x_0)$ 时 $f'(x)<0$，而 $x\in(x_0,x_0+\delta)$ 时 $f'(x)>0$，则 $f(x)$ 在 x_0 处取得极小值.

$x\in(x_0-\delta,x_0)$ 及 $x\in(x_0,x_0+\delta)$ 时，$f'(x)$ 符号相同，则 $f(x)$ 在 x_0 处无极值.

c. 第二充分条件：设函数 $f(x)$ 在 x_0 处具有二阶导数且 $f'(x_0)=0$，$f''(x_0)\neq0$，那么
当 $f''(x_0)<0$ 时，函数 $f(x)$ 在 x_0 处取得极大值.
当 $f''(x_0)>0$ 时，函数 $f(x)$ 在 x_0 处取得极小值.

（3）函数的最值.

若函数 $f(x)$ 在 x_0 处的一阶导数为 0，即 $f'(x_0)=0$，则称 x_0 为 $f(x)$ 的驻点.

设函数 $f(x)$ 在 $[a,b]$ 上连续，在 (a,b) 内除有限个点外可导，且至多有有限个驻点，则求 $f(x)$ 在 $[a,b]$ 上的最小值和最大值的方法如下：

1）求出 $f(x)$ 在 (a,b) 内的驻点 $x_1,x_2,\cdots,x_m$ 及不可导点 $x'_1,x'_2,\cdots,x'_n$.

2）计算 $f(x_i)(i=1,2,\cdots,m)$、$f(x'_i)(i=1,2,\cdots,n)$ 及 $f(a)$、$f(b)$.

比较 2）中各个值的大小，其中最大的便是 $f(x)$ 在 $[a,b]$ 上的最大值，最小的便是 $f(x)$ 在 $[a,b]$ 上的最小值.

（4）函数的凸凹性和拐点.

1）定义. 设函数 $f(x)$ 在区间 I 内连续，如果对 I 上任意两点 x_1、x_2 恒有 $f\left(\dfrac{x_1+x_2}{2}\right)<\dfrac{f(x_1)+f(x_2)}{2}$，那么称 $f(x)$ 在 I 上的图形是（向下）凹的；如果恒有 $f\left(\dfrac{x_1+x_2}{2}\right)>\dfrac{f(x_1)+f(x_2)}{2}$，那么称 $f(x)$ 在 I 上的图形是（向上）凸的. 拐点是连续曲线上凹凸性的分界点.

2）判断函数的凸凹形和拐点. 如果 $f(x)$ 在 $[a,b]$ 上连续，在 (a,b) 内具有二阶导数，若在 (a,b) 内 $f''(x)>0$，则在 $[a,b]$ 上的图形是凹的；$f''(x)<0$，则在 $[a,b]$ 上的图形是凸的.

注意：实际上可认为函数凹凸性的判定，也即其导函数单调性的判定. 同理，函数的拐点也可认为是导函数的极值点.

于是，依照上文中所述极值点的第二充分条件，也可得到拐点的一个充分条件：设 $y=f(x)$ 在 $x=x_0$ 的某个领域内具有三阶连续导数，如果 $f''(0)=0$，而 $f'''(x)\neq0$，则 $(x_0,f(x_0))$ 是拐点.

4. 函数图形的描绘

（1）函数图形的渐近线.

1）若 $\lim\limits_{x\to\infty}f(x)=A[$或 $\lim\limits_{x\to+\infty}f(x)=A$，$\lim\limits_{x\to-\infty}f(x)=A]$，则 $y=A$ 是 $y=f(x)$ 的水平渐近线.

2）若 $\lim\limits_{x\to x_0}f(x)=\infty$ $[$或 $\lim\limits_{x\to x_0^+}f(x)=\infty,\lim\limits_{x\to x_0^-}f(x)=\infty]$，则 $x=x_0$ 是 $y=f(x)$ 的垂直渐近线.

3）若 $\lim\limits_{\substack{x\to\infty\\(x\to+\infty)\\(x\to-\infty)}}f(x)=k$ 及 $\lim\limits_{\substack{x\to\infty\\(x\to+\infty)\\(x\to-\infty)}}[f(x)-kx]=b$，则 $y=kx+b$ 是 $y=f(x)$ 的斜渐近线.

（2）函数图形的描绘.

函数图形绘制主要步骤如下：

1）确定定义域、奇偶性、周期性.

2）求出 $f'(x)$ 与 $f''(x)$ 的零点、不存在点和 $f(x)$ 的间断点.

3）列表. 用 2）中所求出的点将定义域分成若干区间，求出 $f'(x)$ 和 $f''(x)$ 在各区间的符号，从而确定 $f(x)$ 的升降区间、凸凹区间、极值点和拐点.

4）求出 $f(x)$ 的渐近线，以确定 $f(x)$ 在无穷远处的走势.

5）求出 $f(x)$ 的一些特殊点（如极值点、拐点、与坐标轴的交点等）的函数值，以确定函数图形的位置.

5. 曲率

（1）弧微分.

在 (a,b) 上具有连续导数的函数 $y=f(x)$ 的弧微分：$\mathrm{d}s=\sqrt{1+y'^2}\,\mathrm{d}x$.

（2）曲率的定义.

比值 $\left|\dfrac{\Delta\alpha}{\Delta s}\right|$，即单位弧段上切线转过的角度大小，称为 M 到 N 弧段的平均曲率；极限 $k=\lim\limits_{\Delta s\to 0}\left|\dfrac{\Delta\alpha}{\Delta s}\right|$ 称为曲线 $y=f(x)$ 在点 $M(x,f(x))$ 的曲率.

曲率的倒数 $\dfrac{1}{k}$ 称为曲线 $y=f(x)$ 在点 $M(x,f(x))$ 的曲率半径；$k=0$ 时称其曲率半径为无穷大.

在曲线 M 处的法线上凹的一侧取一点 D，使 $|DM|=\dfrac{1}{k}=\rho$，以 D 为中心，ρ 为半径的圆，称为曲率圆.

（3）曲率的计算.

当 $y=f(x)$ 具有二阶导数时，$k=\dfrac{|y''|}{(1+y'^2)^{3/2}}$；当曲线是由参数方程 $\begin{cases}x=\varphi(t)\\y=\psi(t)\end{cases}$ 给出时，则 $k=\dfrac{|\varphi'\psi''-\varphi''\psi'|}{(\varphi'^2+\psi'^2)^{3/2}}$.

四、例题解析

【例 3-1】 设 $a_0+\dfrac{a_1}{2}+\cdots+\dfrac{a_n}{n+1}=0$，证明：$f(x)=a_0+a_1x+\cdots+a_nx^n$ 在 $(0,1)$ 内至少有一个根.

解 设 $F(x)=a_0x+\dfrac{a_1}{2}x^2+\cdots+\dfrac{a_n}{n+1}x^{n+1}$，则 $F(0)=F(1)=0$.

$F'(x)=f(x)=a_0+a_1x+\cdots+a_nx^n$，显然 $F(x)$ 在 $[0,1]$ 上连续，在 $(0,1)$ 内可导. 由罗尔中值定理知，至少存在一点 $\xi\in(0,1)$，使得 $F'(\xi)=0$，即 $f(x)$ 在 $(0,1)$ 内至少有一个根 ξ.

【例 3-2】 设 $b>a>\mathrm{e}$，试证：$a^b>b^a$.

分析：$a^b>b^a$ 两边取对数，得 $b\ln a>a\ln b$，即 $\dfrac{\ln a}{a}>\dfrac{\ln b}{b}$.

解 令 $f(x)=\dfrac{\ln x}{x}(x>\mathrm{e})$，则 $f'(x)=\dfrac{1-\ln x}{x^2}$.

当 $x>\mathrm{e}$ 时，$f'(x)<0$，$f(x)$ 在 $(\mathrm{e},+\infty)$ 上单调减少. 所以，当 $b>a>\mathrm{e}$，有 $\dfrac{\ln a}{a}>\dfrac{\ln b}{b}$，即 $a^b>b^a$.

【例 3-3】 已知 $f''(x)<0$，$f(0)=0$，试证：对任意 $x_2\geqslant x_1>0$，恒有 $f(x_1+x_2)<$

$f(x_1)+f(x_2)$.

解 $f(x)$ 在 $[0,x_1]$ 上连续，在 $(0,x_1)$ 内可导，由拉格朗日中值定理知，至少存在一点 $\xi_1 \in (0,x_1)$，使 $f(x_1)-f(0)=f'(\xi_1)x_1$，即 $f(x_1)=f'(\xi_1)x_1$.

又因为 $f(x)$ 在 $[x_2,x_1+x_2]$ 上连续，在 (x_2,x_1+x_2) 内可导，由拉格朗日中值定理知，至少存在一点 $\xi_2 \in (x_2,x_1+x_2)$，使 $f(x_1+x_2)-f(x_2)=f'(\xi_2)x_1$.

所以

$$f(x_1+x_2)-f(x_1)-f(x_2)=[f'(\xi_2)-f'(\xi_1)]x_1 \quad (0<\xi_1<x_1\leqslant x_2<\xi_2<x_1+x_2)$$

由 $f''(x)<0$，知 $f'(x)$ 单调减小，故当 $0<\xi_1<x_1\leqslant x_2<\xi_2<x_1+x_2$ 时，$f'(\xi_1)>f'(\xi_2)$. 则

$$f(x_1+x_2)-f(x_1)-f(x_2)=[f'(\xi_2)-f'(\xi_1)]x_1<0$$

即对任意 $x_2\geqslant x_1>0$，恒有 $f(x_1+x_2)<f(x_1)+f(x_2)$.

【例 3-4】 设函数 $f(x)$ 在闭区间 $[0,1]$ 上连续，在开区间 $(0,1)$ 内可导，且 $f(0)=0$，$f(1)=1$. 试证明：对于任意给定的正数 a 和 b，在开区间 $(0,1)$ 内存在不同的 ξ 和 η，使得 $\dfrac{a}{f'(\xi)}+\dfrac{b}{f'(\eta)}=a+b$.

解 取 $\mu \in (0,1)$，由连续函数介值定理知，存在 $C \in (0,1)$，使得 $f(C)=\mu$. 在区间 $[0,C]$ 与 $[C,1]$ 上分别应用拉格朗日中值定理，有

$$f'(\xi)=\frac{f(C)-f(0)}{C-0}=\frac{\mu}{C} \quad (0<\xi<C)$$

$$f'(\eta)=\frac{f(1)-f(C)}{1-C}=\frac{1-\mu}{1-C} \quad (C<\eta<1)$$

显然 $\xi \neq \eta$.

由于 $\mu \in (0,1)$，所以 $\mu \neq 0$，$1-\mu \neq 0$，即 $f'(\xi) \neq 0$，$f'(\eta) \neq 0$. 从而

$$\frac{a}{f'(\xi)}+\frac{b}{f'(\eta)}=\frac{a}{\dfrac{\mu}{C}}+\frac{b}{\dfrac{1-\mu}{1-C}}=\frac{aC(1-\mu)+b\mu(1-C)}{\mu(1-\mu)}=\frac{b\mu+C(a-b\mu-a\mu)}{\mu(1-\mu)}$$

注意到，若取 $\mu=\dfrac{a}{a+b}$，则 $1-\mu=\dfrac{b}{a+b}$，代入上式，得

$$\frac{a}{f'(\xi)}+\frac{b}{f'(\eta)}=\frac{\dfrac{ab}{a+b}}{\dfrac{a}{a+b}\cdot\dfrac{b}{a+b}}=a+b$$

【例 3-5】 计算 $\lim\limits_{n\to +\infty}(a^n+b^n+c^n)^{1/2n}$，其中 $a>b>c>0$.

解 取对数

$$\ln(a^n+b^n+c^n)^{1/2n}=\frac{\ln(a^n)+\ln\left[1+\left(\dfrac{b}{a}\right)^n+\left(\dfrac{c}{a}\right)^n\right]}{2n}=\frac{\ln a}{2}+\frac{\ln\left[1+\left(\dfrac{b}{a}\right)^n+\left(\dfrac{c}{a}\right)^n\right]}{2n}$$

而当 $n\to +\infty$ 时，$\left(\dfrac{b}{a}\right)^n+\left(\dfrac{c}{a}\right)^n \to 0$，所以 $\dfrac{\ln\left[1+\left(\dfrac{b}{a}\right)^n+\left(\dfrac{c}{a}\right)^n\right]}{2n} \to 0$.

所以，原式 $=\sqrt{a}$.

【例 3-6】 求极限 $\lim\limits_{n\to\infty}n^2\left(\arctan\dfrac{a}{n^2}-\arctan\dfrac{a}{n^2+1}\right)$.

解 用拉格朗日中值定理：设 $f(x)=n^2\arctan x$，$f'(x)=\dfrac{n^2}{1+x^2}$，在区间 $\left[\dfrac{a}{n^2+1},\dfrac{a}{n^2}\right]$ 上对 $f(x)$ 应用拉格朗日中值定理，存在 $\xi\in\left(\dfrac{a}{n^2+1},\dfrac{a}{n^2}\right)$，使得

$$n^2\left(\arctan\frac{a}{n^2}-\arctan\frac{a}{n^2+1}\right)=\frac{n^2}{1+\xi^2}\left(\frac{a}{n^2}-\frac{a}{n^2+1}\right)=a\,\frac{1}{1+\xi^2}\cdot\frac{1}{n^2+1}$$

由 $\dfrac{a}{n^2+1}<\xi<\dfrac{a}{n^2}$，根据夹逼定理，当 $n\to\infty$ 时，$\xi\to0$.

所以，原式 $=0$.

【例 3-7】 对 k 的不同取值，分别讨论方程 $x^3-3kx^2+1=0$ 在区间 $(0,+\infty)$ 内根的个数.

解 设 $f(x)=x^3-3kx^2+1$，$x\in[0,+\infty)$，$f'(x)=3x(x-2k)$.

（1）当 $k\leqslant0$ 时，$f'(x)>0$，即 $f(x)$ 在 $[0,+\infty)$ 上单调增加，又 $f(0)=1$，故原方程在区间 $(0,+\infty)$ 内无根.

（2）当 $k>0$ 时，$0<x<2k$，$f'(x)<0$ 及 $f(x)$ 单调减小，$x>2k$，$f'(x)>0$ 及 $f(x)$ 单调增加，所以 $x=2k$ 是 $f(x)$ 的极小值点. 由于极值点唯一，所以极值同时为最值，最小值 $f(2k)=1-4k^3$. 于是

当 $1-4k^3>0$，即 $0<k<\dfrac{\sqrt[3]{2}}{2}$ 时，原方程在区间 $(0,+\infty)$ 内无根.

当 $1-4k^3=0$，即 $k=\dfrac{\sqrt[3]{2}}{2}$ 时，原方程在区间 $(0,+\infty)$ 内有唯一的根.

当 $1-4k^3<0$，即 $k>\dfrac{\sqrt[3]{2}}{2}$ 时，原方程在区间 $(0,+\infty)$ 内有两个根.

【例 3-8】 求极限 $\lim\limits_{x\to0}\dfrac{e^x-e^{\sin x}}{x-\sin x}$.

解 对函数 $f(x)=e^x$ 在区间 $[x,\sin x]$ 上使用拉格朗日中值定理，得到

$$\frac{e^x-e^{\sin x}}{x-\sin x}=e^{\xi}$$

其中 $\sin x<\xi<x$ 或 $x<\xi<\sin x$，当 $x\to0$ 时，$\xi\to0$.

所以，原式 $=\lim\limits_{\xi\to0}e^{\xi}=1$.

【例 3-9】 求下列极限：

（1）$\lim\limits_{x\to0}\left(\cot x-\dfrac{1}{x}\right)$；

（2）$\lim\limits_{x\to0}\dfrac{\ln(1+x)-x}{\cos x-1}$；

（3）$\lim\limits_{x\to0}\dfrac{x-(1+x)\ln(1+x)}{x^2}$；

（4）$\lim\limits_{x\to0}\left(\dfrac{\sin x}{x}\right)^{\frac{1}{1-\cos x}}$.

解 （1）该极限属于 $\infty-\infty$ 型，将 $\cot x-\dfrac{1}{x}$ 通分，然后再用洛必达法则.

$$原式=\lim\limits_{x\to0}\frac{x\cos x-\sin x}{x\sin x}=\lim\limits_{x\to0}\frac{x\cos x-\sin x}{x^2}=\lim\limits_{x\to0}\frac{\cos x-x\sin x-\cos x}{2x}$$

$$= \lim_{x \to 0} \frac{-x\sin x}{2x} = \lim_{x \to 0} \frac{-\sin x}{2} = 0.$$

（2）该极限属于 $\frac{0}{0}$ 型，先用等价无穷小替换，再用洛必达法则.

$$原式 = \lim_{x \to 0} \frac{x - \ln(1+x)}{1 - \cos x} = \lim_{x \to 0} \frac{x - \ln(1+x)}{\frac{1}{2}x^2} = \lim_{x \to 0} \frac{1 - \frac{1}{1+x}}{x} = \lim_{x \to 0} \frac{1}{1+x} = 1.$$

（3）该极限属于 $\frac{0}{0}$ 型，直接用洛必达法则.

$$原式 = \lim_{x \to 0} \frac{1 - \left[\frac{1}{1+x}\ln(1+x) + 1\right]}{2x} = \lim_{x \to 0} \frac{-\frac{1}{1+x}\ln(1+x)}{2x} = \lim_{x \to 0} \frac{-\frac{1}{1+x}x}{2x}$$

$$= \lim_{x \to 0} \frac{-1}{2(1+x)} = -\frac{1}{2}.$$

（4）原式 $= \lim_{x \to 0} e^{\frac{1}{1-\cos x}\ln\frac{\sin x}{x}} = e^{\lim_{x \to 0} \frac{\ln\frac{\sin x}{x}}{1-\cos x}}$，而

$$\lim_{x \to 0} \frac{\ln\frac{\sin x}{x}}{1 - \cos x} = \lim_{x \to 0} \frac{\frac{x}{\sin x} \cdot \frac{x\cos x - \sin x}{x^2}}{\sin x} = \lim_{x \to 0} \frac{x\cos x - \sin x}{x\sin^2 x} = \lim_{x \to 0} \frac{x\cos x - \sin x}{x^3}$$

$$= \lim_{x \to 0} \frac{\cos x - x\sin x - \cos x}{3x^2} = \lim_{x \to 0} \frac{-x\sin x}{3x^3} = -\frac{1}{3}$$

所以，原式 $= e^{-\frac{1}{3}}$.

【例 3-10】 求极限 $\lim\limits_{x \to +\infty} \frac{e^x + \sin x}{e^x - \cos x}$.

分析：该极限属于 $\frac{\infty}{\infty}$ 型，若用洛必达法则将会出现下列情况：

$\lim\limits_{x \to +\infty} \frac{e^x - \sin x}{e^x + \cos x} = \lim\limits_{x \to +\infty} \frac{e^x + \cos x}{e^x - \sin x} = \lim\limits_{x \to +\infty} \frac{e^x - \sin x}{e^x - \cos x} = \cdots$. 每用一次洛必达法则得到类似的极限并循环往复，无法求出结果，必须考虑使用其他方法.

解 $\lim\limits_{x \to +\infty} \frac{e^x - \sin x}{e^x + \cos x} = \lim\limits_{x \to +\infty} \frac{1 + \frac{\sin x}{e^x}}{1 + \frac{\cos x}{e^x}} = \frac{1+0}{1+0} = 1.$

【例 3-11】 证明不等式：当 $x > 0$ 时，$e^x - 1 > (1+x)\ln(1+x)$.

解 令 $f(x) = e^x - 1 - (1+x)\ln(1+x)$，$f'(x) = e^x - \ln(1+x) - 1$，$f''(x) = e^x - \frac{1}{1+x}$.

当 $x > 0$ 时，$e^x > 1$，$\frac{1}{1+x} < 1$，则有 $f''(x) > 0$，$f'(x)$ 单调增加，$f'(x) > f'(0) = 0$，则 $f(x)$ 单调增加.

所以，当 $x > 0$ 时，$f(x) = e^x - 1 - (1+x)\ln(1+x) > f(0) = 0$，即

$$e^x - 1 > (1+x)\ln(1+x)$$

【例 3-12】 对 t 的不同取值，讨论函数 $f(x) = \dfrac{1+2x}{2+x^2}$ 在区间 $[t, +\infty)$ 上是否有最大值或最小值，若存在最大值或最小值，求出相应的最大值点与最大值，或最小值点与最小值.

解 显然 $f(x)$ 的定义域为 **R**，$f'(x) = \dfrac{2(2+x^2)-2x(1+2x)}{(2+x^2)^2} = \dfrac{2(2+x)(1-x)}{(2+x^2)^2}$，得驻点为 $x_1 = -2$，$x_2 = 1$. 于是可列表如下：

x	$(-\infty, -2)$	-2	$\left(-2, -\dfrac{1}{2}\right)$	$-\dfrac{1}{2}$	$\left(-\dfrac{1}{2}, 1\right)$	1	$(1, +\infty)$
y'	$-$	0	$+$	$+$	$+$	0	$-$
y	$\searrow$	极小值 $-\dfrac{1}{2}$	$\nearrow$	0	$\nearrow$	极大值 1	$\searrow$

又 $\lim\limits_{x \to +\infty} f(x) = 0$，$\lim\limits_{x \to -\infty} f(x) = 0$，用 $M(t)$ 与 $m(t)$ 分别表示 $f(x)$ 在区间 $[t, +\infty)$ 上的最大值与最小值.

从上表不难看出：

1）$t \leqslant -2$ 时，$m(t) = f(-2) = -\dfrac{1}{2}$，$M(t) = f(1) = 1$.

2）$-2 \leqslant t \leqslant -\dfrac{1}{2}$ 时，$m(t) = f(t) = \dfrac{1+2t}{2+t^2}$，$M(t) = f(1) = 1$.

3）$-\dfrac{1}{2} \leqslant t \leqslant 1$ 时，无 $m(t)$，$M(t) = f(1) = 1$.

4）$t > 1$ 时，无 $m(t)$，$M(t) = f(t) = \dfrac{1+2t}{2+t^2}$.

【例 3-13】 确定函数 $y = x^4(12\ln x - 7)$ 的凹凸区间和拐点.

解 $D_f = (0, +\infty)$，$y' = 4x^3(12\ln x - 7) + x^4 \dfrac{12}{x} = 48x^3 \ln x - 16x^3$，

$$y'' = 48\left(3x^2 \ln x + x^3 \frac{1}{x}\right) - 48x^2 = 144x^2 \ln x.$$

令 $y'' = 0$，得 $x = 1$. 当 $x \in (0, 1)$ 时，$y'' < 0$，故曲线 $y = x^4(12\ln x - 7)$ 在 $(0, 1)$ 上是凸弧；当 $x \in (1, +\infty)$ 时，$y'' > 0$，故曲线 $y = x^4(12\ln x - 7)$ 在 $(1, +\infty)$ 上是凹弧，$(1, -7)$ 是拐点.

【例 3-14】 设 $f(x) = \begin{cases} x^{2x}, & x > 0 \\ x+2, & x \leqslant 0 \end{cases}$，求 $f(x)$ 的极值.

解 当 $x > 0$ 时，$f'(x) = (e^{2x\ln x})' = e^{2x\ln x}(2\ln x + 2) = 2e^{2x\ln x}(\ln x + 1)$. 令 $f'(x) = 0$，得驻点 $x = \dfrac{1}{e}$.

当 $0 < x < \dfrac{1}{e}$ 时，$f'(x) < 0$；当 $x > \dfrac{1}{e}$ 时，$f'(x) > 0$. 所以 $f(x)$ 在 $x = \dfrac{1}{e}$ 处取得极小值 $f\left(\dfrac{1}{e}\right) = e^{-\frac{2}{e}}$.

当 $x<0$ 时，$f'(x)=1>0$，$f(x)$ 单调增加，$f(x)<f(0)=2$. 又 $\lim\limits_{x\to 0^+}f(x)=\lim\limits_{x\to 0^+}x^{2x}=$

$\lim\limits_{x\to 0^+}\mathrm{e}^{2x\ln x}=\mathrm{e}^{\lim\limits_{x\to 0^+}2x\ln x}=1$，而当 $0<x<\dfrac{1}{\mathrm{e}}$ 时，$f(x)$ 单调减小，所以，当 $0<x<\dfrac{1}{\mathrm{e}}$ 时，

$f(x)<1<2$.

故 $f(x)$ 在 $x=0$ 处取得极大值 $f(0)=2$.

【例 3-15】 求数列 $\{\sqrt[n]{n}\}$ 的最大项.

解 令 $f(x)=\sqrt[x]{x}=x^{\frac{1}{x}}$，等式两边同取对数，得 $\ln f(x)=\dfrac{1}{x}\ln x$.

两边同对 x 求导数，得

$$\frac{1}{f(x)}f'(x)=-\frac{1}{x^2}\ln x+\frac{1}{x}\frac{1}{x}$$

$$f'(x)=\sqrt[x]{x}\left(\frac{1}{x^2}-\frac{\ln x}{x^2}\right)=\sqrt[x]{x}\frac{1-\ln x}{x^2}$$

令 $f'(x)=0$，则 $x=\mathrm{e}$.

当 $0<x<\mathrm{e}$ 时，$f'(x)>0$；当 $x>\mathrm{e}$ 时，$f'(x)<0$.

所以，$f(x)$ 在 $[0,\mathrm{e}]$ 上单调增加，在 $[\mathrm{e},+\infty)$ 上单调减小，$x=\mathrm{e}$ 为极大值点.

$f(2)=\sqrt{2}$，$f(3)=\sqrt[3]{3}$，由 $(\sqrt{2})^3=\sqrt{8}<(\sqrt[3]{3})^3=3$，所以 $n=3$ 时，$\sqrt[n]{n}$ 最大.

【例 3-16】 求 $f(x)=x+\sqrt{1-x}$ 当 $x\in[-5,1]$ 时的最值.

分析：求最值的方法为，求出所有驻点及不可导点的函数值，求出两端点的函数值，最大的为最大值，最小的为最小值.

解 $f'(x)=1-\dfrac{1}{2\sqrt{1-x}}$，$x_1=1$ 为不可导点；$x_2=\dfrac{3}{4}$ 为驻点；$x_3=-5$，$x_4=1$ 为端

点；又 $f\left(\dfrac{3}{4}\right)=\dfrac{5}{4}$，$f(1)=1$，$f(-5)=\sqrt{6}-5$，故最大值 $M=\dfrac{5}{4}$，最小值 $m=\sqrt{6}-5$.

【例 3-17】 要建一个体积为 V 的有底无盖圆柱形储藏室，已知底的造价是四周造价的 2 倍，问这个储藏室底面半径为多大时总造价最低？

解 设储藏室底面半径为 r，高为 h，则 $V=\pi r^2 h$，所以 $h=\dfrac{V}{\pi r^2}$，于是四周面积为

$2\pi rh=\dfrac{2V}{r}$，底面面积为 πr^2. 又设四周单位面积造价为 1，则总造价为 $P(r)=2\pi r^2+\dfrac{2V}{r}=$

$2\pi r^2+\dfrac{2V}{r}$.

令 $P'(r)=4\pi r-\dfrac{2V}{r^2}=0$，解得 $r=\left(\dfrac{V}{2\pi}\right)^{\frac{1}{3}}$.

易知，$r>\left(\dfrac{V}{2\pi}\right)^{\frac{1}{3}}$ 时，$P'(r)>0$，所以 $P(r)$ 单调递增；$r<\left(\dfrac{V}{2\pi}\right)^{\frac{1}{3}}$ 时，$P'(r)<0$，所

以 $P(r)$ 单调递减. 所以 $P(r)$ 在 $r=\left(\dfrac{V}{2\pi}\right)^{\frac{1}{3}}$ 处取最小值，即 $r=\left(\dfrac{V}{2\pi}\right)^{\frac{1}{3}}$ 时总造价最低.

【例 3-18】 工厂 C 与铁路的垂直距离 AC 为 20km，A 点到火车站 B 的距离为 100km. 欲修一条从工厂到铁路的公路 CD，已知铁路与公路每千米运费之比为 $3:5$，为了使火车站 B 与工厂 C 之间的运费最省，问 D 点应选在何处？

解 设 $AD=x$，B 与 C 之间的运费为 y，则

$y=5k\sqrt{400+x^2}+3k(100-x)$ $(0{\leqslant}x{\leqslant}100)$，其中 k 是某一正数.

由 $y'=k\left(\dfrac{5x}{\sqrt{400+x^2}}-3\right)=0$，得 $x=15$.

由 $y|_{x=0}=400k$，$y|_{x=15}=380k$，$y|_{x=100}=500\sqrt{1+\dfrac{1}{5^2}}$，其中以 $y|_{x=15}=380k$ 为最小，因此，当 $AD=x=15\text{km}$ 时，总运费最省.

【例 3-19】 宽为 b 的运河垂直地流向宽为 a 的运河，设河岸是直的，问木料随一条运河流到另一条运河去，其长度最长为多少？

解 问题转化为求过点 C 的线段 AB 的最大值. 设木料的长度为 l，$AC=x$，$CB=y$，木料与河岸的夹角为 t（图 3-3），则 $x+y=l$，且 $x=\dfrac{a}{\cos t}$，$y=\dfrac{b}{\sin t}$，$l=\dfrac{a}{\cos t}+\dfrac{b}{\sin t}$，

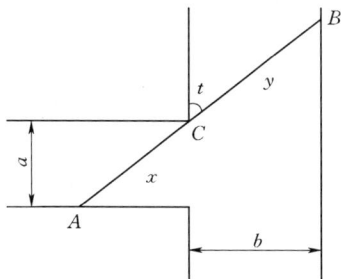

图 3-3

$t\in\left(0,\dfrac{\pi}{2}\right)$. 则有 $l'=\dfrac{a\sin t}{\cos^2 t}-\dfrac{b\cos t}{\sin^2 t}$. 由 $l'=0$ 得 $\tan t=\sqrt[3]{\dfrac{b}{a}}$，此时 $l=(a^{\frac{2}{3}}+b^{\frac{2}{3}})^{\frac{3}{2}}$.

故木料最长 $l=(a^{\frac{2}{3}}+b^{\frac{2}{3}})^{\frac{3}{2}}$.

【例 3-20】 设 $a>1$，$f(t)=a^t-at$ 在 $(-\infty,+\infty)$ 内的驻点为 $t(a)$. 问 a 为何值时，$t(a)$ 最小？并求出最小值.

解 由 $f'(t)=a^t\ln a-a=0$，得唯一驻点 $t(a)=1-\dfrac{\ln\ln a}{\ln a}$.

考察函数 $t(a)=1-\dfrac{\ln\ln a}{\ln a}$ 在 $a>1$ 时的最小值.

令 $t'(a)=-\dfrac{\dfrac{1}{a}-\dfrac{1}{a}\ln\ln a}{(\ln a)^2}=-\dfrac{1-\ln\ln a}{a(\ln a)^2}=0$，得唯一驻点 $a=\mathrm{e}^{\mathrm{e}}$. 当 $a>\mathrm{e}^{\mathrm{e}}$ 时，$t'(a)>0$；当 $a<\mathrm{e}^{\mathrm{e}}$ 时，$t'(a)<0$.

因此 $t(\mathrm{e}^{\mathrm{e}})=1-\dfrac{1}{\mathrm{e}}$ 为极小值，也是最小值.

【例 3-21】 求 $y=\dfrac{1}{x}+\ln(1+\mathrm{e}^x)$ 的渐近线条数.

解 由于 $\lim\limits_{x\to-\infty}y=\lim\limits_{x\to-\infty}\left[\dfrac{1}{x}+\ln(1+\mathrm{e}^x)\right]=0$，故曲线有水平渐近线 $y=0$.

由于 $\lim\limits_{x\to 0}y=\lim\limits_{x\to 0}\left[\dfrac{1}{x}+\ln(1+\mathrm{e}^x)\right]=\infty$，所以曲线有垂直渐近线 $x=0$.

又 $a=\lim\limits_{x\to+\infty}\dfrac{y}{x}=\lim\limits_{x\to+\infty}\dfrac{\dfrac{1}{x}+\ln(1+\mathrm{e}^x)}{x}=\lim\limits_{x\to+\infty}\dfrac{\ln(1+\mathrm{e}^x)}{x}=\lim\limits_{x\to+\infty}\dfrac{\dfrac{\mathrm{e}^x}{1+\mathrm{e}^x}}{1}=1$，

$$b = \lim_{x \to +\infty} [f(x) - ax] = \lim_{x \to +\infty} [f(x) - x] = \lim_{x \to +\infty} \left[\frac{1}{x} + \ln(1+e^x) - x \right]$$

$$= \lim_{x \to +\infty} [\ln(1+e^x) - x] = \lim_{x \to +\infty} \ln(1+e^{-x}) = \ln 1 = 0.$$

故曲线有斜渐近线 $y = x$.

综上可知，曲线有三条渐近线.

【例 3 - 22】 画出 $f(x) = \dfrac{4(x+1)}{x^2} - 2$ 的图形.

解 $D_f = (-\infty, 0) \cup (0, +\infty)$，$f'(x) = -\dfrac{4(x+2)}{x^3}$，$f''(x) = \dfrac{8(x+3)}{x^4}$. 令 $f'(x) = 0$，得驻点 $x_1 = -2$，$f'(x)$ 不存在点 $x_2 = 0$；令 $f''(x) = 0$，得 $x_3 = -3$. 列表如下：

x	$(-\infty, -3)$	-3	$(-3, -2)$	-2	$(-2, 0)$	0	$(0, +\infty)$
$f'(x)$	$-$		$-$	0	$+$		$-$
$f''(x)$	$-$		$+$		$+$		$+$
$f(x)$	凸↘	$-\dfrac{26}{9}$ 拐点	凹↘	-3 极小值	凹↗	间断	凹↘

当 $x \to \infty$ 时，$f(x) \to -2$，$y = -2$ 是水平渐近线.

当 $x \to 0$ 时，$f(x) \to \infty$，$x = 0$ 是垂直渐近线.

$f(-1) = -2$，$f(1) = 6$，$f(2) = 1$，$f(3) = -\dfrac{2}{9}$. 画出的图形如图 3 - 4 所示.

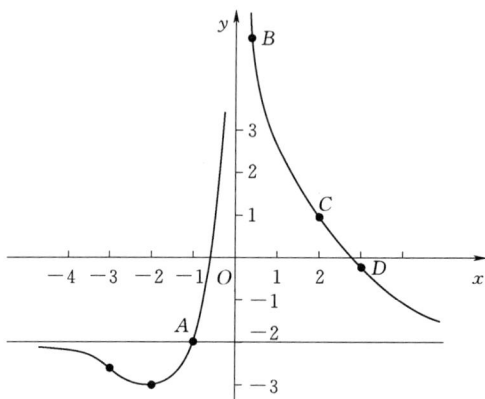

图 3 - 4

【例 3 - 23】 求椭圆 $4x^2 + y^2 = 4$ 在 $(0, 2)$ 处的曲率.

解 由 $8x + 2yy' = 0$ 得 $y' = -\dfrac{4x}{y}$，$y'' = -\dfrac{16}{y^3}$，故

$$y'(0) = -\frac{4x}{y}\bigg|_{x=0} = 0, \quad y''(0) = -2$$

所以 $k = \dfrac{|y''|}{(1+y'^2)^{\frac{3}{2}}}\bigg|_{(0,2)} = 2.$

五、测试题

测 试 题 A

1. 选择题

(1) 已知函数 $f(x)$ 在 $(-\infty,+\infty)$ 内有定义，且 x_0 是函数 $f(x)$ 的极大值点，则（　　）.

A. x_0 是 $f(x)$ 驻点　　　　　　B. 在 $(-\infty,+\infty)$ 内恒有 $f(x) \leqslant f(x_0)$

C. $-x_0$ 是 $-f(-x)$ 的极小值点　　D. $-x_0$ 是 $-f(x)$ 的极小值点

(2) 设函数 $y=f(x)$ 在 $x=1$ 处有连续的导函数，又 $\lim\limits_{x \to 1}\dfrac{f'(x)}{x-1}=2$，则 $x=1$ 是（　　）.

A. 曲线 $y=f(x)$ 拐点的横坐标　　B. 函数 $y=f(x)$ 的极小值点

C. 函数 $y=f(x)$ 的极大值点　　　D. 以上答案均不正确

(3) 设函数 $f(x)$ 与 $g(x)$ 在开区间 (a,b) 内可导，考虑如下的两个命题：①若 $f(x)>g(x)$，则 $f'(x)>g'(x)$；②若 $f'(x)>g'(x)$，则 $f(x)>g(x)$；则（　　）.

A. 两个命题均正确　　　　　　　B. 两个命题均不正确

C. 命题①正确，命题②不正确　　D. 命题①不正确，命题②正确

(4) 设函数 $y=y(x)$ 满足等式 $y''-2y'+4y=0$，且 $y(x_0)<0$，$y'(x_0)=0$，则 $y(x)$ 在点 x_0 处（　　）.

A. 取得极小值　　　　　　　　　B. 取得极大值

C. 在点 x_0 的一个邻域内单调增加　D. 在点 x_0 的一个邻域内单调减小

(5) 设函数 $y=f(x)$ 具有二阶导数，且满足方程 $y''+y'-\mathrm{e}^{\sin x}=0$. 已知 $f'(x_0)=0$，则（　　）.

A. $f(x)$ 在 x_0 的某个邻域中单调增加　B. $f(x)$ 在 x_0 的某个邻域中单调减小

C. $f(x)$ 在 x_0 处取得极小值　　　　D. $f(x)$ 在 x_0 处取得极大值

2. 函数 $f(x)=(x-1)(x-2)(x-3)(x-5)$，则 $f'(x)=0$ 有 _____ 个实根，分别位于区间 _____.

3. 设 $f(x)$ 在 (a,b) 内具有二阶导数，且 $f(x_1)=f(x_2)=f(x_3)$，其中 $a<x_1<x_2<x_3<b$. 证明：在 (x_1,x_3) 内至少存在一点 ξ，使 $f''(\xi)=0$.

4. 求下列极限：

(1) $\lim\limits_{x \to \frac{\pi}{2}}\dfrac{\cos 5x}{\cos 3x}$；

(2) $\lim\limits_{x \to +\infty}\dfrac{\ln\left(1+\dfrac{1}{x}\right)}{\arctan x}$；

(3) $\lim\limits_{x \to 0}\left(\dfrac{1}{x^2}-\dfrac{1}{x\tan x}\right)$；

(4) $\lim\limits_{x \to 0}\dfrac{2^x+2^{-x}-2}{x^2}$；

(5) $\lim\limits_{x \to 0}\dfrac{\sin x-\tan x}{x^3}$；

(6) $\lim\limits_{x \to 0}\left(\dfrac{1}{x}-\dfrac{1}{\mathrm{e}^x-1}\right)$；

(7) $\lim\limits_{x \to 0} \dfrac{\sqrt{1+x^3}-1}{1-\cos\sqrt{x-\sin x}}$;

(8) $\lim\limits_{x \to 0} \dfrac{\sqrt{1+\tan x}-\sqrt{1+\sin x}}{x\ln(1+x)-x^2}$.

5. 证明：对任意的实数 a 和 b，不等式 $\dfrac{|a+b|}{1+|a+b|} \leqslant \dfrac{|a|}{1+|a|}+\dfrac{|b|}{1+|b|}$.

6. 曲线 $y=ax^3+bx^2+cx+d$，若曲线在 $x=-2$ 处有水平切线，$(1,-10)$ 为其拐点，曲线过点 $(-2,44)$，求 a、b、c、d.

7. 求下列函数的凹凸区间和拐点：

(1) $y=x+\dfrac{x}{x^2-1}$;

(2) $y=\ln(1+x^2)$;

(3) $y=\dfrac{2x}{1+x^2}$;

(4) $y=(2x-5)\sqrt[3]{x^2}$.

8. 在半径为 R 的球内做一个内接圆锥体，圆锥体积最大时，高和底半径为多少？

9. 求下列曲线的渐近线：

(1) $y=\mathrm{e}^{-\frac{1}{x}}$;

(2) $y=\dfrac{x^3-2}{2(x-1)^2}$;

(3) $y=x\mathrm{e}^{\frac{1}{x^2}}$;

(4) $y=\dfrac{x^3}{(x-1)^2}$.

10. 描绘下列函数的图形：

(1) $y=\mathrm{e}^{-(x-1)^2}$;

(2) $y=\dfrac{c}{1+b\mathrm{e}^{-ax}}$ ($a>0$，$b>0$，$c>0$).

11. 求抛物线 $y=x^2-4x+3$ 在其顶点处的曲率及曲率半径.

测 试 题 B

1. 设 $f(x)$ 在 $[a,b]$ 上可导，且 $b-a \geqslant 4$，证明：存在点 $x_0 \in (a,b)$，使 $f'(x_0)<1+f^2(x_0)$.

2. 设 $0<x_1<x_2$，求证：$\exists \xi \in (x_1,x_2)$，使得 $x_1\mathrm{e}^{x_2}-x_2\mathrm{e}^{x_1}=(1-\xi)\mathrm{e}^{\xi}(x_1-x_2)$.

3. 求下列极限：

(1) $\lim\limits_{n \to \infty} n^2\left(\arctan\dfrac{a}{n^2}-\arctan\dfrac{a}{n^2+1}\right)$;

(2) $\lim\limits_{n \to \infty} n\,(a^{1/n}-a^{1/n^2})$ ($a>0$).

4. 求函数 $y=|x|\mathrm{e}^{-x}$ 的凹凸区间及拐点.

5. 曲线上曲率最大的点称为此曲线的顶点，试求出 $y=\mathrm{e}^x$ 的顶点，并求在该点处的曲率半径.

测试题 A 答案

1. (1) C；(2) B；(3) B；(4) A；(5) C.

2. 3；$(1,2)$，$(2,3)$，$(3,5)$.

3. 略.

4. (1) $-\dfrac{5}{3}$；(2) 0；(3) $\dfrac{1}{3}$；(4) $(\ln 2)^2$；(5) $-\dfrac{1}{2}$；(6) $\dfrac{1}{2}$；(7) 6；(8) $-\dfrac{1}{2}$.

5. 略.

6. $a=1$，$b=-3$，$c=-24$，$d=16$.

7.

(1) $(-\infty,-1)$ 和 $(0,1)$ 上凸，$(-1,0)$ 和 $(1,+\infty)$ 凹，$x=0$ 处为拐点.

(2) $(-\infty,-1)$ 凸，$(-1,1)$ 凹，$(1,+\infty)$ 凸，在 $x=-1$，1 处为拐点.

(3) $(-\infty,-\sqrt{3})$ 凸，$(-\sqrt{3},0)$ 凹，$(0,\sqrt{3})$ 凸，$(\sqrt{3},+\infty)$ 凹，$x=-\sqrt{3}$，0，$\sqrt{3}$ 处为拐点.

(4) $\left(-\infty,-\dfrac{1}{2}\right)$凸，$\left(-\dfrac{1}{2},+\infty\right)$凹，在 $x=-\dfrac{1}{2}$ 处为拐点.

8. 半径为 $\dfrac{2\sqrt{2}}{3}R$，高 $\dfrac{4}{3}R$.

9.

(1) $y=1$，$x=0$；

(2) $y=\dfrac{1}{2}x+1$ 是曲线的斜渐近线，$x=1$ 是曲线的垂直渐近线；

(3) $y=x$，$x=0$；

(4) $y=x+2$，$x=1$.

10. 略.

11. $k=2$，$\rho=\dfrac{1}{k}=\dfrac{1}{2}$.

测试题 B 答案

1. 提示：设 $F(x)=\arctan f(x)$.

2. 略.

3. （1）0；（2）$\ln a$.

4. 凹区间：$(-\infty,0)$ 和 $(2,+\infty)$；凸区间：$(0,2)$；拐点 $(0,0)$，$(2,2\mathrm{e}^{-2})$.

5. $\dfrac{3\sqrt{3}}{2}$.

第四章 不 定 积 分

一、基本要求

（1）了解不定积分的概念与性质，熟记常用初等函数的原函数（基本积分表）.

（2）掌握不定积分的换元法与分部积分法及典型的初等函数不定积分的求法.

二、知识结构

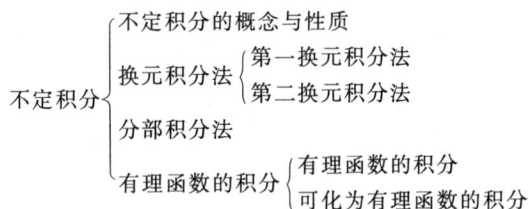

三、内容小结

1. 不定积分的概念和性质

（1）原函数.

在区间 I 上，若可导函数 $F(x)$ 的导数为 $f(x)$，即对任一 $x \in I$，都有 $F'(x) = f(x)$，则称 $F(x)$ 是 $f(x)$ 在区间 I 上的原函数.

（2）原函数存在定理.

若 $f(x)$ 在区间 I 上连续，则 $f(x)$ 在区间 I 上一定存在原函数 $F(x)$. 即如果函数 $f(x)$ 在区间 I 上连续，那么在区间 I 上存在可导函数 $F(x)$，使对任一 $x \in I$ 都有 $F'(x) = f(x)$.

（3）不定积分.

$f(x)$ 的原函数的全体 $F(x) + C$ 称为 $f(x)$ 的不定积分，记为 $\int f(x) \mathrm{d}x$.

（4）不定积分的性质.

1）求不定积分与求导数或微分互为逆运算：

$$\left[\int f(x)\mathrm{d}x \right]' = f(x) \quad 或 \quad \mathrm{d}\left[\int f(x)\mathrm{d}x \right] = f(x)\mathrm{d}x;$$

$$\int F'(x)\mathrm{d}x = F(x) + C \quad 或 \quad \int \mathrm{d}F(x) = F(x) + C.$$

2）若 $f(x)$ 的原函数存在，则 $\int a f(x)\mathrm{d}x = a \int f(x)\mathrm{d}x (a \neq 0)$.

3）若 $f(x)$ 与 $g(x)$ 的原函数存在，则 $\int [f(x) \pm g(x)] \mathrm{d}x = \int f(x) \mathrm{d}x \pm \int g(x) \mathrm{d}x$.

（5）基本积分表.

$\int k \mathrm{d}x = kx + c(k$ 是常数$)$；

$\int x^u \mathrm{d}x = \dfrac{x^{u+1}}{u+1} + C(u \neq -1)$；

$\int x^{-1} \mathrm{d}x = \ln|x| + C$；

$\int a^x \mathrm{d}x = \dfrac{a^x}{\ln a} + C$；

$\int \mathrm{e}^x \mathrm{d}x = \mathrm{e}^x + C$；

$\int \cos x \mathrm{d}x = \sin x + C$；

$\int \sin x \mathrm{d}x = -\cos x + C$；

$\int \sec^2 x \mathrm{d}x = \tan x + C$；

$\int \csc^2 x \mathrm{d}x = -\cot x + C$；

$\int \sec x \tan x \mathrm{d}x = \sec x + C$；

$\int \csc x \cot x \mathrm{d}x = -\cot x + C$；

$\int \dfrac{1}{\sqrt{1-x^2}} \mathrm{d}x = \arcsin x + C$；

$\int \dfrac{1}{1+x^2} \mathrm{d}x = \arctan x + C$.

2. 换元积分法

（1）第一换元积分法（凑微分法）.

若 $f(u)$，$\varphi'(x)$ 都是连续函数，且 $\int f(u) \mathrm{d}u = F(u) + C$，则

$\int f[\varphi(x)] \varphi'(x) \mathrm{d}x = \int f[\varphi(x)] \mathrm{d}\varphi(x) \xlongequal{u = \varphi(x)} \int f(u) \mathrm{d}u = F(u) + C = F[\varphi(x)] + C$.

常见凑微分形式如下：

$\int f(a + b\sin x) \cdot \cos x \mathrm{d}x = \dfrac{1}{b} \int f(a + b\sin x) \mathrm{d}(a + b\sin x)$；

$\int f(a + b\cos x) \cdot \sin x \mathrm{d}x = -\dfrac{1}{b} \int f(a + b\cos x) \mathrm{d}(a + b\cos x)$；

$\int f(a + b\ln x) \cdot \dfrac{1}{x} \mathrm{d}x = \dfrac{1}{b} \int f(a + b\ln x) \mathrm{d}(a + b\ln x)$；

$\int f(a + b\arcsin x) \cdot \dfrac{1}{\sqrt{1-x^2}} \mathrm{d}x = \dfrac{1}{b} \int f(a + b\arcsin x) \mathrm{d}(a + b\arcsin x)$；

$$\int f(a+b\arccos x) \cdot \frac{1}{\sqrt{1-x^2}}\mathrm{d}x = -\frac{1}{b}\int f(a+b\arccos x)\mathrm{d}(a+b\arccos x);$$

$$\int f(a+b\arctan x) \cdot \frac{1}{1+x^2}\mathrm{d}x = \frac{1}{b}\int f(a+b\arctan x)\mathrm{d}(a+b\arctan x);$$

$$\int f(a+b\mathrm{arccot}x) \cdot \frac{1}{1+x^2}\mathrm{d}x = -\frac{1}{b}\int f(a+b\mathrm{arccot}x)\mathrm{d}(a+b\mathrm{arccot}x);$$

$$\int f(a+b\tan x) \cdot \sec^2 x\mathrm{d}x = \frac{1}{b}\int f(a+b\tan x)\mathrm{d}(a+b\tan x);$$

$$\int f(a+b\cot x) \cdot \csc^2 x\mathrm{d}x = -\frac{1}{b}\int f(a+b\cot x)\mathrm{d}(a+b\cot x).$$

（2）第二换元积分法.

1）若 $f(x)$ 连续，$x=\varphi(t)$ 存在连续导数和反函数，且 $\int f[\varphi(t)]\varphi'(t)\mathrm{d}t = F(t)+C$，则

$$\int f(x)\mathrm{d}x \xrightarrow{x=\varphi(t)} \int f[\varphi(t)]\varphi'(t)\mathrm{d}t = F(t)+C = F[\varphi^{-1}(x)]+C$$

2）第二换元积分法的关键是适当地选择变量代换 $x=\varphi(t)$，使 $f[\varphi(t)]\varphi'(t)$ 的原函数易求. 当被积函数中含有根式而又不能凑微分时，常可考虑用第二换元积分法将被积函数有理化.

常用的第二换元积分法的变量代换如下：

a. 三角代换.

若被积函数中含有因式 $\sqrt{a^2-x^2}$，则令 $x=a\sin t\left(|t|<\dfrac{\pi}{2}\right)$.

若被积函数中含有因式 $\sqrt{a^2+x^2}$，则令 $x=a\tan t\left(|t|<\dfrac{\pi}{2}\right)$.

若被积函数中含有因式 $\sqrt{x^2-a^2}$，则令 $x=a\csc t\left(0<|t|<\dfrac{\pi}{2}\right)$. 注意适当选取 t 的范围，使 $x=\varphi(t)$ 单调可导.

b. 倒代换. $x=\dfrac{1}{t}$.

c. 指数代换. 被积函数由 a^x 构成，令 $a^x=t$，则 $\mathrm{d}x=\dfrac{1}{\ln a} \cdot \dfrac{\mathrm{d}t}{t}$.

d. 根式代换. 被积函数由 $\sqrt[n]{ax+b}$ 构成，令 $\sqrt[n]{ax+b}=t$.

e. 万能代换. 令 $t=\tan\dfrac{x}{2}$，则

$$x=2\arctan t,\ \mathrm{d}x=\frac{2}{1+t^2}\mathrm{d}t,\ \sin x=\frac{2t}{1+t^2},\ \cos x=\frac{1-t^2}{1+t^2}$$

3. 分部积分法

1）设 $u(x)$、$v(x)$ 可导，若 $\int u'(x)v(x)\mathrm{d}x$ 存在，则

$$\int u(x)v'(x)\mathrm{d}x = \int u(x)\mathrm{d}v(x) = u(x)v(x) - \int u'(x)v(x)\mathrm{d}x = u(x)v(x) - \int v(x)\mathrm{d}u(x)$$

简记为
$$\int u \mathrm{d}v = uv - \int v \mathrm{d}u$$

2）分部积分的关键是如何恰当地选取 u 和 v，选取原则：v 易求；$\int v \mathrm{d}u$ 要比 $\int u \mathrm{d}v$ 容易积分.

3）用分部积分法求不定积分的过程，应注意：如果所求积分又出现但系数不同，可通过移项得到结果；如果得到形式相同的积分可由递推公式求取.

4）选择 u 和 v 时可按反三角函数、对数函数、幂函数、三角函数、指数函数的顺序把排在前面的那类函数选作 u，而把排后面的那类函数选作 v.

4. 有理函数的积分及能化成有理函数的积分

（1）有理函数积分.

有理函数是指由两个多项式的商所表示的函数，即具有以下形式的函数：
$$\frac{P(x)}{Q(x)} = \frac{a_0 x^n + a_1 x^{n-1} + \cdots + a_{n-1} x + a_n}{b_0 x^m + b_1 x^{m-1} + \cdots + b_{m-1} x + b_m}$$

其中 m 和 n 都是非负整数. 当 $n \geqslant m$ 时称为假分式；当 $n < m$ 时，称这个有理函数是真分式.

利用多项式的除法，总可以将一个假分式化成一个多项式和一个真分式的和的形式. 多项式的不定积分可以很容易地根据不定积分的性质及基本积分表求得，所以仅考虑真分式的不定积分求解.

给定真分式 $P(x)/Q(x)$，$Q(x)$ 是一个 n 次多项式，则 $Q(x)$ 总可分解成
$$Q(x) = \prod_{j=1}^{s} (x - Q_j)^{m_j} \prod_{j=1}^{t} (x^2 + p_j x + q_j)^{k_j} \ (p_j^2 - 4q_j < 0)$$

其中
$$\sum_{j=1}^{s} m_j + \sum_{j=1}^{t} k_j = n$$

则
$$\frac{P(x)}{Q(x)} = \sum_{j=1}^{s} \left[\frac{A_1^j}{x - Q_j} + \frac{A_2^j}{(x - Q_j)^2} + \cdots + \frac{A_{m_j}^j}{(x - Q_j)^{m_j}} \right] + \sum_{j=1}^{t} \left[\frac{B_1^j x + C_1^i}{x^2 + p_j x + q_j} + \cdots + \frac{B_{k_j}^j x + C_{k_j}^i}{(x^2 + p_j x + q_j)^{k_j}} \right]$$

带指标的 A、B、C 是待定常数. 对上式通分后消去分母，然后比较 $x^{n-1}, x^{n-2}, \cdots, x^1, x^0$ 的系数，得 n 个方程，由这个方程组可得 n 个未知数.

由 $\int \dfrac{Bx + C}{(x^2 + px + q)^k} \mathrm{d}x = B \int \dfrac{t}{(t^2 + a^2)^k} \mathrm{d}t + \left(C - \dfrac{Bp}{2} \right) \int \dfrac{\mathrm{d}t}{(t^2 + a^2)^k}$，这里 $a = \sqrt{q - \dfrac{p^2}{4}}$，$p^2 - 4q < 0$.

故求有理数的积分，可以归纳为求四个最简单的真分式的积分：

1）$\displaystyle\int \frac{A}{x - a} \mathrm{d}x = A \ln |x - a| + C$.

2）$\displaystyle\int \frac{A}{(x - a)^m} \mathrm{d}x = \frac{A}{1 - m} \frac{1}{(x - a)^{m-1}} + C$.

3) $\int \dfrac{t\mathrm{d}t}{(t^2+a^2)^k} = \begin{cases} \dfrac{1}{2}\ln(t^2+a^2)+C, & k=1 \\[2mm] \dfrac{1}{2(1-k)}\dfrac{1}{(t^2+a^2)^{k-1}}+C, & k>1 \end{cases}$.

4) $\int \dfrac{\mathrm{d}t}{(t^2+a^2)^k} = \begin{cases} \dfrac{1}{a}\arctan\dfrac{t}{a}+C, & k=1 \\[2mm] \dfrac{1}{2a^2(k-1)}\dfrac{t}{(t^2+a^2)^{k-1}}+\dfrac{1}{a^2}\dfrac{2k-3}{2k-2}I_{k-1}, & k>1 \end{cases} \left(I_k=\int\dfrac{\mathrm{d}t}{(t^2+a^2)^k}\right)$.

（2）可化为有理函数的积分.

对三角有理式的积分的基本思路：尽量使分母简单. 为此常用公式 $1+\cos x=2\cos^2\dfrac{x}{2}$，$1-\cos x=2\sin^2\dfrac{x}{2}$ 等把分母化为 $\sin^k x$（或 $\cos^k x$）的单项式. 常用倍角公式或积化和差公式等尽量使幂降低.

简单无理函数的积分关键是运用变量代换或分子分母有理化，把根号去掉从而化为有理函数的积分，常用的代换如 $x=\sqrt[n]{ax+b}$，$x=\sqrt[n]{\dfrac{ax+b}{cx+d}}$ 等.

四、例题解析

【例 4 - 1】 求 $y=\mathrm{e}^{|x|}$ 的一个原函数.

分析：y 是一个分段表示的函数，即 $y=\begin{cases}\mathrm{e}^x, & x\geqslant 0 \\ \mathrm{e}^{-x}, & x<0\end{cases}$，根据原函数的定义，若 $F(x)$ 是 $\mathrm{e}^{|x|}$ 的原函数，则 $F(x)$ 就处处可导，当然更处处连续了.

解 设 $F(x)$ 是 $\mathrm{e}^{|x|}$ 的一个原函数.

对 $x\geqslant 0$，e^x 的原函数为 e^x+C_1；对 $x<0$，e^{-x} 的原函数为 $-\mathrm{e}^{-x}+C_2$. 要使得函数 $F(x)$ 在 $x=0$ 时连续，则 $C_2=2+C_1$. 令 $C_1=0$，则其原函数为

$$F(x)=\begin{cases}\mathrm{e}^x, & x\geqslant 0 \\ -\mathrm{e}^{-x}+2, & x<0\end{cases}$$

【例 4 - 2】 求 $\int\left(\mathrm{e}^x+\dfrac{1}{\sqrt{1-x^2}}\right)\mathrm{d}x$.

分析：利用不定积分性质及基本积分公式求不定积分的方法称为直接积分法，这是积分常用的方法之一.

解 根据基本积分表有 $\int\mathrm{e}^x\mathrm{d}x=\mathrm{e}^x+C_1$，$\int\dfrac{\mathrm{d}x}{\sqrt{1-x^2}}=\arcsin x+C_2$.

则原式 $=\int\mathrm{e}^x\mathrm{d}x+\int\dfrac{\mathrm{d}x}{\sqrt{1-x^2}}=\mathrm{e}^x+\arcsin x+C$.

注意：检查积分结果是否正确，只要对结果求导，看它的导数是否等于被积函数，相等的结果是正确的，否则结果是错误的.

【例 4 - 3】 求 $\int\sin 3x\mathrm{d}x$.

分析：该积分与公式不完全相同，不能直接利用积分公式，但是，比较一下它与公式的区别，只是被积分函数 $\sin 3x$ 与 $\sin x$ 相差一个常数，那么：$\int \sin 3x \mathrm{d}x = \int \sin 3x \frac{1}{3} \mathrm{d}3x =$ $\frac{1}{3} \int \sin 3x \mathrm{d}3x$. 若令 $u = 3x$，则上式最后一个积分变为 $\int \sin u \mathrm{d}u$，这样，就可以利用基本公式 $\int \sin u \mathrm{d}u = -\cos u + C$.

由于原不定积分的积分变量是 x，要将变量替换 $u = 3x$ 代入上式右端，这样就得到了原不定积分的结果.

解 $\int \sin 3x \mathrm{d}x = \frac{1}{3} \int \sin 3x \mathrm{d}3x \xlongequal{u=3x} \frac{1}{3} \int \sin u \mathrm{d}u = -\cos u + C_1 \xlongequal{u=3x} -\frac{1}{3}\cos 3x + C$.

【例 4-4】 求 $\int (x+3)^{100} \mathrm{d}x$.

解 本题可以将 $(x+3)^{100}$ 展开成多项式再求积分，但这样做运算量太大，故考虑用第一换元法求解积分. 令 $u = x+3$，$\mathrm{d}u = \mathrm{d}x$，则

$$原式 = \int u^{100} \mathrm{d}u = \frac{1}{101} u^{101} + C = \frac{1}{101} (x+3)^{101} + C$$

【例 4-5】 求 $\int \frac{x^5 - x}{x^8 + 1} \mathrm{d}x$.

解 $原式 = \int \frac{x - x^{-3}}{x^4 + x^{-4}} \mathrm{d}x = \frac{1}{2} \int \frac{\mathrm{d}(x^2 + x^{-2})}{(x^2 + x^{-2})^2 - 2}$

令 $u = x^2 + x^{-2}$，则

$$原式 = \frac{1}{2} \int \frac{\mathrm{d}u}{u^2 - 2} = \frac{1}{2} \int \left(\frac{1}{(u+\sqrt{2})(u-\sqrt{2})} \right) \mathrm{d}u = \frac{1}{4\sqrt{2}} \int \left(\frac{1}{u-\sqrt{2}} - \frac{1}{u+\sqrt{2}} \right) \mathrm{d}u$$

$$= \frac{1}{4\sqrt{2}} \ln \left| \frac{u-\sqrt{2}}{u+\sqrt{2}} \right| + C = \frac{1}{4\sqrt{2}} \ln \left| \frac{x^2 + x^{-2} - \sqrt{2}}{x^2 + x^{-2} + \sqrt{2}} \right| + C$$

$$= \frac{1}{4\sqrt{2}} \ln \left| \frac{x^4 - \sqrt{2}x^2 + 1}{x^4 + \sqrt{2}x^2 + 1} \right| + C$$

【例 4-6】 求 $\int \frac{x\mathrm{d}x}{x^4 + 4x^2 + 7}$.

解 令 $u = x^2 + 2$，$\mathrm{d}u = 2x\mathrm{d}x$.

则原式 $= \int \frac{x\mathrm{d}x}{(x^2+2)^2 + 3} = \int \frac{\frac{1}{2}\mathrm{d}u}{u^2 + 3} = \frac{1}{2} \frac{1}{\sqrt{3}} \arctan \frac{u}{\sqrt{3}} + C = \frac{\sqrt{3}}{6} \arctan \frac{\sqrt{3}(x^2+2)}{3} + C$.

注意：凑微分法是一种非常重要的积分法. 灵活运用的前提是熟记基本积分公式，并掌握常见的凑微分形式及"凑"的技巧，运算熟练后就不必再写出中间变量 $u = u(x)$.

【例 4-7】 求 $\int x \sqrt{x^2 - 3} \mathrm{d}x$.

解 设 $u = x^2 - 3$，则 $\mathrm{d}u = 2x\mathrm{d}x$，故

$$原式 = \frac{1}{2} \int u^{\frac{1}{2}} \mathrm{d}u = \frac{1}{2} \frac{u^{\frac{1}{2}+1}}{\frac{1}{2}+1} + C = \frac{1}{3} u^{\frac{3}{2}} + C = \frac{1}{3} (x^2 - 3)^{\frac{3}{2}} + C$$

【例 4 - 8】 求 $\int \dfrac{xe^x}{\sqrt{e^x-1}}dx$.

解 令 $u=\sqrt{e^x-1}$ ，则 $x=\ln(1+u^2)$ ， $dx=\dfrac{2udu}{u^2+1}$ ，因此

$$原式 = 2\int \ln(1+u^2)du = 2u\ln(1+u^2) - \int \dfrac{4u^2}{1+u^2}du$$

$$= 2u\ln(1+u^2) - 4u + 4\arctan u + C$$

$$= 2x\sqrt{e^x-1} - 4\sqrt{e^x-1} + 4\arctan\sqrt{e^x-1} + C.$$

【例 4 - 9】 求 $\int \dfrac{1}{(1+\sqrt[3]{x})\sqrt{x}}dx$.

解 设 $\sqrt[6]{x}=t$ ， $x=t^6$ ， $dx=6t^5dt$ ，于是

$$\int \dfrac{1}{(1+\sqrt[3]{x})\sqrt{x}}dx = \int \dfrac{6t^5dt}{(1+t^2)t^3} = 6\int \dfrac{t^2}{1+t^2}dt = 6\int \dfrac{t^2+1-1}{1+t^2}dt = 6\int \left(1-\dfrac{1}{1+t^2}\right)dt$$

$$= 6(t-\arctan t) + C = 6(\sqrt[6]{x}-\arctan\sqrt[6]{x}) + C$$

【例 4 - 10】 计算 $\int \dfrac{1}{(x^2+1)^3}dx$.

解

解法一：令 $I_n = \int \dfrac{1}{(x^2+1)^n}dx$ ，则有

$$I_1 = \int \dfrac{1}{x^2+1}dx = \dfrac{x}{x^2+1} - \int x\left(-\dfrac{2x}{(x^2+1)^2}\right)dx = \dfrac{x}{x^2+1} + 2I_1 - 2I_2$$

于是有

$$I_2 = \dfrac{1}{2}\left(\dfrac{x}{x^2+1} + I_1\right)$$

同理 $I_2 = \int \dfrac{1}{(x^2+1)^2}dx = \dfrac{x}{(x^2+1)^2} - \int x(-2)\dfrac{2x}{(x^2+1)^3}dx = \dfrac{x}{(x^2+1)^2} + 4I_2 - 4I_3$

所以有

$$I_3 = \dfrac{1}{4}\left[\dfrac{x}{(x^2+1)^2} + 3I_2\right] = \dfrac{1}{4}\dfrac{x}{(x^2+1)^2} + \dfrac{3}{8}\dfrac{x}{x^2+1} + \dfrac{3}{8}\arctan x + C$$

解法二：令 $I_n = \int \dfrac{1}{(x^2+1)^n}dx$ ， $x=\tan\theta$ ，则

$$I_3 = \int \dfrac{1}{\sec^6\theta}\sec^2\theta d\theta = \int \cos^4\theta d\theta = \int \dfrac{1}{4}\left(\dfrac{3}{2}+2\cos2\theta+\dfrac{1}{2}\cos4\theta\right)d\theta$$

$$= \dfrac{1}{4}\left(\dfrac{3}{2}\theta + \sin2\theta + \dfrac{1}{8}\sin4\theta + C\right)$$

$$= \dfrac{3}{8}\arctan x + \dfrac{1}{4}\dfrac{2x}{x^2+1} + \dfrac{1}{32}\times4\left(\dfrac{2x}{(x^2+1)^2} - \dfrac{x}{x^2+1}\right) + C$$

$$= \dfrac{3}{8}\arctan x + \dfrac{3}{8}\dfrac{x}{x^2+1} + \dfrac{1}{4}\dfrac{x}{(x^2+1)^2} + C$$

【例 4 - 11】 求 $\displaystyle\int\frac{1}{\sqrt{x^2-a^2}}\mathrm{d}x$.

解 设 $x=a\sec t\left(0<t<\dfrac{\pi}{2}\right)$，则 $\sqrt{x^2-a^2}=a\tan t$，$\mathrm{d}x=a\sec t\tan t\mathrm{d}t$，于是

$$\int\frac{1}{\sqrt{x^2-a^2}}\mathrm{d}x=\int\frac{1}{a\tan t}a\sec t\tan t\mathrm{d}t=\int\sec t\mathrm{d}t=\ln|\sec t+\tan t|+C'$$

$$=\ln\left|\frac{x}{a}+\frac{\sqrt{x^2-a^2}}{a}\right|+C'=\ln\left|x+\sqrt{x^2-a^2}\right|+C(C=C'-\ln a)$$

【例 4 - 12】 求 $\displaystyle\int\frac{\arctan\mathrm{e}^x}{\mathrm{e}^{2x}}\mathrm{d}x$.

解 原式 $=-\dfrac{1}{2}\displaystyle\int\arctan\mathrm{e}^x\mathrm{d}(\mathrm{e}^{-2x})=-\dfrac{1}{2}\left[\mathrm{e}^{-2x}\arctan\mathrm{e}^x-\displaystyle\int\frac{\mathrm{d}(\mathrm{e}^x)}{\mathrm{e}^{2x}(1+\mathrm{e}^{2x})}\right]$.

令 $\mathrm{e}^x=u$，$\mathrm{d}u=\mathrm{e}^x\mathrm{d}x$，则

$$\text{原式}=-\frac{1}{2}\left[\mathrm{e}^{-2x}\arctan\mathrm{e}^x-\int\frac{\mathrm{d}u}{u^2(1+u^2)}\right]$$

$$=-\frac{1}{2}\left[\mathrm{e}^{-2x}\arctan\mathrm{e}^x-\left(\int\frac{\mathrm{d}u}{u^2}-\int\frac{\mathrm{d}u}{(1+u^2)}\right)\right]$$

$$=-\frac{1}{2}(\mathrm{e}^{-2x}\arctan\mathrm{e}^x+u^{-1}+\arctan u)+C$$

$$=-\frac{1}{2}(\mathrm{e}^{-2x}\arctan\mathrm{e}^x+\mathrm{e}^{-x}+\arctan\mathrm{e}^x)+C$$

注意：当被积函数为反三角函数与对数函数、幂函数（多项式）、三角函数或指数函数的乘积时，一般选反三角函数为 u；当被积函数为对数函数与幂函数（多项式）、三角函数或指数函数的乘积时，一般选对数函数为 u；当被积函数为幂函数与三角函数或指数函数的乘积时，一般选幂函数为 u；当被积函数为三角函数与指数函数的乘积时，可选其中一类函数为 u.

【例 4 - 13】 求 $\displaystyle\int\left(\frac{\ln x}{x}\right)^2\mathrm{d}x$.

解 原式 $=-\displaystyle\int\ln^2 x\mathrm{d}\left(\frac{1}{x}\right)=-\frac{1}{x}\ln^2 x+\int\frac{1}{x}\cdot 2\ln x\cdot\frac{1}{x}\mathrm{d}x$

$$=-\frac{1}{x}\ln^2 x-2\int\ln x\mathrm{d}\left(\frac{1}{x}\right)=-\frac{1}{x}\ln^2 x-\frac{2}{x}\ln x+2\int\frac{1}{x}\cdot\frac{1}{x}\mathrm{d}x$$

$$=-\frac{1}{x}(\ln^2 x+2\ln x+2)+C$$

注意：当被积函数为分式函数 $\dfrac{f(x)}{g(x)}$ 时，如果 $\dfrac{1}{g(x)}$ 或其部分因式 $\dfrac{1}{g_1(x)}$ [$g_1(x)$ 为 $g(x)$ 的一个因式] 的一个原函数易求得，则可设该原函数为所选的 v，被积函数的其余部分选为 u.

【例 4 - 14】 求 $\displaystyle\int\mathrm{e}^x\sin x\mathrm{d}x$.

解 $I=\displaystyle\int\mathrm{e}^x\sin x\mathrm{d}x=\int\sin x\mathrm{d}(\mathrm{e}^x)=\mathrm{e}^x\sin x-\int\mathrm{e}^x\mathrm{d}(\sin x)$

$$= e^x \sin x - \int e^x \cos x \mathrm{d}x = e^x \sin x - \left(e^x \cos x - \int e^x \mathrm{d}\cos x \right)$$

$$= e^x (\sin x - \cos x) - \int e^x \sin x \mathrm{d}x + 2c = e^x (\sin x - \cos x) - I + 2C$$

$$2I = e^x (\sin x - \cos x) + 2C$$

则 $I = \dfrac{1}{2} e^x (\sin x - \cos x) + C$.

注意：连续运用分部积分法时，每一次选取 u、v 的函数时，一般来说必须是同类函数，即如选三角函数就一直选三角函数.

【例 4-15】 计算 $\displaystyle\int \frac{\ln(1+x) - \ln x}{x(1+x)} \mathrm{d}x$.

解 $\displaystyle\int \frac{\ln(1+x) - \ln x}{x(1+x)} \mathrm{d}x = \int [\ln(1+x) - \ln x] \left(\frac{1}{x} - \frac{1}{1+x} \right) \mathrm{d}x$

$$= \int -\left(\frac{\ln(1+x)}{1+x} + \frac{\ln x}{x} \right) \mathrm{d}x + \int \frac{\ln(1+x)}{x} \mathrm{d}x + \int \frac{\ln x}{1+x} \mathrm{d}x$$

$$= -\frac{1}{2} \left[\ln^2(1+x) + \ln^2 x \right] + \ln x \cdot \ln(1+x)$$

$$\quad - \int \frac{\ln x}{1+x} \mathrm{d}x + \int \frac{\ln x}{1+x} \mathrm{d}x$$

$$= -\frac{1}{2} \left[\ln(1+x) - \ln x \right]^2 + C$$

【例 4-16】 （2000 年考研题，数学一）设 $f(\ln x) = \dfrac{\ln(1+x)}{x}$，计算 $\displaystyle\int f(x) \mathrm{d}x$.

解 设 $\ln x = t$，则 $x = e^t$，$f(t) = \dfrac{\ln(1+e^t)}{e^t}$. 于是

$$\int f(x) \mathrm{d}x = \int \frac{\ln(1+e^x)}{e^x} \mathrm{d}x = \int \ln(1+e^x) \mathrm{d}(-e^{-x}) = -e^{-x} \ln(1+e^x) + \int \frac{1}{1+e^x} \mathrm{d}x$$

$$= -e^{-x} \ln(1+e^x) + \int \left(1 - \frac{e^x}{1+e^x} \right) \mathrm{d}x = -e^{-x} \ln(1+e^x) + x - \ln(1+e^x) + C$$

$$= x - (1+e^{-x}) \ln(1+e^x) + C$$

【例 4-17】 求 $\displaystyle\int \frac{x \mathrm{d}x}{(x^2+1)(x^2+4)}$.

解 原式 $= \displaystyle\int \frac{x[(x^2+4) - (x^2+1)]}{3(x^2+1)(x^2+4)} \mathrm{d}x = \frac{1}{3} \left(\int \frac{x}{x^2+1} \mathrm{d}x - \int \frac{x}{x^2+4} \mathrm{d}x \right)$

$$= \frac{1}{6} [\ln(x^2+1) - \ln(x^2+4)] + C = \frac{1}{6} \ln \frac{x^2+1}{x^2+4} + C$$

注意：被积函数的分母为不同因式的乘积，试将分子写成这些不同因式的组合，再分项积分；若分母仅含一个因式或仅是一个因式的方幂，为将其分子凑成该因式的组合，常在分子中加减相同项（常为常数 1），进行恒等变形；若分母不是乘积形式，应先因式分解，再用以上方法将分子凑成分母中因式的组合.

【例 4-18】 将 $\dfrac{1}{(1+2x)(1+x^2)}$ 用真分式表示.

解 令 $\dfrac{1}{(1+2x)(1+x^2)}=\dfrac{A}{1+2x}+\dfrac{Bx+C}{1+x^2}$,

去分母得 $1=A(1+x^2)+(Bx+C)(1+2x)$,

或 $1=(A+2B)x^2+(B+2C)x+(A+C)$.

比较同次幂系数，有 $\begin{cases}A+2B=0\\B+2C=0\\A+C=1\end{cases}$，解得 $A=\dfrac{4}{5}$，$B=-\dfrac{2}{5}$，$C=\dfrac{1}{5}$.

从而 $\dfrac{1}{(1+2x)(1+x^2)}=\dfrac{\frac{4}{5}}{1+2x}+\dfrac{-\frac{2}{5}x+\frac{1}{5}}{1+x^2}$.

【例 4 - 19】 求 $\displaystyle\int\dfrac{1}{1+2\tan x}\mathrm{d}x$.

解 令 $\tan x=u$，$x=\arctan u$，$\mathrm{d}x=\dfrac{1}{1+u^2}\mathrm{d}u$，于是

$$\int\frac{1}{1+2\tan x}\mathrm{d}x=\int\frac{1}{(1+2u)(1+u^2)}\mathrm{d}u$$

$$=\frac{2}{5}\ln|1+2u|-\frac{1}{5}\ln(1+u^2)+\frac{1}{5}\arctan u+C（由［例4-18］的结果得）$$

$$=\frac{2}{5}\ln|1+2\tan x|-\frac{1}{5}\ln(1+\tan^2 x)+\frac{1}{5}\arctan(\tan x)+C$$

$$=\frac{2}{5}\ln|1+2\tan x|-\frac{1}{5}\ln(1+\tan^2 x)+\frac{1}{5}x+C$$

注意：一般求解有理函数的积分，通常都考虑用待定系数法将被积函数按其分母的因式个数拆成几个分母最简的有理函数的和或差的形式，再分项求不定积分.

【例 4 - 20】 某冰城常年积雪，滑冰场的冰完全靠自然结冰，结冰速度由方程 $\dfrac{\mathrm{d}y}{\mathrm{d}x}=k\sqrt{t}$（$k>0$ 为常数）确定，其中 y 是从结冰起到时刻 t 时冰的厚度，求 y 的表达式.

解 根据题意，结冰厚度 y 关于时间 t 的函数为

$$y=\int kt^{\frac{1}{2}}\mathrm{d}t=\frac{2}{3}kt^{\frac{3}{2}}+C \quad（其中 C 由结冰时间确定）$$

如果 $t=0$ 时刻，冰的厚度为 0，即 $y(0)=0$，代入上式有 $C=0$.

此时 $y=kt^{\frac{3}{2}}$ 为结冰的厚度关于时间 t 的函数.

【例 4 - 21】 一电路中，电流关于时间的变化率为 $\dfrac{\mathrm{d}I}{\mathrm{d}t}=4t-0.06t^2$，若 $t=0\mathrm{s}$ 时，$I=2\mathrm{A}$，求 I 关于时间 t 的函数.

解 由 $\dfrac{\mathrm{d}I}{\mathrm{d}t}=4t-0.06t^2$，有

$$I(t)=\int(4t-0.06t^2)\mathrm{d}t=2t^2-0.02t^3+C$$

将 $I(0)=2$ 代入上式，$C=2$.

则 I 关于时间 t 的函数为 $I(t)=2t^2-0.02t^3+2$.

【例 4‑22】 一电场中质子运动的加速度 $a(t)=-20(1+2t)^{-2}$，单位为 m/s². 如果 $t=0$s 时，$v=0.3$m/s. 求质子的运动速度函数.

解 由加速度和速度的关系有 $v'(t)=a(t)$，则

$$v(t)=\int v'(t)\mathrm{d}t=\int-20(1+2t)^{-2}\mathrm{d}t=\int-20(1+2t)^{-2}\cdot\frac{1}{2}\mathrm{d}(1+2t)$$
$$=10(1+2t)^{-1}+C$$

将 $t=0$，$v=0.3$ 代入上式有 $C=-9.7$，则 $v(t)=10(1+2t)^{-1}-9.7$.

【例 4‑23】 已知某公司的边际成本函数 $C'(x)=3x\sqrt{x^2+1}$，边际收益函数 $R'(x)=\frac{7}{2}x(x^2+1)^{\frac{3}{4}}$，设固定成本是 1000 万元，试求该公司的成本函数和收益函数.

解 因为边际成本函数为 $C'(x)=3x\sqrt{x^2+1}$，所以成本函数为

$$C(x)=\int C'(x)\mathrm{d}x=\int 3x\sqrt{x^2+1}\mathrm{d}x=\frac{3}{2}\int(x^2+1)^{\frac{1}{2}}\mathrm{d}(x^2+1)$$
$$=\frac{3}{2}\times\frac{1}{1+\frac{1}{2}}(x^2+1)^{1+\frac{1}{2}}+C=(x^2+1)^{\frac{3}{2}}+C$$

又固定成本为 1000 万元，即 $C(0)=1000$，代入有 $C=999$ 万元.

故成本函数为 $C(x)=(x^2+1)^{\frac{3}{2}}+999$.

因为边际收益函数为 $R'(x)=\frac{7}{2}x(x^2+1)^{\frac{3}{4}}$，则

$$R(x)=\int R'(x)\mathrm{d}x=\int\frac{7}{2}x(x^2+1)^{\frac{3}{4}}\mathrm{d}x$$
$$=\frac{7}{2}\times\frac{1}{2}\int(x^2+1)^{\frac{3}{4}}\mathrm{d}(x^2+1)=(x^2+1)^{\frac{7}{4}}+C$$

又当 $x=0$ 时，$R(0)=0$，得 $C=-1$，则收益函数为 $R(x)=(x^2+1)^{\frac{7}{4}}-1$.

五、测试题

测 试 题 A

1. 一曲线 $y=f(x)$ 过点 $(0,2)$，且其上任意点的斜率为 $\mathrm{e}^x-\dfrac{1}{\sqrt{1-x^2}}$，求 $f(x)$.

2. 一质点做直线运动，已知其加速度为 $\dfrac{\mathrm{d}^2s}{\mathrm{d}t^2}=3t^2-\sin t$，如果初速度 $v_0=3$，初始位移 $s_0=2$，求：

(1) v 和 t 间的函数关系；　　　　(2) s 和 t 间的函数关系.

3. 用换元积分法求下列不定积分：

(1) $\displaystyle\int(3-2x)^3\mathrm{d}x$；

(2) $\displaystyle\int\frac{\arctan\sqrt{x}\,\mathrm{d}x}{\sqrt{x}(1+x)}$；

(3) $\displaystyle\int\frac{1}{x\sqrt{1+x^2}}\mathrm{d}x$；

(4) $\displaystyle\int\frac{x^3}{9+x^2}\mathrm{d}x$；

(5) $\displaystyle\int \frac{\mathrm{d}x}{\sqrt{(x^2+1)^3}}$;　　　　(6) $\displaystyle\int \sin2x\cos3x\mathrm{d}x$.

4. 用分部积分法求下列不定积分：

(1) $\displaystyle\int x\sin x\mathrm{d}x$;　　　　(2) $\displaystyle\int 2x(x^2+1)\arctan x\mathrm{d}x$;

(3) $\displaystyle\int \ln^2 x\mathrm{d}x$;　　　　(4) $\displaystyle\int \sin2x\ln(\sin x)\mathrm{d}x$;

(5) $\displaystyle\int \frac{x\sin x}{\cos^3 x}\mathrm{d}x$;　　　　(6) $\displaystyle\int x^2(1+x^3)\mathrm{e}^{x^3}\mathrm{d}x$.

5. 求下列有理函数的不定积分：

(1) $\displaystyle\int \frac{x^4+1}{x^6+1}\mathrm{d}x$;　　　　(2) $\displaystyle\int \frac{x+3}{x^2-5x+6}\mathrm{d}x$;

(3) $\displaystyle\int \frac{1}{1+\sin x+\cos x}\mathrm{d}x$.

测 试 题　**B**

求下列不定积分：

(1) $\displaystyle\int \mathrm{e}^x\left(\frac{1}{x}+\ln x\right)\mathrm{d}x$;　　　　(2) $\displaystyle\int \frac{1}{\sin2x+2\sin x}\mathrm{d}x$;

(3) $\displaystyle\int \sqrt{\frac{1-x}{1+x}}\cdot\frac{\mathrm{d}x}{x}$;　　　　(4) $\displaystyle\int \frac{x^5}{\sqrt[4]{x^3+1}}\mathrm{d}x$;

(5) $\displaystyle\int \frac{1}{1-x^2}\ln\frac{1+x}{1-x}\mathrm{d}x$;　　　　(6) $\displaystyle\int \frac{\sin x\cos x}{\sin x+\cos x}\mathrm{d}x$;

(7) $\displaystyle\int \frac{1+\cos x}{x+\sin x}\mathrm{d}x$;　　　　(8) $\displaystyle\int x\sqrt{\frac{1+x}{1-x}}\mathrm{d}x$;

(9) $\displaystyle\int x\mathrm{e}^x\cos x\mathrm{d}x$;　　　　(10) $\displaystyle\int \sqrt{2+x-x^2}\mathrm{d}x$;

(11) $\displaystyle\int \left(\frac{\ln x}{x}\right)^2\mathrm{d}x$;　　　　(12) $\displaystyle\int \frac{\sin^2 x}{\cos^3 x}\mathrm{d}x$;

(13) $\displaystyle\int \frac{\ln(\mathrm{e}^x+2)}{\mathrm{e}^x}\mathrm{d}x$;　　　　(14) $\displaystyle\int \frac{x-\cos x}{1+\sin x}\mathrm{d}x$.

测试题 A 答案

1. $f(x)=\mathrm{e}^x+\arccos x+1-\dfrac{\pi}{2}$ 或 $f(x)=\mathrm{e}^x-\arcsin x+1$.

2. (1) $v=t^3+\cos t+2$；(2) $s=\dfrac{1}{4}t^4+\sin t+2t+2$.

3.

(1) $-\dfrac{1}{8}(3-2x)^4+C$; (2) $(\arctan\sqrt{x})^2+C$; (3) $\ln\left|\dfrac{\sqrt{1+x^2}-1}{x}\right|+C$;

(4) $\dfrac{1}{2}x^2-\dfrac{9}{2}\ln(9+x^2)+C$; (5) $\dfrac{x}{\sqrt{1+x^2}}+C$; (6) $\dfrac{1}{2}\cos x-\dfrac{1}{10}\cos5x+C$.

积分 $\int_a^b f(x)\mathrm{d}x$ 收敛，且 $\int_a^b f(x)\mathrm{d}x = \lim\limits_{x\to b^-} F(x) - F(a) = F(b^-) - F(a) = F(x)\big|_a^b$.

若 $\lim\limits_{x\to b^-} F(x)$ 不存在，则广义积分 $\int_a^b f(x)\mathrm{d}x$ 发散.

若 a 与 b 为函数 $f(x)$ 的瑕点，且在 (a,b) 内 $F'(x) = f(x)$，若 $\lim\limits_{x\to a^+} F(x)$ 与 $\lim\limits_{x\to b^-} F(x)$ 存在，则广义积分 $\int_a^b f(x)\mathrm{d}x$ 收敛，且

$$\int_a^b f(x)\mathrm{d}x = \lim_{x\to b^-} F(x) - \lim_{x\to a^+} F(x) = F(b^-) - F(a^+) = F(x)\big|_a^b$$

若 $\lim\limits_{x\to a^+} F(x)$ 或 $\lim\limits_{x\to b^-} F(x)$ 不存在，则广义积分 $\int_a^b f(x)\mathrm{d}x$ 发散.

四、例题解析

【例 5－1】 利用定义计算定积分 $\int_a^b x\mathrm{d}x$，$(a<b)$.

解 将区间 $[a,b]$ n 等分，分点为 $x_i = a + \dfrac{i(b-a)}{n}$，$i=1,2,\cdots,n-1$.

记每个小区间 $[x_{i-1},x_i]$ 长度为 $\Delta x_i = \dfrac{b-a}{n}$，取 $\xi_i = x_i$，$i=1,2,\cdots,n$.

则得和式

$$\sum_{i=1}^n f(\xi_i)\Delta x_i = \sum_{i=1}^n \left[a + \frac{i}{n}(b-a)\right]\frac{b-a}{n} = a(b-a) + \frac{(b-a)2n(n+1)}{2n^2}$$

由定积分定义得

$$\int_a^b x\mathrm{d}x = \lim_{\lambda\to 0}\sum_{i=1}^n f(\xi_i)\Delta x_i = \lim_{n\to\infty}\left[a(b-a) + \frac{(b-a)^2 n(n+1)}{2n^2}\right] = \frac{1}{2}(b^2 - a^2).$$

【例 5－2】 比较下列积分的大小：

(1) $\int_1^2 \ln x\mathrm{d}x$ 与 $\int_1^2 (\ln x)^2\mathrm{d}x$；ㅤㅤㅤ (2) $\int_{-2}^{-1} \mathrm{e}^{-x^2}\mathrm{d}x$ 与 $\int_{-2}^{-1} \mathrm{e}^{x^2}\mathrm{d}x$；

(3) $\int_0^1 x\mathrm{d}x$ 与 $\int_0^1 \sin x\mathrm{d}x$.

解 (1) 当 $1<x<2$ 时，有 $\ln x > (\ln x)^2$，由定积分的性质可知：$\int_1^2 \ln x\mathrm{d}x > \int_1^2 (\ln x)^2\mathrm{d}x$.

(2) $\int_{-2}^{-1} \mathrm{e}^{-x^2}\mathrm{d}x < \int_{-2}^{-1} \mathrm{e}^{x^2}\mathrm{d}x$.

(3) 在 $[0,1]$ 上，有 $x > \sin x$，则 $\int_0^1 x\mathrm{d}x > \int_0^1 \sin x\mathrm{d}x$.

【例 5－3】 估计 $\int_1^4 (x^2+1)\mathrm{d}x$ 的值.

解 当 $1\leqslant x\leqslant 4$ 时，$2\leqslant x^2+1\leqslant 17$，由定积分估值定理知

$$6\leqslant \int_1^4 (x^2+1)\mathrm{d}x \leqslant 51$$

4.

(1) $-x\cos x+\sin x+C$； (2) $\dfrac{1}{2}(x^2+1)^2\arctan x-\dfrac{1}{6}x^3-\dfrac{1}{2}x+C$；

(3) $x\ln^2 x-2x\ln x+2x+C$； (4) $\sin^2 x\ln(\sin x)-\dfrac{1}{2}\sin^2 x+C$；

(5) $\dfrac{x}{2}\sec^2 x-\dfrac{1}{2}\tan x+C$； (6) $\dfrac{1}{3}x^3\mathrm{e}^{x^3}+C$.

5.

(1) $\arctan x+\dfrac{\arctan x^3}{3}+C$；

(2) $\displaystyle\int\dfrac{x+3}{x^2-5x+6}\mathrm{d}x=\int\left(\dfrac{-5}{x-2}+\dfrac{6}{x-3}\right)\mathrm{d}x=-5\ln|x-2|+6\ln|x-3|+C$；

(3) $\ln\left|1+\tan\dfrac{x}{2}\right|+C$.

测试题 B 答案

(1) $\mathrm{e}^x\ln x+C$；

(2) $\dfrac{1}{8}\tan^2\dfrac{x}{2}+\dfrac{1}{4}\ln\left|\tan\dfrac{x}{2}\right|+C$；

(3) $\ln\dfrac{\sqrt{1-x}-\sqrt{1+x}}{\sqrt{1-x}+\sqrt{1+x}}+2\arctan\sqrt{\dfrac{1-x}{1+x}}+C$；

(4) $\dfrac{4}{21}(x^3+1)^{\frac{7}{4}}-\dfrac{4}{9}(x^3+1)^{\frac{3}{4}}+C$；

(5) $\dfrac{1}{4}\ln^2\left(\dfrac{1+x}{1-x}\right)+C$；

(6) $\dfrac{1}{2}(\sin x-\cos x)+\dfrac{1}{4\sqrt{2}}\ln\left|\dfrac{1+\cos\left(x+\dfrac{\pi}{4}\right)}{1-\cos\left(x+\dfrac{\pi}{4}\right)}\right|+C$；

(7) $\ln|x+\sin x|+C$；

(8) $\dfrac{1}{2}\arcsin x-\dfrac{1}{2}(x+2)\sqrt{1-x^2}+C$；

(9) $\dfrac{1}{2}\mathrm{e}^x\left[(x-1)\sin x+x\cos x\right]+C$；

(10) $\dfrac{9}{8}\arcsin\dfrac{2x-1}{3}+\dfrac{1}{4}(2x-1)\sqrt{2+x-x^2}+C$；

(11) $-\dfrac{1}{x}(\ln^2 x+2\ln x+2)+C$；

(12) $\dfrac{\sin x}{2\cos^2 x}-\dfrac{1}{2}\ln|\sec x+\tan x|+C$；

(13) $-\dfrac{\ln(\mathrm{e}^x+2)}{\mathrm{e}^x}+\dfrac{1}{2}x-\dfrac{1}{2}\ln(\mathrm{e}^x+2)+C$；

(14) $x(\tan x-\sec x)+C$.

第五章 定　积　分

一、基本要求

（1）了解定积分思想，理解定积分概念，能用定积分定义求简单的定积分；理解定积分的性质.

（2）理解变上限积分函数的定义及其求导数定理，掌握牛顿-莱布尼茨公式并会用它计算定积分.

（3）熟练掌握定积分的换元积分法及分部积分法，并能用于求解典型的定积分.

（4）了解广义积分的概念并会计算简单的广义积分.

二、知识结构

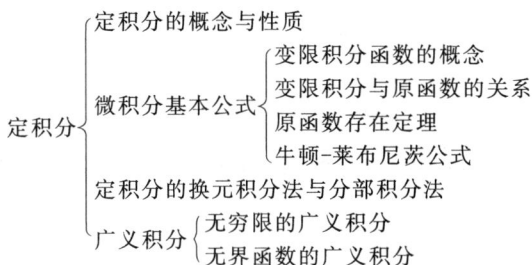

三、内容小结

1. 定积分的概念与性质

（1）定积分的定义.

设函数 $f(x)$ 在 $[a,b]$ 上有界，若 $\lim\limits_{\lambda \to 0} \sum\limits_{i=1}^{n} f(\xi_i) \Delta x_i$ 存在，称此极限值为函数 $f(x)$ 在区间 $[a,b]$ 上的定积分，记为 $\int_a^b f(x)\mathrm{d}x = \lim\limits_{\lambda \to 0} \sum\limits_{i=1}^{n} f(\xi_i) \Delta x_i$ ，其中，$\Delta x_i = x_i - x_{i-1}$ 表示任意划分 $[a,b]$ 为 n 个小区间时第 i 个小区间 $[x_{i-1}, x_i]$ 的长度，ξ_i 为 $[x_{i-1}, x_i]$ 中任意一点，$\lambda = \max\limits_{i}\{\Delta x_i\}$. 当 $\int_a^b f(x)\mathrm{d}x$ 存在时，称 $f(x)$ 在 $[a,b]$ 上可积.

规定：$\int_a^b f(x)\mathrm{d}x = -\int_b^a f(x)\mathrm{d}x$ ，$\int_a^a f(x)\mathrm{d}x = 0$.

（2）定积分的几何意义.

设函数 $f(x)$ 在区间 $[a,b]$ 上连续，如果 $f(x) \geqslant 0$，则定积分 $\int_a^b f(x)\mathrm{d}x$ 在几何上表示

由曲线 $y=f(x)$ 和直线 $x=a$，$x=b$，x 轴所围成的曲边梯形的面积 A，即 $\int_a^b f(x)\mathrm{d}x=A$；如果 $f(x)\leqslant 0$，则定积分 $\int_a^b f(x)\mathrm{d}x$ 在几何上表示由曲线 $y=f(x)$ 和直线 $x=a$，$x=b$，x 轴所围成的曲边梯形的面积 A 的相反数，即 $\int_a^b f(x)\mathrm{d}x=-A$；如果 $f(x)$ 在 $[a,b]$ 上有正值又有负值，则定积分 $\int_a^b f(x)\mathrm{d}x$ 在几何上表示由曲线 $y=f(x)$ 和直线 $x=a$，$x=b$，x 轴所围成的平面图形位于 x 轴上方部分的面积减去其位于 x 轴下方部分的面积所得之差.

（3）可积的充分条件.

1）设函数 $f(x)$ 在区间 $[a,b]$ 上连续，则 $f(x)$ 在区间 $[a,b]$ 上可积.

2）设函数 $f(x)$ 在区间 $[a,b]$ 上有界，且只有有限个间断点，则 $f(x)$ 在区间 $[a,b]$ 上可积.

（4）可积的必要条件.

设 $f(x)$ 在区间 $[a,b]$ 上可积，则 $f(x)$ 在区间 $[a,b]$ 上有界.

（5）定积分的性质.

1）$\int_a^b [kf(x)\pm hg(x)]\mathrm{d}x = k\int_a^b f(x)\mathrm{d}x \pm h\int_a^b g(x)\mathrm{d}x.$

2）$\int_a^b f(x)\mathrm{d}x = \int_a^c f(x)\mathrm{d}x + \int_c^b f(x)\mathrm{d}x.$

3）如果在区间 $[a,b]$ 上，$f(x)\leqslant g(x)$，则 $\int_a^b f(x)\mathrm{d}x \leqslant \int_a^b g(x)\mathrm{d}x$，$(a<b)$.

4）设 M 和 m 分别是函数 $f(x)$ 在区间 $[a,b]$ 上的最大值及最小值，则

$$m(b-a)\leqslant \int_a^b f(x)\mathrm{d}x \leqslant M(b-a),\ (a<b)$$

5）积分中值定理：若函数 $f(x)$ 在区间 $[a,b]$ 上连续，则在区间 $[a,b]$ 上至少存在一个点 ξ，使 $\int_a^b f(x)\mathrm{d}x = f(\xi)(b-a)(a\leqslant \xi \leqslant b)$，该公式称为积分中值公式.

2. 微积分基本公式

（1）变限积分函数的概念.

设 $f(x)$ 在区间 $[a,b]$ 上可积，则定积分 $\int_a^x f(t)\mathrm{d}t$，$x\in[a,b]$ 就是其上限 x 的函数，称其为变上限积分函数，简称变上限积分. 记作

$$\Phi(x)=\int_a^x f(t)\mathrm{d}t,\ x\in[a,b]$$

类似的，$\int_x^b f(t)\mathrm{d}t$，$x\in[a,b]$ 称为变下限积分，记为 $\Psi(x)=\int_x^b f(t)\mathrm{d}t$，更一般地，$\int_{a(x)}^{b(x)} f(t)\mathrm{d}t$ 也是变限积分.

（2）变限积分与原函数的关系.

如果函数 $f(x)$ 在区间 $[a,b]$ 上连续，则积分上限的函数 $\phi(x)=\int_a^x f(t)\mathrm{d}t$ 在 $[a,b]$

上具有导数，并且它的导数是 $\varphi'(x) = \dfrac{\mathrm{d}}{\mathrm{d}x}\displaystyle\int_a^x f(t)\mathrm{d}t = f(x)(a \leqslant x \leqslant b)$．一般地，如果函数 $f(x)$ 在区间 $[a,b]$ 上连续，$\varphi(x)$，$\tau(x)$ 在 $[a,b]$ 上可导，则

$$\frac{\mathrm{d}}{\mathrm{d}x}\int_{\tau(x)}^{\varphi(x)} f(t)\mathrm{d}t = f(\varphi(x))\varphi'(x) - f(\tau(x))\tau'(x)$$

（3）原函数存在定理.

如果函数 $f(x)$ 在区间 $[a,b]$ 上连续，则函数 $\phi(x) = \displaystyle\int_a^x f(t)\mathrm{d}t$ 就是 $f(x)$ 在区间 $[a,b]$ 上的一个原函数.

（4）牛顿-莱布尼茨公式（微积分基本公式）.

如果函数 $F(x)$ 是连续函数 $f(x)$ 在区间 $[a,b]$ 上的一个原函数，则

$$\int_a^b f(x)\mathrm{d}x = F(b) - F(a)$$

3．定积分的换元积分法与分部积分法

（1）定积分的换元积分法.

设函数 $f(x)$ 在区间 $[a,b]$ 上连续，$x = \varphi(t)$ 在 $[\alpha,\beta]$（或 $[\beta,\alpha]$）上有连续的导函数，且 $\varphi(\alpha) = a$，$\varphi(\beta) = b$，$\varphi(t)$ 的值域是 $[a,b]$，则

$$\int_a^b f(x)\mathrm{d}x = \int_\alpha^\beta f[\varphi(t)]\varphi'(t)\mathrm{d}t$$

（2）定积分的分部积分法.

设函数 $u(x)$，$v(x)$ 在区间 $[a,b]$ 上有连续的导函数 $u'(x)$，$v'(x)$，则有

$$\int_a^b u\,\mathrm{d}v = uv\Big|_a^b - \int_a^b v\,\mathrm{d}u$$

4．广义积分

（1）无穷限的广义积分.

1）定义. 设函数 $f(x)$ 在无穷区间 $[a, +\infty)$ 上连续，取 $t > a$，如果极限 $\lim\limits_{t \to +\infty}\displaystyle\int_a^t f(x)\mathrm{d}x$ 存在，则称此极限值为函数 $f(x)$ 在无穷区间 $[a, +\infty)$ 上的广义积分，记作

$$\int_a^{+\infty} f(x)\mathrm{d}x = \lim_{t \to +\infty}\int_a^t f(x)\mathrm{d}x$$

此时也称广义积分 $\displaystyle\int_a^{+\infty} f(x)\mathrm{d}x$ 收敛；如果上述极限不存在，则称广义积分 $\displaystyle\int_a^{+\infty} f(x)\mathrm{d}x$ 发散.

类似的，有：$\displaystyle\int_{-\infty}^b f(x)\mathrm{d}x = \lim_{t \to -\infty}\int_t^b f(x)\mathrm{d}x$，$\displaystyle\int_{-\infty}^{+\infty} f(x)\mathrm{d}x = \int_{-\infty}^0 f(x)\mathrm{d}x + \int_0^{+\infty} f(x)\mathrm{d}x = \lim_{t \to -\infty}\int_t^0 f(x)\mathrm{d}x + \lim_{t \to +\infty}\int_0^t f(x)\mathrm{d}x$.

2）计算方法. 如果函数 $F(x)$ 是连续函数 $f(x)$ 在区间 $[a, +\infty)$ 上的一个原函数，那么若 $\lim\limits_{t \to +\infty} F(t)$ 存在，则广义积分 $\displaystyle\int_a^{+\infty} f(x)\mathrm{d}x$ 收敛，且

$$\int_a^{+\infty} f(x)\mathrm{d}x = \lim_{t \to +\infty}\int_a^t f(x)\mathrm{d}x = \lim_{t \to +\infty}[F(x) - F(a)] = \lim_{t \to +\infty} F(t) - F(a)$$
$$= F(+\infty) - F(a) = F(x)\Big|_a^{+\infty}$$

若 $\lim\limits_{t \to +\infty} F(t)$ 不存在，则广义积分 $\int_a^{+\infty} f(x)\mathrm{d}x$ 发散.

如果函数 $F(x)$ 是连续函数 $f(x)$ 在区间 $(-\infty, b]$ 上的一个原函数，那么若 $\lim\limits_{t \to -\infty} F(t)$ 存在，则广义积分 $\int_{-\infty}^b f(x)\mathrm{d}x$ 收敛，且

$$\int_{-\infty}^b f(x)\mathrm{d}x = \lim_{t \to -\infty} \int_t^b f(x)\mathrm{d}x = \lim_{t \to -\infty} \big[F(b) - F(x) \big] = F(b) - \lim_{t \to -\infty} F(t)$$
$$= F(b) - F(-\infty) = F(x) \, |_{-\infty}^b$$

若 $\lim\limits_{t \to -\infty} F(t)$ 不存在，则广义积分 $\int_{-\infty}^b f(x)\mathrm{d}x$ 发散.

如果函数 $F(x)$ 是连续函数 $f(x)$ 在区间 $(-\infty, +\infty)$ 内的一个原函数，那么若 $\lim\limits_{t \to +\infty} F(t)$ 与 $\lim\limits_{t \to -\infty} F(t)$ 存在，则广义积分 $\int_{-\infty}^{+\infty} f(x)\mathrm{d}x$ 收敛，且

$$\int_{-\infty}^{+\infty} f(x)\mathrm{d}x = \int_{-\infty}^0 f(x)\mathrm{d}x + \int_0^{+\infty} f(x)\mathrm{d}x = \lim_{t \to +\infty} F(t) - F(0) + F(0) - \lim_{t \to -\infty} F(t)$$
$$= \lim_{t \to +\infty} F(t) - \lim_{t \to -\infty} F(t) = F(+\infty) - F(-\infty) = F(x)|_{-\infty}^{+\infty}$$

若 $\lim\limits_{t \to +\infty} F(t)$ 或 $\lim\limits_{t \to -\infty} F(t)$ 不存在，则广义积分 $\int_{-\infty}^{+\infty} f(x)\mathrm{d}x$ 发散.

（2）无界函数的广义积分.

1）瑕点. 若函数 $f(x)$ 在点 a 的任一邻域内都无界，则称点 a 为函数 $f(x)$ 的瑕点，也称无界间断点，无界函数的广义积分又称为瑕积分.

2）定义. 函数 $f(x)$ 在区间 $(a, b]$ 上连续，点 a 为函数 $f(x)$ 的瑕点，取 $t > a$，若极限 $\lim\limits_{t \to a^+} \int_t^b f(x)\mathrm{d}x$ 存在，则称此极限值为函数 $f(x)$ 在区间 $(a, b]$ 上的广义积分，仍记作 $\int_a^b f(x)\mathrm{d}x$，即 $\int_a^b f(x)\mathrm{d}x = \lim\limits_{t \to a^+} \int_t^b f(x)\mathrm{d}x$，此时也称广义积分 $\int_a^b f(x)\mathrm{d}x$ 收敛；如果上述极限不存在，则称广义积分 $\int_a^b f(x)\mathrm{d}x$ 发散.

类似的，若函数 $f(x)$ 在区间 $[a, b)$ 上连续，点 b 为函数 $f(x)$ 的瑕点，则

$$\int_a^b f(x)\mathrm{d}x = \lim_{t \to b^-} \int_a^t f(x)\mathrm{d}x.$$

若函数 $f(x)$ 在区间 (a, b) 内连续，点 a 与 b 为函数 $f(x)$ 的瑕点，则 $\int_a^b f(x)\mathrm{d}x = \lim\limits_{t \to a^+} \int_t^c f(x)\mathrm{d}x + \lim\limits_{t \to b^-} \int_c^t f(x)\mathrm{d}x \, (a < c < b).$

3）计算方法. 若 a 为函数 $f(x)$ 的瑕点，且在 $(a, b]$ 上 $F'(x) = f(x)$，若 $\lim\limits_{x \to a^+} F(x)$ 存在，则广义积分 $\int_a^b f(x)\mathrm{d}x$ 收敛，且 $\int_a^b f(x)\mathrm{d}x = F(b) - \lim\limits_{x \to a^+} F(x) = F(b) - F(a^+) = F(x) \, |_a^b.$

若 $\lim\limits_{x \to a^+} F(x)$ 不存在，则广义积分 $\int_a^b f(x)\mathrm{d}x$ 发散.

若 b 为函数 $f(x)$ 的瑕点，且在 $[a, b)$ 上 $F'(x) = f(x)$，若 $\lim\limits_{x \to b^-} F(x)$ 存在，则广义

【例 5 - 4】 已知函数 $f(x)$ 连续，$g(x) = \int_0^x t^2 f(t-x)\mathrm{d}t$，求 $g'(x)$.

解 命 $u = t - x$，则当 $t = 0$ 时，$u = -x$；当 $t = x$ 时，$u = 0$，于是

$$g'(x) = \left(\int_{-x}^0 (u+x)^2 f(u)\mathrm{d}u \right)'_x$$

$$= (-1)\left[\int_0^{-x} u^2 f(u)\mathrm{d}u + 2x\int_0^{-x} u f(u)\mathrm{d}u + x^2 \int_0^{-x} f(u)\mathrm{d}u \right]'_x$$

$$= -\left[-x^2 f(-x) + 2\int_0^{-x} u f(u)\mathrm{d}u + 2x(-x)f(-x)(-1) \right.$$

$$\left. + 2x\int_0^{-x} f(u)\mathrm{d}u + x^2 f(-x)(-1) \right]$$

$$= -2\int_0^{-x} u f(u)\mathrm{d}u - 2x\int_0^{-x} f(u)\mathrm{d}u$$

如果定积分上限是 x 的函数，那么利用复合函数求导公式对上限求导；如果定积分的下限是 x 的函数，那么将定积分的下限变为变上限的定积分，利用复合函数求导公式对上限求导；如果复合函数的上、下限都是 x 的函数，那么利用区间可加性将定积分写成两个定积分的和，其中一个定积分的上限是 x 的函数，另一个定积分的下限也是 x 的函数，都可以化为变上限的定积分来求导.

当积分上限函数的被积函数含有参变量时，需通过适当变换或变形，使被积函数不含参变量，然后才可对该参变量求导.

【例 5 - 5】 求极限 $\lim\limits_{n\to\infty} \int_n^{n+p} \dfrac{\sin x}{x}\mathrm{d}x$.

解

解法一：利用积分中值定理有

$$\lim_{n\to\infty} \int_n^{n+p} \frac{\sin x}{x}\mathrm{d}x = \frac{\sin \xi}{\xi}p \quad (n \leqslant \xi \leqslant n+p)$$

当 $n \to \infty$ 时，$\xi \to +\infty$，所以

$$\lim_{n\to\infty} \int_n^{n+p} \frac{\sin x}{x}\mathrm{d}x = \lim_{n\to\infty} \frac{\sin \xi}{\xi}p = 0$$

解法二：利用定积分性质

$$0 \leqslant \left| \int_n^{n+p} \frac{\sin x}{x}\mathrm{d}x \right| \leqslant \int_n^{n+p} \left| \frac{\sin x}{x} \right| \mathrm{d}x \leqslant \int_n^{n+p} \frac{1}{x}\mathrm{d}x$$

因为

$$\lim_{n\to\infty} \int_n^{n+p} \frac{1}{x}\mathrm{d}x = \lim_{n\to\infty} \ln \frac{n+p}{n} = 0$$

由夹逼定理得

$$\lim_{n\to\infty} \int_n^{n+p} \frac{\sin x}{x}\mathrm{d}x = 0$$

【例 5 - 6】 求下列定积分：

(1) $\int_0^{\frac{\pi}{2}} \sin x \cos^3 x \mathrm{d}x$；　　　(2) $\int_1^{\mathrm{e}^2} \dfrac{1}{x\sqrt{1+\ln x}}\mathrm{d}x$；　　　(3) $\int_0^{2\pi} |\sin x|\,\mathrm{d}x$.

解 (1) $\int_0^{\frac{\pi}{2}} \sin x \cos^3 x \mathrm{d}x = -\int_0^{\frac{\pi}{2}} \cos^3 x \mathrm{d}\cos x = -\dfrac{1}{4}\cos^4 x \Big|_0^{\frac{\pi}{2}} = \dfrac{1}{4}$.

（2）$\int_1^{e^2} \dfrac{1}{x \sqrt{1+\ln x}}\mathrm{d}x = \int_1^{e^2} \dfrac{1}{\sqrt{1+\ln x}}\mathrm{d}\ln x = \int_1^{e^2} \dfrac{1}{\sqrt{1+\ln x}}\mathrm{d}(\ln x + 1)$

$\qquad\qquad\qquad = 2\sqrt{1+\ln x}\,\Big|_1^{e^2} = 2\sqrt{3} - 2.$

（3）分析：分段函数的定积分的计算，要利用分界点把积分区间分割为若干个部分区间，利用定积分对积分区间的可加性进行计算．所以

$$\int_0^{2\pi} |\sin x|\,\mathrm{d}x = \int_0^{\pi} \sin x\,\mathrm{d}x + \int_{\pi}^{2\pi} (-\sin x)\,\mathrm{d}x = [-\cos x]\,\Big|_0^{\pi} + \cos x\,\Big|_{\pi}^{2\pi} = 4$$

【例 5－7】　用换元积分法计算下列积分：

（1）$\displaystyle\int_0^{\pi} \dfrac{\sin x}{1+\cos^2 x}\mathrm{d}x$；　　　　（2）$\displaystyle\int_1^4 \dfrac{1}{\sqrt{x}+1}\mathrm{d}x$；

（3）$\displaystyle\int_0^a x^2\sqrt{a^2-x^2}\,\mathrm{d}x$；　　　　（4）$\displaystyle\int_1^{\sqrt{3}} \dfrac{1}{x^2\sqrt{1+x^2}}\mathrm{d}x$．

解　（1）设 $u=\cos x$，当 $x=0$ 时，$u=1$；当 $x=\pi$ 时，$u=-1$．

于是 $\displaystyle\int_0^{\pi} \dfrac{\sin x}{1+\cos^2 x}\mathrm{d}x = -\int_0^{\pi} \dfrac{\mathrm{d}\cos x}{1+\cos^2 x} = -\int_1^{-1} \dfrac{\mathrm{d}u}{1+u^2} = -\arctan u\,\Big|_1^{-1} = -\left(-\dfrac{\pi}{4} - \dfrac{\pi}{4}\right)$

$\qquad\qquad = \dfrac{\pi}{2}.$

在计算过程中，如不写出新的中间变量 u，则积分上下限不用变，即

$$\int_0^{\pi} \dfrac{\sin x}{1+\cos^2 x}\mathrm{d}x = -\int_0^{\pi} \dfrac{1}{1+\cos^2 x}\mathrm{d}\cos x = -\arctan(\cos x)\,\Big|_0^{\pi}$$

$$= -\left(-\dfrac{\pi}{4} - \dfrac{\pi}{4}\right) = \dfrac{\pi}{2}$$

（2）令 $\sqrt{x}=t$，$\mathrm{d}x=2t\mathrm{d}t$．当 $x=1$ 时，$t=1$；当 $x=4$ 时，$t=2$．

原式 $= \displaystyle\int_1^2 \dfrac{2t\mathrm{d}t}{1+t} = 2\left(\int_1^2 \mathrm{d}t - \int_1^2 \dfrac{\mathrm{d}t}{1+t}\right) = 2\left[t\,\big|_1^2 - \ln(1+t)\,\big|_1^2\right] = 2 + 2\ln\dfrac{2}{3}.$

（3）设 $x=a\cos t$，$\mathrm{d}x=-a\sin t\mathrm{d}t$，

$\displaystyle\int_0^a x^2\sqrt{a^2-x^2}\,\mathrm{d}x = a^4\int_0^{\frac{\pi}{2}} \sin^2 t\cos^2 t\,\mathrm{d}t = \dfrac{a^4}{8}\int_0^{\frac{\pi}{2}} (1-\cos 4t)\,\mathrm{d}t = \dfrac{a^4}{8}\left(t - \dfrac{\sin 4t}{4}\right)\Big|_0^{\frac{\pi}{2}} = \dfrac{\pi}{16}a^4.$

（4）令 $x=\tan t$，则 $\mathrm{d}x=\sec^2 t\mathrm{d}t$，当 $x=1$ 时，$t=\dfrac{\pi}{4}$；当 $x=\sqrt{3}$ 时，$t=\dfrac{\pi}{3}$．

原式 $= \displaystyle\int_{\frac{\pi}{4}}^{\frac{\pi}{3}} \dfrac{\sec^2 t}{\tan^2 t\sec t}\mathrm{d}t = \int_{\frac{\pi}{4}}^{\frac{\pi}{3}} (\sin t)^{-2}\mathrm{d}\sin t = \sqrt{2} - \dfrac{2}{3}\sqrt{3}.$

小结：用换元积分法计算定积分，如果引入新的变量，那么求得关于新变量的原函数后，不必回代，直接将新的积分上、下限代入计算就可以了．如果不引入新的变量，那么也就不需要换积分限，直接计算就可以得出结果．

【例 5－8】　用分部积分法求下列定积分：

（1）$\displaystyle\int_1^4 \dfrac{\ln x}{\sqrt{x}}\mathrm{d}x$；　　　　（2）$\displaystyle\int_0^{\frac{\pi}{2}} e^{2x}\cos x\mathrm{d}x$；　　　　（3）$\displaystyle\int_{\frac{1}{e}}^{e^2} x|\ln x|\mathrm{d}x$．

解 (1) 原式 $= 2\int_1^4 \ln x \mathrm{d}\sqrt{x} = 2\left[\sqrt{x}\ln x \Big|_1^4 - \int_1^4 \sqrt{x}\mathrm{d}\ln x\right]$

$$= 2\left[4\ln 2 - \int_1^4 \sqrt{x}\frac{1}{x}\mathrm{d}x\right] = 8\ln 2 - 2\int_1^4 x^{\frac{1}{2}}\mathrm{d}x = 8\ln 2 - \frac{28}{3}.$$

(2) 原式 $= \int_0^{\frac{\pi}{2}} \mathrm{e}^{2x}\mathrm{d}\sin x = \mathrm{e}^{2x}\sin x \Big|_0^{\frac{\pi}{2}} - \int_0^{\frac{\pi}{2}} \sin x \cdot 2\mathrm{e}^{2x}\mathrm{d}x$

$$= \mathrm{e}^{\pi} + 2\int_0^{\frac{\pi}{2}} \mathrm{e}^{2x}\mathrm{d}\cos x = \mathrm{e}^{\pi} + 2\mathrm{e}^{2x}\cos x \Big|_0^{\frac{\pi}{2}} - 2\int_0^{\frac{\pi}{2}} \cos x \cdot 2\mathrm{e}^{2x}\mathrm{d}x$$

$$= \mathrm{e}^{\pi} - 2 - 4\int_0^{\frac{\pi}{2}} \mathrm{e}^{2x}\cos x \mathrm{d}x.$$

故 $\int_0^{\frac{\pi}{2}} \mathrm{e}^{2x}\cos x \mathrm{d}x = \frac{1}{5}(\mathrm{e}^{\pi} - 2)$.

(3) 由于在 $\left[\frac{1}{\mathrm{e}}, 1\right]$ 上 $\ln x \leqslant 0$；在 $[1, \mathrm{e}^2]$ 上 $\ln x \geqslant 0$，所以

$$\int_{\frac{1}{\mathrm{e}}}^{\mathrm{e}^2} x|\ln x|\mathrm{d}x = \int_{\frac{1}{\mathrm{e}}}^1 (-x\ln x)\mathrm{d}x + \int_1^{\mathrm{e}^2} x\ln x\mathrm{d}x = -\int_{\frac{1}{\mathrm{e}}}^1 \ln x\mathrm{d}\left(\frac{x^2}{2}\right) + \int_1^{\mathrm{e}^2} \ln x\mathrm{d}\left(\frac{x^2}{2}\right)$$

$$= \left[-\frac{x^2}{2}\ln x + \frac{x^2}{4}\right]\Big|_{\frac{1}{\mathrm{e}}}^1 + \left[\frac{x^2}{2}\ln x - \frac{x^2}{4}\right]\Big|_1^{\mathrm{e}^2}$$

$$= \frac{1}{4} - \left(\frac{1}{4}\cdot\frac{1}{\mathrm{e}^2} + \frac{1}{2}\cdot\frac{1}{\mathrm{e}^2}\right) + \left(\mathrm{e}^4 - \frac{1}{4}\cdot\mathrm{e}^4 + \frac{1}{4}\right) = \frac{1}{2} - \frac{3}{4}\cdot\frac{1}{\mathrm{e}^2} + \frac{3}{4}\mathrm{e}^4.$$

小结：被积函数中出现绝对值时必须去掉绝对值符号，这就要注意正负号，有时需要分段进行积分.

【例 5 - 9】 求递推公式 $I_n = \int_0^{+\infty} x^n \mathrm{e}^{-x^2}\mathrm{d}x$.

分析：定积分递推公式的建立与不定积分递推公式的建立方法类似，一般用分部积分法或换元积分法.

解 $I_n = \int_0^{+\infty} x^n \mathrm{e}^{-x^2}\mathrm{d}x = \frac{1}{n+1}\int_0^{+\infty} \mathrm{e}^{-x^2}\mathrm{d}x^{n+1}$

$$= \frac{x^{n+1}}{n+1}\mathrm{e}^{-x^2}\Big|_0^{+\infty} - \frac{1}{n+1}\int_0^{+\infty} \mathrm{e}^{-x^2}x^{n+1}(-2x)\mathrm{d}x = \frac{2}{n+1}\int_0^{+\infty} x^{n+2}\mathrm{e}^{-x^2}\mathrm{d}x$$

$$= \frac{2}{n+1}I_{n+2}.$$

则 $I_{n+2} = \frac{n+1}{2}I_n$, $n \geqslant 0$.

即 $I_n = \frac{n-1}{2}I_{n-2}$, $n \geqslant 2$.

【例 5 - 10】 求下列定积分：

(1) $\int_{-\frac{\pi}{2}}^{\frac{\pi}{2}} x^2 \sin x\mathrm{d}x$; (2) $\int_{-\frac{\pi}{2}}^{\frac{\pi}{2}} \sqrt{\cos x - \cos^3 x}\mathrm{d}x$; (3) $\int_{-\frac{\pi}{4}}^{\frac{\pi}{4}} \frac{\cos^2 x}{1+\mathrm{e}^{-x}}\mathrm{d}x$.

解 (1) 被积函数是奇函数，而积分区间是对称区间，故 $\int_{-\frac{\pi}{2}}^{\frac{\pi}{2}} x^2 \sin x\mathrm{d}x = 0$.

(2) 被积函数是偶函数，而积分区间是对称区间，故

$$\int_{-\frac{\pi}{2}}^{\frac{\pi}{2}} \sqrt{\cos x - \cos^3 x}\, \mathrm{d}x = 2\int_0^{\frac{\pi}{2}} \sqrt{\cos x - \cos^3 x}\, \mathrm{d}x = 2\int_0^{\frac{\pi}{2}} \sqrt{\cos x(1 - \cos^2 x)}\, \mathrm{d}x$$

$$= 2\int_0^{\frac{\pi}{2}} \sqrt{\cos x \sin^2 x}\, \mathrm{d}x = 2\int_0^{\frac{\pi}{2}} \sqrt{\cos x}\sin x\, \mathrm{d}x$$

$$= -2\int_0^{\frac{\pi}{2}} \sqrt{\cos x}\, \mathrm{d}\cos x = -\frac{4}{3}\cos^{\frac{3}{2}} x \Big|_0^{\frac{\pi}{2}} = \frac{4}{3}$$

（3）积分区间是对称区间，但被积函数不具有奇偶性，用积分恒等式

$$\int_{-\frac{\pi}{4}}^{\frac{\pi}{4}} \frac{\cos^2 x}{1 + \mathrm{e}^{-x}}\, \mathrm{d}x = \int_0^{\frac{\pi}{4}} \left[\frac{\cos^2 x}{1 + \mathrm{e}^{-x}} + \frac{\cos^2(-x)}{1 + \mathrm{e}^x}\right]\mathrm{d}x = \int_0^{\frac{\pi}{4}} \left(\frac{\mathrm{e}^x \cos^2 x}{1 + \mathrm{e}^x} + \frac{\cos^2 x}{1 + \mathrm{e}^x}\right)\mathrm{d}x$$

$$= \int_0^{\frac{\pi}{4}} \cos^2 x\, \mathrm{d}x = \int_0^{\frac{\pi}{4}} \frac{1 + \cos 2x}{2}\, \mathrm{d}x = \left(\frac{x}{2} + \frac{1}{4}\sin 2x\right)\Big|_0^{\frac{\pi}{4}} = \frac{\pi}{8} + \frac{1}{4}$$

【例 5-11】 求下列广义积分：

（1）$\displaystyle\int_0^{+\infty} x\mathrm{e}^{-x^2}\, \mathrm{d}x$；　　　　　　　　（2）$\displaystyle\int_{-\infty}^{+\infty} (|x| + x)\mathrm{e}^{-|x|}\, \mathrm{d}x$；

（3）$\displaystyle\int_0^{+\infty} \frac{x\mathrm{e}^{-x}}{(1 + \mathrm{e}^{-x})^2}\, \mathrm{d}x$；　　　（4）$\displaystyle\int_{-\infty}^{+\infty} \frac{1 + x^2}{1 + x^4}\, \mathrm{d}x$.

解　（1）$\displaystyle\int_0^{+\infty} x\mathrm{e}^{-x^2}\, \mathrm{d}x = \lim_{b\to+\infty}\int_0^b x\mathrm{e}^{-x^2}\, \mathrm{d}x = \lim_{b\to+\infty} -\frac{1}{2}\int_0^b \mathrm{e}^{-x^2}\, \mathrm{d}(-x^2)$

$$= \lim_{b\to+\infty} -\frac{1}{2}\mathrm{e}^{-x^2}\Big|_0^b = \lim_{b\to+\infty} -\frac{1}{2}(\mathrm{e}^{-b^2} - \mathrm{e}^0) = \frac{1}{2}.$$

（2）本题含有绝对值符号，先去掉绝对值符号.

$$\int_{-\infty}^{+\infty} (|x| + x)\mathrm{e}^{-|x|}\, \mathrm{d}x = \int_{-\infty}^0 (-x + x)\mathrm{e}^x\, \mathrm{d}x + \int_0^{+\infty} (x + x)\mathrm{e}^{-x}\, \mathrm{d}x = 2\int_0^{+\infty} x\mathrm{e}^{-x}\, \mathrm{d}x.$$

因为 $\displaystyle\int_0^{+\infty} x\mathrm{e}^{-x}\, \mathrm{d}x = \lim_{b\to+\infty}\int_0^b x\mathrm{e}^{-x}\, \mathrm{d}x = -\lim_{b\to+\infty}\int_0^b x\mathrm{d}\mathrm{e}^{-x} = -\lim_{b\to+\infty}\left(x\mathrm{e}^{-x}\Big|_0^b - \int_0^b \mathrm{e}^{-x}\, \mathrm{d}x\right)$

$$= -\lim_{b\to+\infty}\mathrm{e}^{-x}\big|_0^b = 1，所以\int_{-\infty}^{+\infty}(|x| + x)\mathrm{e}^{-|x|}\, \mathrm{d}x = 2.$$

（3）$\displaystyle\int_0^{+\infty} \frac{x\mathrm{e}^{-x}}{(1 + \mathrm{e}^{-x})^2}\, \mathrm{d}x = \int_0^{+\infty} \frac{x\mathrm{e}^x}{(1 + \mathrm{e}^x)^2}\, \mathrm{d}x = \int_0^{+\infty} x\mathrm{d}\left(\frac{-1}{1 + \mathrm{e}^x}\right)$

$$= -\frac{x}{1 + \mathrm{e}^x}\Big|_0^{+\infty} + \int_0^{+\infty} \frac{1}{1 + \mathrm{e}^x}\, \mathrm{d}x = \int_0^{+\infty} \frac{1}{1 + \mathrm{e}^x}\, \mathrm{d}x.$$

令 $\mathrm{e}^x = t$，则 $\mathrm{d}x = \dfrac{1}{t}\mathrm{d}t$，于是

$$\int_0^{+\infty} \frac{x\mathrm{e}^{-x}}{(1 + \mathrm{e}^{-x})^2}\, \mathrm{d}x = \int_1^{+\infty} \frac{1}{t(1 + t)}\, \mathrm{d}t = \int_1^{+\infty}\left(\frac{1}{t} - \frac{1}{t + 1}\right)\mathrm{d}t = \ln\frac{t}{1 + t}\Big|_1^{+\infty} = \ln 2.$$

（4）$\displaystyle\int_{-\infty}^{+\infty} \frac{1 + x^2}{1 + x^4}\, \mathrm{d}x = 2\int_0^{+\infty} \frac{1 + x^2}{1 + x^4}\, \mathrm{d}x = 2\int_0^{+\infty} \frac{\dfrac{1}{x^2} + 1}{\dfrac{1}{x^2} + x^2}\, \mathrm{d}x$

$$= 2\int_0^{+\infty} \frac{1}{\left(x - \dfrac{1}{x}\right)^2 + 2}\, \mathrm{d}\left(x - \frac{1}{x}\right)$$

$$= \frac{2}{\sqrt{2}}\arctan\frac{x-\frac{1}{x}}{\sqrt{2}}\Bigg|_0^{+\infty} = \sqrt{2}\pi.$$

【例 5 - 12】 计算下列瑕积分：

$(1) \int_{\frac{1}{2}}^{\frac{3}{2}} \frac{\mathrm{d}x}{\sqrt{|x-x^2|}}$;　　　　$(2) \int_1^2 \frac{x\mathrm{d}x}{\sqrt{x-1}}$.

解 (1) 被积函数在 $x=1$ 时无界，故为瑕点，区间被瑕点 $x=1$ 分割，于是

$$\int_{\frac{1}{2}}^{\frac{3}{2}} \frac{\mathrm{d}x}{\sqrt{|x-x^2|}} = \int_{\frac{1}{2}}^{1} \frac{\mathrm{d}x}{\sqrt{x-x^2}} + \int_1^{\frac{3}{2}} \frac{\mathrm{d}x}{\sqrt{x^2-x}} = \lim_{a\to0^+}\int_{\frac{1}{2}}^{1-a} \frac{\mathrm{d}x}{\sqrt{x-x^2}} + \lim_{b\to0^+}\int_{1+b}^{\frac{3}{2}} \frac{\mathrm{d}x}{\sqrt{x^2-x}}$$

$$= \lim_{a\to0^+}\int_{\frac{1}{2}}^{1-a} \frac{\mathrm{d}x}{\sqrt{\frac{1}{4}-\left(x-\frac{1}{2}\right)^2}} + \lim_{b\to0^+}\int_{1+b}^{\frac{3}{2}} \frac{\mathrm{d}x}{\sqrt{\left(x-\frac{1}{2}\right)^2-\frac{1}{4}}}$$

$$= \lim_{a\to0^+}\arcsin(2x-1)\Bigg|_{\frac{1}{2}}^{1-a} + \lim_{b\to0^+}\ln\left|x-\frac{1}{2}+\sqrt{x^2-x}\right|\Bigg|_{1+b}^{\frac{3}{2}}$$

$$= \frac{\pi}{2} + \ln(2+\sqrt{3})$$

(2) $x=1$ 为瑕点，所以

$$\int_1^2 \frac{x\mathrm{d}x}{\sqrt{x-1}} = \lim_{\varepsilon\to0^+}\int_{1+\varepsilon}^2 \frac{x\mathrm{d}x}{\sqrt{x-1}} = \lim_{\varepsilon\to0^+}\int_{1+\varepsilon}^2 \left(\sqrt{x-1}+\frac{1}{\sqrt{x-1}}\right)\mathrm{d}(x-1)$$

$$= \lim_{\varepsilon\to0^+}\left[\frac{2}{3}(x-1)^{\frac{3}{2}}\Bigg|_{1+\varepsilon}^2 + 2(x-1)^{\frac{1}{2}}\Bigg|_{1+\varepsilon}^2\right] = \frac{8}{3}$$

【例 5 - 13】 计算广义积分 $\int_1^{+\infty} \frac{1}{x\sqrt{x-1}}\mathrm{d}x$.

解 因为 $\lim\limits_{x\to1^+}\dfrac{1}{x\sqrt{x-1}}=\infty$，所以 $x=1$ 是瑕点，这是混合型的广义积分，故

$$\int_1^{+\infty} \frac{1}{x\sqrt{x-1}}\mathrm{d}x = \int_1^2 \frac{1}{x\sqrt{x-1}}\mathrm{d}x + \int_2^{+\infty} \frac{1}{x\sqrt{x-1}}\mathrm{d}x$$

$$= \lim_{\varepsilon\to0^+}\int_{1+\varepsilon}^2 \frac{1}{x\sqrt{x-1}}\mathrm{d}x + \lim_{b\to\infty}\int_2^b \frac{1}{x\sqrt{x-1}}\mathrm{d}x$$

令 $t=\sqrt{x-1}$，则

$$\int_1^{+\infty} \frac{1}{x\sqrt{x-1}}\mathrm{d}x = \lim_{\varepsilon\to0^+}\int_{\sqrt{\varepsilon}}^1 \frac{2}{t^2+1}\mathrm{d}t + \lim_{b\to\infty}\int_1^{\sqrt{b-1}} \frac{2}{t^2+1}\mathrm{d}t$$

$$= \lim_{\varepsilon\to0^+}2\arctan t\big|_{\sqrt{\varepsilon}}^1 + \lim_{b\to+\infty}2\arctan t\big|_1^{\sqrt{b-1}} = \pi$$

【例 5 - 14】 判断下列广义积分的收敛性：

$(1) \int_{-1}^1 \frac{1}{x^2}\mathrm{d}x$;　　　　$(2) \int_0^1 \frac{1}{x}\sin\frac{1}{x}\mathrm{d}x$.

解 (1) 被积函数在 $x=0$ 时无界，所以 $x=0$ 是瑕点，故

$$\int_{-1}^1 \frac{1}{x^2}\mathrm{d}x = \int_{-1}^0 \frac{1}{x^2}\mathrm{d}x + \int_0^1 \frac{1}{x^2}\mathrm{d}x$$

又 $$\int_{-1}^{0}\frac{1}{x^2}\mathrm{d}x=\lim_{\alpha\to0^-}\int_{-1}^{\alpha}\frac{1}{x^2}\mathrm{d}x=\lim_{\alpha\to0^-}\left(-\frac{1}{x}\right)\Big|_{-1}^{\alpha}=\lim_{\alpha\to0^-}\left(-\frac{1}{\alpha}-1\right)=\infty\ ,$$

所以广义积分 $\int_{-1}^{1}\frac{1}{x^2}\mathrm{d}x$ 发散.

(2) 令 $x=\dfrac{1}{t}$，化为无穷限积分

$$\int_{0}^{1}\frac{1}{x}\sin\frac{1}{x}\mathrm{d}x=\lim_{\alpha\to0^+}\int_{\alpha}^{1}\frac{1}{x}\sin\frac{1}{x}\mathrm{d}x=-\lim_{\alpha\to0^+}\int_{\frac{1}{\alpha}}^{1}\frac{1}{t}\sin t\,\mathrm{d}t=\lim_{\alpha\to0^+}\int_{1}^{\frac{1}{\alpha}}\frac{1}{t}\sin t\,\mathrm{d}t=\int_{1}^{+\infty}\frac{\sin t}{t}\mathrm{d}t$$

因为 $\left|\dfrac{\sin t}{t}\right|<\left|\dfrac{1}{t}\right|$，所以广义积分 $\int_{1}^{+\infty}\dfrac{\sin t}{t}\mathrm{d}t$ 收敛，即瑕积分 $\int_{0}^{1}\dfrac{1}{x}\sin\dfrac{1}{x}\mathrm{d}x$ 收敛.

【例 5-15】 判别下列广义积分的敛散性，如果收敛，计算其值.

(1) $\int_{0}^{+\infty}\dfrac{x}{(1+x^2)^2}\mathrm{d}x$ ；　　　　(2) $\int_{0}^{3}\dfrac{1}{(x-2)^2}\mathrm{d}x$.

解 (1) 因为积分区间为无穷区间，所以

$$原式=\lim_{b\to+\infty}\int_{0}^{b}\frac{x}{(1+x^2)^2}\mathrm{d}x=\lim_{b\to+\infty}\frac{1}{2}\int_{0}^{b}\frac{1}{(1+x^2)^2}\mathrm{d}(1+x^2)$$

$$=\lim_{b\to+\infty}\left[\frac{-1}{2(1+x^2)}\right]\Big|_{0}^{b}=\lim_{b\to+\infty}\left[\frac{-1}{2(1+b^2)}+\frac{1}{2}\right]=\frac{1}{2}$$

故所给广义积分收敛，且其值为 $\dfrac{1}{2}$.

(2) 因为 $x\to2$ 时，$\dfrac{1}{(x-2)^2}\to\infty$，所以 $x=2$ 为间断点.

$$原式=\lim_{\varepsilon_1\to0^+}\int_{0}^{2-\varepsilon_1}\frac{1}{(x-2)^2}\mathrm{d}x+\lim_{\varepsilon_2\to0^+}\int_{2+\varepsilon_2}^{3}\frac{1}{(x-2)^2}\mathrm{d}x$$

$$=\lim_{\varepsilon_1\to0^+}\left[\frac{-1}{x-2}\right]\Big|_{0}^{2-\varepsilon_1}+\lim_{\varepsilon_2\to0^+}\left[\frac{-1}{x-2}\right]\Big|_{2+\varepsilon_1}^{3}$$

$$=\lim_{\varepsilon_1\to0^+}\left[\frac{1}{\varepsilon_1}-\frac{1}{2}\right]+\lim_{\varepsilon_2\to0^+}\left[-1+\frac{1}{\varepsilon_2}\right]=\infty$$

故广义积分发散.

小结：由上例可见，对于积分区间是有限的积分，首先要判断是定积分（称常义积分）还是被积函数有无穷间断点的广义积分，否则会出现错误的结果，如 [例 5-15] $\int_{0}^{3}\dfrac{\mathrm{d}x}{(x-2)^2}=-\dfrac{1}{x-2}\Big|_{0}^{3}=-1-\dfrac{1}{2}=-\dfrac{3}{2}$ 则为错误结果.

【例 5-16】 已知 $f(2)=\dfrac{1}{2}$，$f'(2)=0$，$\int_{0}^{2}f(x)\mathrm{d}x=1$，求 $\int_{0}^{1}x^2f''(2x)\mathrm{d}x$.

解 原式 $=\dfrac{1}{2}\int_{0}^{1}x^2\mathrm{d}f'(2x)=\dfrac{1}{2}x^2f'(2x)\Big|_{0}^{1}-\dfrac{1}{2}\int_{0}^{1}2xf'(2x)\mathrm{d}x$

$$=\frac{1}{2}f'(2)-\frac{1}{2}\int_{0}^{1}x\mathrm{d}f(2x)=0-\frac{1}{2}xf(2x)\Big|_{0}^{1}+\frac{1}{2}\int_{0}^{1}f(2x)\mathrm{d}x$$

$$=-\frac{1}{2}f(2)+\frac{1}{4}\int_{0}^{1}f(2x)\mathrm{d}(2x)=-1+\frac{1}{4}\int_{0}^{2}f(t)\mathrm{d}t=-1+\frac{1}{4}\times4=0$$

【例 5 - 17】 利用定积分概念求下列极限:

(1) $\lim\limits_{n \to +\infty} \left(\dfrac{1}{n+1} + \dfrac{1}{n+2} + \cdots + \dfrac{1}{2n} \right)$;

(2) $\lim\limits_{n \to +\infty} \dfrac{1}{n^2} (\sqrt{n} + \sqrt{2n} + \cdots + \sqrt{n^2})$.

解 (1) 原式 $= \lim\limits_{n \to +\infty} \left(\dfrac{1}{1 + \dfrac{1}{n}} + \dfrac{1}{1 + \dfrac{2}{n}} + \cdots + \dfrac{1}{1 + \dfrac{n}{n}} \right) \dfrac{1}{n} = \displaystyle\int_0^1 \dfrac{1}{1+x} \mathrm{d}x$

$= \ln(1+x) \Big|_0^1 = \ln 2.$

(2) 原式 $= \lim\limits_{n \to +\infty} \left(\sqrt{\dfrac{1}{n}} + \sqrt{\dfrac{2}{n}} + \cdots + \sqrt{\dfrac{n}{n}} \right) \dfrac{1}{n} = \displaystyle\int_0^1 \sqrt{x} \, \mathrm{d}x = \dfrac{2}{3} x^{\frac{3}{2}} \Big|_0^1 = \dfrac{2}{3}.$

五、测试题

测 试 题 A

1. 利用定积分的几何意义计算下列定积分:

(1) $\displaystyle\int_0^a x \, \mathrm{d}x$;

(2) $\displaystyle\int_{-1}^1 \sqrt{1 - x^2} \, \mathrm{d}x$;

(3) $\displaystyle\int_{-\frac{\pi}{2}}^{\frac{\pi}{2}} \sin x \, \mathrm{d}x$;

(4) $\displaystyle\int_1^2 (x + 1) \, \mathrm{d}x$.

2. 设 $f(x) = \begin{cases} x^2, & 0 \leqslant x \leqslant 1 \\ 2 - x, & 1 < x \leqslant 2 \end{cases}$, $F(x) = \displaystyle\int_0^x f(t) \, \mathrm{d}t$, 求 $F(x)$.

3. 利用定积分的定义计算 $\displaystyle\int_0^1 \mathrm{e}^x \, \mathrm{d}x$.

4. 利用定积分的性质估计下列定积分的值:

(1) $\displaystyle\int_1^4 (x^2 + 1) \, \mathrm{d}x$;

(2) $\displaystyle\int_{\frac{\pi}{4}}^{\frac{5\pi}{4}} (1 + \sin^2 x) \, \mathrm{d}x$;

(3) $\displaystyle\int_{\frac{1}{\sqrt{3}}}^{\sqrt{3}} x \arctan x \, \mathrm{d}x$;

(4) $\displaystyle\int_2^0 \mathrm{e}^{x^2 - x} \, \mathrm{d}x$.

5. 求下列极限:

(1) $\lim\limits_{x \to 1} \dfrac{\displaystyle\int_1^x \dfrac{\ln t}{t + 1} \mathrm{d}t}{(x - 1)^2}$;

(2) $\lim\limits_{x \to 0} \dfrac{\displaystyle\int_0^{\sin x} \sin t^2 \, \mathrm{d}t}{x^3 + x^4}$;

(3) $\lim\limits_{x \to 0} \dfrac{\displaystyle\int_0^x (1 + \sin 2t)^{\frac{1}{t}} \mathrm{d}t}{x}$;

(4) $\lim\limits_{x \to 0} \dfrac{x - \displaystyle\int_0^x \mathrm{e}^{-t^2} \mathrm{d}t}{x \sin x \arctan x}$.

6. 计算下列定积分:

(1) $\displaystyle\int_{-1}^1 |x| \, \mathrm{d}x$;

(2) $\displaystyle\int_0^a x^2 \sqrt{a^2 - x^2} \, \mathrm{d}x$;

(3) $\displaystyle\int_1^2 \left(x + \dfrac{1}{x} \right) \mathrm{d}x$;

(4) $\displaystyle\int_{-1}^1 \dfrac{x}{\sqrt{5 - 4x}} \mathrm{d}x$;

(5) $\displaystyle\int_{\frac{\pi}{4}}^{\frac{\pi}{3}} \frac{1}{\sin x \cos x} dx$；

(6) $\displaystyle\int_{0}^{\pi} \sqrt{1+\cos 2x} dx$；

(7) $\displaystyle\int_{-\frac{\pi}{2}}^{\frac{\pi}{2}} 4\cos^4 x dx$；

(8) $\displaystyle\int_{-\pi}^{\pi} x^4 \sin x dx$；

(9) $\displaystyle\int_{0}^{1} \frac{\sqrt{e^x}}{\sqrt{e^x + e^{-x}}} dx$；

(10) $\displaystyle\int_{0}^{\pi} (x\sin x)^2 dx$.

7. 计算下列定积分：

(1) $\displaystyle\int_{1}^{e} x\ln x dx$；

(2) $\displaystyle\int_{0}^{\pi} \sqrt{1-\sin x} dx$；

(3) $\displaystyle\int_{1}^{2} \frac{\sqrt{4-x^2}}{x} dx$；

(4) $\displaystyle\int_{-\frac{1}{2}}^{\frac{1}{2}} \frac{x\arcsin x}{\sqrt{1-x^2}} dx$；

(5) $\displaystyle\int_{-2}^{0} \frac{1}{x^2+2x+2} dx$；

(6) $\displaystyle\int_{0}^{\sqrt{2}} \sqrt{2-x^2} dx$；

(7) $\displaystyle\int_{1}^{4} \frac{x}{1+\sqrt{x}} dx$；

(8) $\displaystyle\int_{0}^{a} x^2 \sqrt{a^2-x^2} dx$；

(9) $\displaystyle\int_{1}^{16} \arctan \sqrt{\sqrt{x}-1} dx$；

(10) $\displaystyle\int_{0}^{1} 2x \sqrt{1-x^2} \arcsin x dx$.

8. 设 $f(x)$ 的一个原函数为 $\dfrac{\sin x}{x}$，求 $\displaystyle\int_{\frac{\pi}{2}}^{\pi} xf'(x)dx$.

9. 设半径为 R 的无盖半球形容器中装满了水，然后慢慢倾斜 $\dfrac{\pi}{3}$，求流出的水量.

10. 求下列广义积分：

(1) $\displaystyle\int_{0}^{+\infty} \frac{dx}{(1+x^2)^2}$；

(2) $\displaystyle\int_{e}^{+\infty} \frac{dx}{x(1+\ln^2 x)}$；

(3) $\displaystyle\int_{0}^{1} \sqrt{\frac{x}{1-x}} dx$；

(4) $\displaystyle\int_{0}^{1} \frac{1}{\sqrt{1-x^2}} dx$.

测 试 题 B

1. 计算下列定积分：

(1) $\displaystyle\int_{0}^{\pi} \cos x \sqrt{1+\cos^2 x} dx$；

(2) $\displaystyle\int_{-2}^{2} (|x|+x)e^{-|x|} dx$；

(3) $\displaystyle\int_{-1}^{1} \frac{2x^2+x\cos x}{1+\sqrt{1-x^2}} dx$；

(4) $\displaystyle\int_{0}^{\ln 2} \sqrt{1-e^{-2x}} dx$；

(5) $\displaystyle\int_{0}^{1} \frac{\ln(1+x)}{1+x^2} dx$；

(6) $\displaystyle\int_{e}^{+\infty} \frac{1}{x\ln^2 x} dx$；

2. 求 $\dfrac{d}{dx}\displaystyle\int_{\sin x}^{\cos x} \cos(\pi t^2)dt$.

3. 设 $f(x)=\begin{cases} x+1, & x\leqslant 1 \\ \dfrac{1}{2}x^2, & x>1 \end{cases}$，求 $\displaystyle\int_{0}^{2} f(x)dx$.

4. 设 $\varphi(x)=\displaystyle\int_0^{\sin x} f(tx^2)\mathrm{d}t$，其中 $f(x)$ 是连续函数，且 $f(0)=0$. 求：

(1) $\varphi'(x)$；

(2) 讨论 $\varphi'(x)$ 的连续性.

5. 设 $f(2x+a)=x\mathrm{e}^{\frac{x}{b}}$，求 $\displaystyle\int_{2b+a}^y f(t)\mathrm{d}t$.

6. 设 $f(x)=\begin{cases}1+x^2, & x<0 \\ \mathrm{e}^{-x}, & x\geqslant 0\end{cases}$，求 $\displaystyle\int_1^3 f(x-2)\mathrm{d}x$.

7. 设 $f(x)$ 有一个原函数为 $1+\sin^2 x$，求 $\displaystyle\int_0^{\frac{\pi}{2}} xf'(2x)\mathrm{d}x$.

8. 设 $f(x)=\displaystyle\int_0^{x^2}\mathrm{e}^{-t^2}\mathrm{d}t$，求 $\displaystyle\int_0^1 xf(x)\mathrm{d}x$.

9. 利用函数的奇偶性求下列积分：

(1) $\displaystyle\int_{-\frac{\pi}{2}}^{\frac{\pi}{2}} \sin^2 x\ln(x+\sqrt{4+x^2})\mathrm{d}x$；

(2) $\displaystyle\int_{-1}^1 \frac{1}{\sqrt{4-x^2}}\left(\frac{1}{1+\mathrm{e}^x}-\frac{1}{2}\right)\mathrm{d}x$；

(3) $\displaystyle\int_{-1}^1 \cos x\arccos x\mathrm{d}x$.

10. 设 $f(x)=\displaystyle\int_1^x \frac{\ln t}{1+t}\mathrm{d}t$，其中 $x>0$，求 $f(x)+f\left(\dfrac{1}{x}\right)$.

11. 当 k 为何值时，广义积分 $\displaystyle\int_2^{+\infty}\frac{\mathrm{d}x}{x(\ln x)^k}$ 收敛？当 k 为何值时，广义积分 $\displaystyle\int_2^{+\infty}\frac{\mathrm{d}x}{x(\ln x)^k}$ 发散？又当 k 为何值时，广义积分 $\displaystyle\int_2^{+\infty}\frac{\mathrm{d}x}{x(\ln x)^k}$ 取得最小值？

测试题 A 答案

1. (1) $\dfrac{a^2}{2}$；(2) $\dfrac{\pi}{2}$；(3) 0；(4) $\dfrac{5}{2}$.

2. $\begin{cases}\dfrac{x^3}{3}, & 0\leqslant x\leqslant 1 \\ -\dfrac{2}{3}+2x-\dfrac{x^2}{2}, & 1<x\leqslant 2\end{cases}$.

3. $\mathrm{e}-1$.

4.

(1) $6\leqslant\displaystyle\int_1^4(x^2+1)\mathrm{d}x\leqslant 51$；   (2) $\pi\leqslant\displaystyle\int_{\frac{\pi}{4}}^{\frac{5\pi}{4}}(1+\sin^2 x)\mathrm{d}x\leqslant 2\pi$；

(3) $\dfrac{\pi}{9}\leqslant\displaystyle\int_{\frac{1}{\sqrt{3}}}^{\sqrt{3}} x\arctan x\mathrm{d}x\leqslant\dfrac{2}{3}\pi$；   (4) $-2\mathrm{e}^2\leqslant\displaystyle\int_2^0\mathrm{e}^{x^2-x}\mathrm{d}x\leqslant -2\mathrm{e}^{-\frac{1}{4}}$.

5. (1) $\dfrac{1}{4}$；(2) $\dfrac{1}{3}$；(3) e^2；(4) $\dfrac{1}{3}$.

6. (1) 1；(2) $\dfrac{\pi}{16}a^4$；(3) $\dfrac{3}{2}+\ln 2$；(4) $\dfrac{1}{6}$；(5) $\ln\sqrt{3}$；(6) $2\sqrt{2}$；(7) $\dfrac{3}{2}\pi$；

(8) 0；(9) $\ln \dfrac{e+\sqrt{1+e^2}}{1+\sqrt{2}}$；(10) $\dfrac{\pi^3}{6}-\dfrac{\pi}{4}$.

7. (1) $\dfrac{1}{4}(e^2+1)$；(2) 0；(3) $2\ln(2-\sqrt{3})-\sqrt{3}$；(4) $1-\dfrac{\sqrt{3}}{6}\pi$；(5) $\dfrac{\pi}{2}$；(6) $\dfrac{\pi}{2}$；

(7) $2-2(\ln3-\ln2)$；(8) $\dfrac{\pi}{16}a^2$；(9) $\dfrac{16}{3}\pi-2\sqrt{3}$；(10) $\dfrac{4}{9}$.

8. $\dfrac{4}{\pi}-1$.

9. $\dfrac{3\sqrt{3}}{8}\pi R^3$.

10. (1) $\dfrac{\pi}{4}$；(2) $\dfrac{\pi}{4}$；(3) $\dfrac{\pi}{2}$；(4) $\dfrac{\pi}{2}$.

测试题 B 答案

1. (1) 0；(2) $2-6e^{-2}$；(3) $4-\pi$；(4) $\ln(2+\sqrt{3})-\dfrac{\sqrt{3}}{2}$；(5) $\dfrac{\pi}{8}\ln2$；(6) 1.

2. $(\sin x-\cos x)\cos(\pi\sin^2 x)$.

3. $\dfrac{8}{3}$.

4. (1) $\varphi(x)\overset{u=tx^2}{=\!=\!=}\displaystyle\int_0^{x^2\sin x}\dfrac{1}{x^2}f(u)\mathrm{d}u=\dfrac{1}{x^2}\displaystyle\int_0^{x^2\sin x}f(u)\mathrm{d}u$，$x\neq0$，由已知的 $\varphi(0)=0$，

当 $x\neq0$ 时，有

$$\varphi'(x)=-\dfrac{2}{x^3}\int_0^{x^2\sin x}f(u)\mathrm{d}u+\dfrac{1}{x^2}f(x^2\sin x)(2x\sin x+x^2\cos x)$$

$$=-\dfrac{2}{x^3}\int_0^{x^2\sin x}f(u)\mathrm{d}u+f(x^2\sin x)\left(\dfrac{2}{x}\sin x+\cos x\right)$$

当 $x=0$ 时，由导数的定义有

$$\varphi'(0)=\lim_{x\to0}\dfrac{\varphi(x)-\varphi(0)}{x}=\lim_{x\to0}\dfrac{1}{x^3}\int_0^{x^2\sin x}f(u)\mathrm{d}u=\lim_{x\to0}\dfrac{(2x\sin x+x^2\cos x)f(x^2\sin x)}{3x^2}$$

$$=\lim_{x\to0}f(x^2\sin x)\cdot\lim_{x\to0}\dfrac{2\sin x+x\cos x}{3x}=f(0)=2$$

所以 $\varphi'(x)=\begin{cases}-\dfrac{2}{x^3}\displaystyle\int_0^{x^2\sin x}f(u)\mathrm{d}u+f(x^2\sin x)\left(\dfrac{2}{x}\sin x+\cos x\right), & x\neq0 \\ 2, & x=0\end{cases}$

(2) $\displaystyle\lim_{x\to0}\varphi'(x)=\lim_{x\to0}\left[-\dfrac{2}{x^3}\int_0^{x^2\sin x}f(u)\mathrm{d}u+f(x^2\sin x)\left(\dfrac{2}{x}\sin x+\cos x\right)\right]$

$$=-2f(0)+3f(0)=2=\varphi'(0)$$

故 $\varphi'(x)$ 在 $x=0$ 处连续；又当 $x\neq0$ 时，$\varphi'(x)$ 处处连续，则 $\varphi'(x)$ 连续.

5. $b(y-a-2b)e^{\frac{y-a}{2b}}$.

6. $\dfrac{7}{3}-\dfrac{1}{e}$.

7. 0.

8. 略.

9. （1）$\dfrac{\pi}{2}\ln 2$；（2）0；（3）$\pi\sin 1$.

10. π^2-2.

11. 当 $k>1$ 时，收敛；当 $k\leqslant 1$ 时，发散；在 $k=1-\dfrac{1}{\ln\ln 2}$ 时取得最小值.

第六章 定积分的应用

一、基本要求

（1）理解元素法的基本思想.

（2）掌握用定积分表达和计算一些几何量（平面图形的面积、平面曲线的弧长、旋转体的体积及侧面积、平行截面面积为已知的立体体积）.

（3）掌握用定积分表达和计算一些物理量（变力做功、引力、压力和函数的平均值等）.

二、知识结构

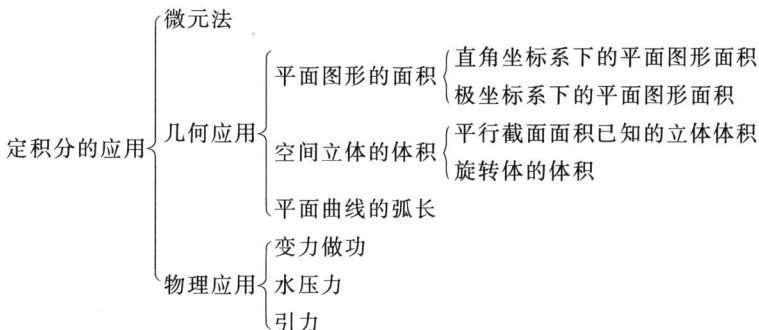

三、内容小结

1. 定积分的微元法

（1）由分割写出微元.

根据具体问题，选取一个积分变量，例如 x 为积分变量，并确定其变化区间 $[a,b]$ 的一个区间微元 $[x,x+\mathrm{d}x]$，求出相应于这个区间微元上的部分量 ΔU 的近似值，即求出所求总量 U 的微元 $\mathrm{d}U = f(x)\mathrm{d}x$.

（2）由微元写出积分.

根据 $\mathrm{d}U = f(x)\mathrm{d}x$ 写出总量 U 的定积分

$$U = \int_a^b f(x)\mathrm{d}x$$

2. 定积分的几何应用

（1）直角坐标系下的平面图形面积.

若曲边梯形由 $y = f(x)$，$x = a$，$x = b$ 与 x 轴围成，则 $f(x)$ 在微区间 $[x,x+\mathrm{d}x]$ 上

对应的微面积元 $dS = f(x)dx$，如图 6-1 所示，曲边梯形的面积为

$$S = \int_a^b f(x)dx$$

若曲边梯形由 $y = f(x)$，$y = g(x)$，$x = a$，$x = b$ 围成，则 $f(x) - g(x)$ 在微区间 $[x, x+dx]$ 上对应的微面积元 $dS = [f(x) - g(x)]dx$，如图 6-2 所示，曲边梯形的面积为

$$S = \int_a^b [f(x) - g(x)]dx$$

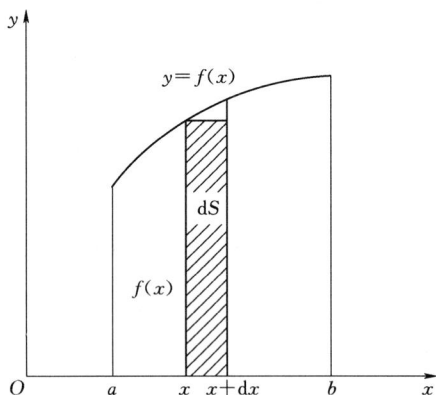

图 6-1

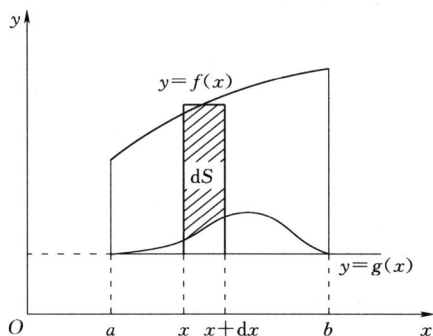

图 6-2

若曲边梯形由 $x = \varphi(y)$，$x = \psi(y)$，$y = c$，$y = d$ 围成，则 $\psi(y) - \varphi(y)$ 在微区间 $[y, y+dy]$ 上对应的微面积元 $dS = [\psi(y) - \varphi(y)]dy$，如图 6-3 所示，曲边梯形的面积为

$$S = \int_c^d [\psi(y) - \varphi(y)]dy$$

（2）极坐标系下平面图形面积.

设曲线的极坐标方程为 $r = r(\theta)$，在区间 $[\alpha, \beta]$ 上连续，且 $r(\theta) > 0$. 求由此曲线 $r = r(\theta)$ 与射线 $\theta = \alpha$，$\theta = \beta$ 所围成的曲边扇形（图 6-4）的面积为

$$S = \frac{1}{2} \int_\alpha^\beta [r(\theta)]^2 d\theta$$

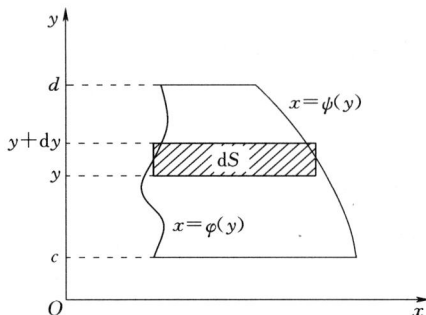

图 6-3

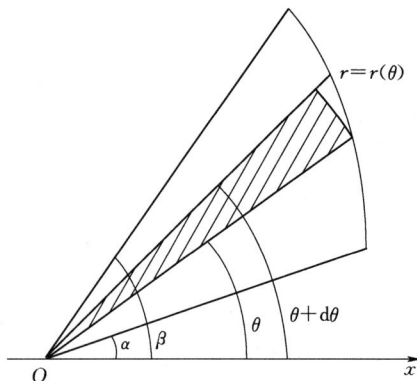

图 6-4

（3）平行截面面积为已知的立体体积.

设有一立体位于平面 $x=a$ 及 $x=b$ 之间 $(a<b)$，$A(x)$ 表示过点 x 且垂直于 x 轴的截面面积（图 6-5），则所求立体的体积为

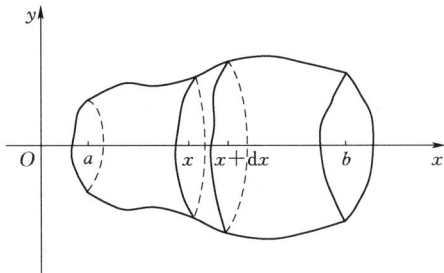

$$A = \int_a^b A(x)\mathrm{d}x$$

类似地，设有一立体介于过点 $y=c$，$y=d(c<d)$ 且垂直于 y 轴的两平面之间，以 $A(y)$ 表示过点 y 且垂直于 y 轴的平面截它所得截面的面积. 又知 $A(y)$ 为 y 的连续函数，则此立体的体积为

图 6-5

$$A = \int_c^d A(y)\mathrm{d}y$$

（4）旋转体的体积.

旋转体是由一个平面图形绕这平面内一条直线旋转一周而成的立体，这条直线称为旋转轴.

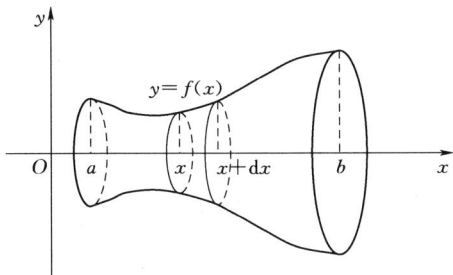

由连续曲线 $y=f(x)$，直线 $x=a$，$x=b$ 及 x 轴所围成的曲边梯形绕 x 轴旋转一周（图 6-6）得到一个旋转体的体积为

$$V = \int_a^b \pi f^2(x)\mathrm{d}x$$

类似地，若旋转体是由连续曲线 $x=\varphi(y)$，直线 $y=c$，$y=d$ 及 y 轴所围成的曲边梯形绕 y 轴旋转一周而成的旋转体，则体积为

图 6-6

$$V = \int_c^d \pi \varphi^2(y)\mathrm{d}y$$

（5）平面曲线的弧长.

设曲线 L 连续，确定 L 长度的思路如下：先把 L 分成无限多个微段，其中以 (x,y) 为起点的微段及其长度记为 $\mathrm{d}L$，根据曲率一节 $\mathrm{d}L=\sqrt{(\mathrm{d}x)^2+(\mathrm{d}y)^2}$，然后再把这无穷多个微段相加，若无穷和存在、有和，则此和即为 L 的弧长，并称 L 可求长.

当曲线 L 的方程为 $x=x(t)$，$y=y(t)(\alpha\leqslant t\leqslant\beta)$，$x(t)$，$y(t)$ 在 $[\alpha,\beta]$ 上具有连续导数时，有

$$\mathrm{d}L = \sqrt{x'(t)^2+y'(t)^2}\,\mathrm{d}t$$
$$L = \int_\alpha^\beta \sqrt{x'(t)^2+y'(t)^2}\,\mathrm{d}t$$

当曲线 L 的方程为 $y=f(x)(a\leqslant x\leqslant b)$，$f(x)$ 在 $[a,b]$ 上具有一阶连续导数时，有

$$\mathrm{d}L = \sqrt{\mathrm{d}x^2+\mathrm{d}y^2} = \sqrt{1+\left(\frac{\mathrm{d}y}{\mathrm{d}x}\right)^2}\,\mathrm{d}x = \sqrt{1+y'^2}\,\mathrm{d}x$$
$$L = \int_a^b \sqrt{1+y'^2}\,\mathrm{d}x$$

当曲线 L 的方程为 $\rho=\rho(\theta)(\alpha\leqslant\theta\leqslant\beta)$，$\rho(\theta)$ 在 $[\alpha,\beta]$ 上具有连续导数时，有

$$x=\rho(\theta)\cos\theta,\ y=\rho(\theta)\sin\theta$$

$$dL=\sqrt{dx^2+dy^2}=\sqrt{x'(\theta)^2+y'(\theta)^2}d\theta=\sqrt{\rho^2+\rho'^2}d\theta$$

$$L=\int_a^\beta\sqrt{\rho^2+\rho'^2}d\theta$$

3. 定积分的物理应用

（1）设物体在力 $F=f(x)$ 的作用下沿直线运动，力与物体运动方向一致，求力从点 a 运动到点 b 时 F 对其所做的功．利用微元法，可以得到 F 所做的总功为

$$W=\int_a^b f(x)dx$$

（2）水压力．从物理学知道，在水深 h 处压强为 $p=\rho gh$．若有一面积为 A 的平板水平地放置在水深为 h 处，则平板一侧所受水压力为 $P=pA=\rho ghA$．

（3）根据万有引力定律，两质量 m_1，m_2 的物体若相距 r，则其间的引力为

$$F=G\frac{m_1 m_2}{r^2}$$

其中，G 为引力系数，引力的方向沿着两质点的连线方向．

四、例题解析

【例 6-1】 求由曲线 $f(x)=x^2-1$，x 轴及两直线 $x=-2$，$x=2$ 所围成的图形的面积 A.

解 如图 6-7 所示，在区间 $[-2,2]$ 上面积微元为

$$dA=|f(x)|dx$$

由微元法知

$$A=\int_{-2}^2|f(x)|dx$$

$$=2\int_0^2|x^2-1|dx=2\left[\int_0^1(1-x^2)dx+\int_1^2(x^2-1)dx\right]$$

$$=2\left[\left(x-\frac{x^3}{3}\right)\Big|_0^1+\left(\frac{x^3}{3}-x\right)\Big|_1^2\right]=2\times\left[1-\frac{1}{3}+\frac{8}{3}-2-\left(\frac{1}{3}-1\right)\right]=4$$

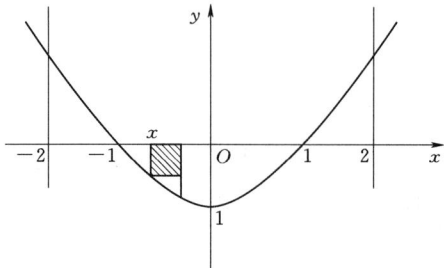

图 6-7

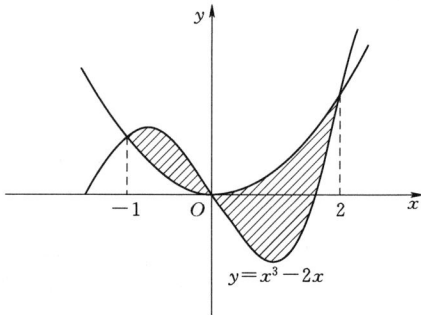

图 6-8

【例 6-2】　求曲线 $y=x^3-2x$ 与曲线 $y=x^2$ 所围的面积 A.

解　如图 6-8 所示，解方程组

$$\begin{cases} y=x^3-2x \\ y=x^2 \end{cases}$$

得两曲线的三个交点

$$\begin{cases} x=0 \\ y=0 \end{cases}, \quad \begin{cases} x=-1 \\ y=1 \end{cases}, \quad \begin{cases} x=2 \\ y=4 \end{cases}$$

由微元法得两曲线所围成的面积

$$A=\int_{-1}^{2}\mid x^3-2x-x^2\mid \mathrm{d}x=\int_{-1}^{0}(x^3-2x-x^2)\mathrm{d}x+\int_{0}^{2}-(x^3-2x-x^2)\mathrm{d}x$$

$$=\left(\frac{x^4}{4}-x^2-\frac{x^3}{3}\right)\bigg|_{-1}^{0}-\left(\frac{x^4}{4}-x^2-\frac{x^3}{3}\right)\bigg|_{0}^{2}=\frac{37}{12}$$

【例 6-3】　计算心脏线 $r=a(1+\cos\theta)$ $(a>0)$ 所围成的图形面积.

解　由于心脏线关于极轴对称，如图 6-9 所示，则

$$A=2\int_{0}^{\pi}\frac{1}{2}a^2(1+\cos\theta)^2\mathrm{d}\theta=\frac{3}{2}a^2\pi$$

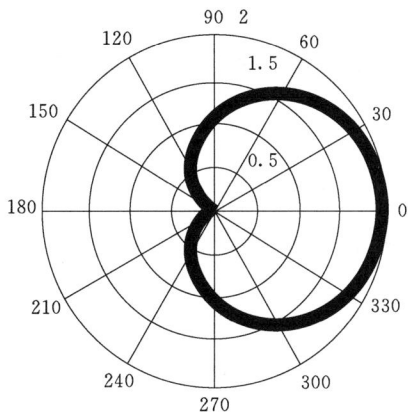

图 6-9

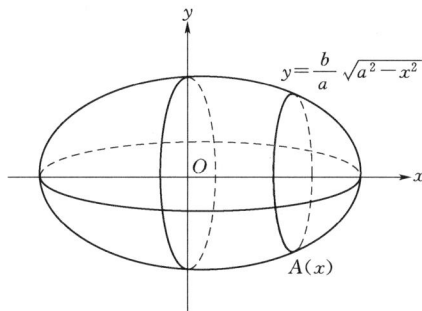

图 6-10

【例 6-4】　计算椭圆 $\dfrac{x^2}{a^2}+\dfrac{y^2}{b^2}=1$ 所围成的图形绕 x 轴旋转而成的体积.

解　如图 6-10 所示，这个旋转体可以看成是由半个椭圆 $y=\dfrac{b}{a}\sqrt{a^2-x^2}$ 及 x 轴所围成的图形绕 x 轴旋转而成的立体.

在点 x 处，用垂直于 x 轴的平面去截立体图形所得的截面积为 $A(x)=\pi\left(\dfrac{b}{a}\sqrt{a^2-x^2}\right)^2$，

则 $V=\displaystyle\int_{-a}^{a}A(x)\mathrm{d}x=\dfrac{\pi b^2}{a^2}\int_{-a}^{a}(a^2-x^2)\mathrm{d}x=\dfrac{4}{3}\pi ab^2$.

【例 6-5】　设曲线 $y=ax^2$ $(a>0,\ x\geqslant 0)$ 与 $y=1-x^2$ 交于点 A，过坐标原点 O 和点 A 的直线与曲线 $y=ax^2$ 围成一平面图形，试问：

(1) 当 a 为何值时，该图形绕 x 轴一周所得的旋转体体积最大？

（2）最大体积为多少？

解 当 $x \geqslant 0$ 时，由 $\begin{cases} y = ax^2 \\ y = 1 - x^2 \end{cases}$，解得点 A 的坐标为 $\begin{cases} x = \dfrac{1}{\sqrt{1+a}} \\ y = \dfrac{a}{1+a} \end{cases}$，故直线 OA 的方程

为 $y = \dfrac{ax}{\sqrt{1+a}}$.

于是，平面图形绕 x 轴一周所得的旋转体体积为

$$V(a) = \pi \int_0^{\frac{1}{\sqrt{1+a}}} \left[\left(\frac{ax}{\sqrt{1+a}} \right)^2 - a^2 x^4 \right] \mathrm{d}x = \pi \left(\frac{a^2 x^3}{3(1+a)} - \frac{a^2}{5} x^5 \right) \Bigg|_0^{\frac{1}{\sqrt{1+a}}} = \frac{2\pi a^2}{15(1+a)^{\frac{5}{2}}}$$

上式两边对 a 求导，得

$$\frac{\mathrm{d}V(a)}{\mathrm{d}a} = \frac{2\pi}{15} \cdot \frac{2a(1+a)^{\frac{5}{2}} - a^2 \cdot \frac{5}{2}(1+a)^{\frac{3}{2}}}{(1+a)^5} = \frac{\pi(4a - a^2)}{15(1+a)^{\frac{7}{2}}} \quad (a > 0)$$

令 $\dfrac{\mathrm{d}V(a)}{\mathrm{d}a} = 0$，得到 $a = 4$.

由于 $a = 4$ 是当 $a > 0$ 时 $V(a)$ 的唯一驻点，且由问题的实际意义可知存在最大体积，故 $V(a)$ 在 $a = 4$ 时取最大值. 其最大体积为

$$V(4) = \frac{2\pi 4^2}{15(1+4)^{\frac{5}{2}}} = \frac{32\sqrt{5}\pi}{1875}$$

【例 6-6】 已知上凸曲线 L 的方程 $\begin{cases} x = t^2 + 1 \\ y = 4t - t^2 \end{cases}$ $(t \geqslant 0)$.

（1）过点 $(-1, 0)$ 引 L 的切线，求切点 (x_0, y_0) 并写出切线方程；

（2）求此切线与 L（对应于 $x \leqslant x_0$ 的部分）及 x 轴所围成的平面图形的面积.

解 （1）设在 L 上的切点为 (x_0, y_0)，且 $x_0 = t_0^2 + 1$，$y = 4t_0 - t_0^2$. 由 $\dfrac{\mathrm{d}x}{\mathrm{d}t} = 2t$，$\dfrac{\mathrm{d}y}{\mathrm{d}t} = 4 - 2t$

得 $\dfrac{\mathrm{d}y}{\mathrm{d}x} = \dfrac{\dfrac{\mathrm{d}y}{\mathrm{d}t}}{\dfrac{\mathrm{d}x}{\mathrm{d}t}} = \dfrac{4 - 2t}{2t} = \dfrac{2}{t} - 1$.

所以在点 (x_0, y_0) 处切线的斜率为 $k = \dfrac{2}{t_0} - 1$，可得切线方程为 $y - 0 = \left(\dfrac{2}{t_0} - 1 \right)(x + 1)$.

将点 (x_0, y_0) 代入得 $4t_0 - t_0^2 = \left(\dfrac{2}{t_0} - 1 \right)(t_0^2 + 2)$，整理得

$$t_0^2 + t_0 - 2 = 0 \quad \Rightarrow \quad (t_0 - 1)(t_0 + 2) = 0 \quad \Rightarrow \quad t_0 = 1, -2 \text{（舍去）}$$

将 $t_0 = 1$ 代入参数方程，得切点为 $(2, 3)$.

故切线方程为

$$y - 3 = \left(\frac{2}{1} - 1 \right)(x - 2), \quad \text{即 } y = x + 1$$

（2）由题设可知，所求平面图形如图 6-11 所示，其中各点坐标为 $A(1,0)$，$B(2,0)$，$C(2,3)$，$D(-1,0)$.

设 L 的方程 $x=g(y)$，则 $S=\int_0^3 \left[(g(y)-(y-1))\right]\mathrm{d}y$. 由参数方程可得

$$t=2\pm\sqrt{4-y}, \quad \text{即 } x=(2\pm\sqrt{4-y})^2+1$$

由于 $(2,3)$ 在 L 上，则

$$x=g(y)=(2-\sqrt{4-y})^2+1=9-y-2\sqrt{4-y}$$

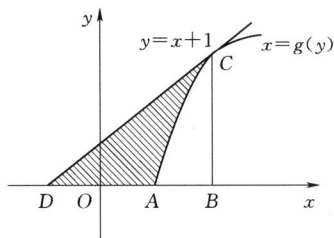

图 6-11

于是

$$S=\int_0^3 \left[(9-y-2\sqrt{4-y})-(y-1)\right]\mathrm{d}y=\int_0^3 (10-2y)\mathrm{d}y-2\int_0^3 \sqrt{4-y}\mathrm{d}y$$

$$=\left[10y-y^2\right]\Big|_0^3+\left[\frac{4}{3}(4-y)^{\frac{3}{2}}\right]\Big|_0^3=\frac{35}{3}$$

【例 6-7】 求心形线 $\rho=a(1+\cos\theta)$ 的全长.

解 $L=\int_0^{2\pi}\sqrt{a^2(1+\cos\theta)^2+a^2\sin^2\theta}\mathrm{d}\theta=\int_0^{2\pi}2a\left|\cos\frac{\theta}{2}\right|\mathrm{d}\theta=8a$.

【例 6-8】 求渐伸线 $x=a(\cos t+t\sin t)$，$y=a(\sin t-t\cos t)$ 上 t 从 0 变到 π 的一段弧的长度.

解 $\dfrac{\mathrm{d}x}{\mathrm{d}t}=at\cos t$，$\dfrac{\mathrm{d}y}{\mathrm{d}t}=at\sin t$，因此有

$$L=\int_0^{\pi}\sqrt{\left(\frac{\mathrm{d}x}{\mathrm{d}t}\right)^2+\left(\frac{\mathrm{d}y}{\mathrm{d}t}\right)^2}\mathrm{d}t=\int_0^{\pi}at\,\mathrm{d}t=\frac{a}{2}\pi^2$$

【例 6-9】 火车以 $v=72\text{km/h}$ 的速度在平直的轨道上行驶，到某处需要减速停车. 设火车以加速度 $a=-5\text{m/s}^2$ 刹车. 问从开始刹车到停车，火车走了多少距离？

解 首先要算出从开始刹车到停车经过的时间.

当火车速度 $v_0=72\text{km/s}=\dfrac{72\times1000}{3600}\text{m/s}=20\text{m/s}$，刹车后火车减速行驶，其速度为 $v(t)=v_0-at=20-5t$. 当火车停住时，速度 $v(t)=0$，故从 $v(t)=20-5t=0$ 解得 $t=\dfrac{20\text{m/s}}{5\text{m/s}^2}=4\text{s}$.

于是在这段时间内，火车走过的距离为

$$s=\int_0^4 v(t)\mathrm{d}t=\int_0^4 (20-5t)\mathrm{d}t=\left[20t-\frac{5t^2}{2}\right]\Big|_0^4=\left(20\times4-\frac{5\times4^2}{2}\right)=40(\text{m}).$$

即在刹车后，火车需走过 40m 才能停住.

【例 6-10】 某制造公司在生产了一批超音速运输机之后停产了，但该公司承诺将为客户终身供应一种适于该机型的特殊润滑油，一年后该批飞机的用油率（单位：t/a）由 $r(t)=300/t^{\frac{3}{2}}$ 给出，其中 t 表示飞机服役的年数（$t\geqslant1$）. 该公司要一次性生产该批飞机一

年以后所需的润滑油并在需要时分发出去,请问需要生产此润滑油多少吨?

解　$r(t)$ 是该批飞机一年后的用油率,所以 $\int_1^x r(t)\mathrm{d}t$ 等于第一年到第 x 年间该批飞机所用的润滑油的数量,那么 $\int_1^{+\infty} r(t)\mathrm{d}t$ 就等于该批飞机终身所需的润滑油的数量:

$$\int_1^{+\infty} r(x)\mathrm{d}t = \lim_{x \to +\infty}\int_1^x \frac{300}{t^{\frac{3}{2}}}\mathrm{d}t = \lim_{x \to +\infty}\int_1^x 300 t^{-\frac{3}{2}}\mathrm{d}t = \lim_{x \to +\infty} 300(-2t^{-\frac{1}{2}}) \Big|_1^x$$

$$= \lim_{x \to +\infty}\left(600 - \frac{600}{\sqrt{x}}\right) = 600(\mathrm{t})$$

即需要生产 600t 润滑油.

【例 6-11】　一块矩形木板长 8m、宽 5m. 木板垂直于水平面,沉没于水中,其宽与水面一样高,求木板一侧受到的压力.(水的密度 $\rho = 1.0 \times 10^3\,\mathrm{kg/m^3}$)

解　建立如图 6-12 所示坐标系,压强公式为 $P = \rho g h$,所以木板在 x 处所受的压强为

$$P = \rho g(8 - x)$$

位于 x 处、长为 5m、宽为 $\mathrm{d}x$ 的小矩形受到的压力为

$$\mathrm{d}F = 5\rho g(8 - x)\mathrm{d}x$$

整块木板一侧受到的压力

$$F = \int_0^8 5 \times 1.0 \times 10^3 \times 9.8(8 - x)\mathrm{d}x = 1.568 \times 10^6\,(\mathrm{N})$$

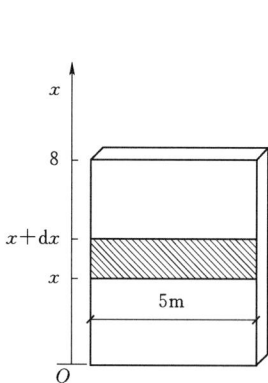
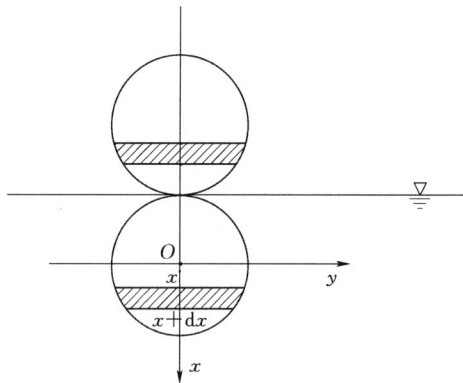

图 6-12　　　　　　　　　　　　图 6-13

【例 6-12】　半径为 r 的球完全浸入水中,顶部与水面相切,球的密度与水相同,为把球提升到底部与水面平齐,需做多少功?

解　如图 6-13 所示建立坐标系,取水中的球心为坐标原点,向下方为 x 轴的正向. 将球从水中提出所做的功,相应于将 $[-r, r]$ 上许多薄片都上提 $2r$ 时所做功的积分. 任

取 $x\ (x\in[-r,r])$ 处厚度为 $\mathrm{d}x$ 的薄片,如图中阴影部分所示. 它在水中的行程为 $r+x$,水上的行程为

$$2r-(r+x)=r-x$$

由题设,球的密度与水的密度相同,在水中薄片的重力与浮力的合力为零,薄片在水中上升至水面时不做功,再由水面提升时需克服重力做功,$\mathrm{d}W=Fs=mg(r-x)=g(r-x)\cdot\rho\pi y^2\mathrm{d}x=\pi g(r-x)(r^2-x^2)\mathrm{d}x$,故

$$W=\int_{-r}^{r}\pi g(r-x)(r^2-x^2)\mathrm{d}x$$

$$=\pi gr\int_{-r}^{r}(r^2-x^2)\mathrm{d}x-\pi g\int_{-r}^{r}x(r^2-x^2)\mathrm{d}x$$

$$=2\pi gr\int_{0}^{r}(r^2-x^2)\mathrm{d}x-0=\frac{4}{3}\pi gr^4$$

【例 6-13】 边长为 a 与 b 的矩形薄板 $(a>b)$,与液面成 α 角斜沉于液体内,长边平行于液面而浸于深 h 处,设液体的密度为 ρ. 试求薄板每面所受的压力.

解 如图 6-14 所示,平面 Π 表示液体表面,四边形 $ABCD$ 表示矩形薄片,$AD=a$ 为长边,位于深 h 处,$AB=b$ 为短边. 现以 AB 与液面 Π 的交点为原点,以 OA 为 x 轴建立如图所示的坐标系.

任取矩形薄片上相应于小区间 $[x,x+\mathrm{d}x]$ 的窄条,由于 $\mathrm{d}x$ 很小,其上各点处的深度近似可以看成是一样的,均为 $x\sin\alpha$,所受压强为 $x\sin\alpha\cdot\rho g$,故该窄条所受压力为

$$\mathrm{d}F=x\sin\alpha\cdot\rho g\cdot a\mathrm{d}x$$

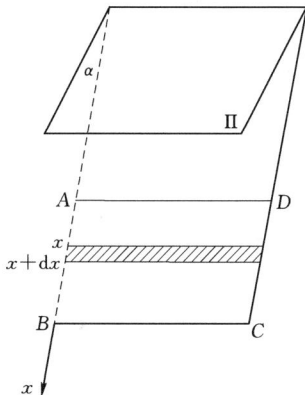

图 6-14

由于在矩形薄片上 x 从 OA 变到 OB,$OA=\dfrac{h}{\sin\alpha}$,$OB=OA+AB=\dfrac{h}{\sin\alpha}+b$. 所以所求压力为

$$F=\int_{\frac{h}{\sin\alpha}}^{\frac{h}{\sin\alpha}+b}x\sin\alpha\cdot\rho g\cdot a\mathrm{d}x=\frac{1}{2}\rho gab(2h+b\sin\alpha)$$

【例 6-14】 设有一长度为 L,线密度为 ρ 的均匀细直棒,在与棒的一端垂直距离为 a 单位处有一质量为 m 的质点. 求细棒对该质点的引力.

解 如图 6-15 所示建立坐标系,取 x 为积分变量,则 x 的变化范围为 $[0,L]$,对应小区间 $[x,x+\mathrm{d}x]$ 与质点引力的大小为

$$\mathrm{d}F=G\frac{m\rho\mathrm{d}y}{r^2}$$

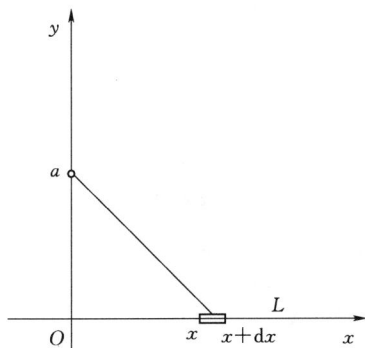

图 6-15

其中 $r=\sqrt{a^2+x^2}$,将该力分解,得 x 轴、y 轴方向的

分量分别为

$$dF_x = -\frac{a}{r}dF = -G\frac{ma\rho dx}{(a^2+x^2)^{3/2}}$$

$$dF_y = \frac{x}{r}dF = G\frac{my\rho dx}{(a^2+x^2)^{3/2}}$$

因此

$$F_x = -\int_0^L G\frac{ma\rho}{(a^2+x^2)^{3/2}}dx = -G\frac{mL\rho}{a}\frac{1}{\sqrt{a^2+L^2}}$$

$$F_y = \int_0^L G\frac{mx\rho}{(a^2+x^2)^{3/2}}dy = -\left[G\frac{m\rho}{(a^2+x^2)^{3/2}}\right]\Bigg|_0^L = m\rho G\left(\frac{1}{a}-\frac{1}{\sqrt{a^2+L^2}}\right)$$

【例 6-15】 设商品的需求函数 $Q=100-5p$（其中 Q 为需求，p 为单价），边际成本函数 $C'(Q)=15-0.05Q$，且 $C(0)=12.5$. 问：当 p 为什么值时，工厂的利润达到最大？试求最大利润.

解 收益函数为 $R(p)=100p-5p^2$，成本函数为

$$C(Q) = \int_0^Q (15-0.05t)dt + C(0) = 15Q - \frac{1}{40}Q^2 + 12.5$$

由已知条件，将 $Q=100-5p$ 代入上式，有 $C(p)=\frac{5}{8}p^2-50p+1262.5$. 则利润函数为

$$L(p) = R(p) - C(p) = -\frac{45}{8}p^2 + 150p - 1262.5$$

令 $L'=-\frac{45}{4}p+150=0$ 得 $p=\frac{120}{7}$，此时 $L''\left(\frac{120}{7}\right)=-\frac{45}{4}<0$，则 $p=\frac{120}{7}$ 时，利润最大，最大利润为 $L\left(\frac{120}{7}\right)=23.12$.

【例 6-16】 某工厂生产的产品边际成本函数为 $C'(Q)=3Q^2-18Q+33$（其中 Q 为需求），且当产量为 3 个单位时，成本为 55 个单位. 试求：

(1) 成本函数与平均成本函数；

(2) 当产量由 2 个单位增加到 10 个单位时，成本的增加量是多少？

解 (1) 因为 $C(Q) = \int_0^Q (30Q^2-18Q+33)dQ = Q^3 - 9Q^2 + 33Q + C$.

由已知条件：Q 为 3 时，成本为 55，代入上式，有 $C=10$，于是成本函数为

$$C(Q) = Q^3 - 9Q^2 + 33Q + 10$$

平均成本函数为

$$\overline{C}(Q) = \frac{C(Q)}{Q} = Q^2 - 9Q + 33 + \frac{10}{Q}$$

（2）当产量由 2 个单位增加到 10 个单位时，成本的增加量为

$$\Delta C(Q) = C(10) - C(2) = 392$$

五、测试题

测 试 题 A

1. 选择题

（1）由曲线 $y = x^2$，$y = x^3$ 围成的封闭图形面积为 （   ）.

A. $\dfrac{1}{12}$ B. $\dfrac{1}{4}$ C. $\dfrac{1}{3}$ D. $\dfrac{7}{12}$

（2）由曲线 $y = x + \dfrac{1}{x}$，$x = 2$，$y = 2$ 所围成的封闭图形的面积为 （   ）.

A. $\ln 2 - \dfrac{1}{2}$ B. 1   C. $\ln 2$ D. $\dfrac{1}{2}$

（3）设 $n = \displaystyle\int_0^{\frac{\pi}{2}} 4\sin x \, dx$，则二项式 $\left(x - \dfrac{1}{x}\right)^n$ 的展开式的常数项是 （   ）.

A. 12   B. 6   C. 4   D. 1

（4）设函数 $f(x) = \begin{cases} 1, & x \leqslant \sqrt{3} \\ \sqrt{4 - x^2}, & \sqrt{3} < x < 2 \\ 0, & x \geqslant 2 \end{cases}$，则 $\displaystyle\int_{-1}^{2010} f(x) \, dx$ 的值为 （   ）.

A. $\dfrac{\pi}{3} + \dfrac{2 + \sqrt{3}}{2}$ B. $\dfrac{\pi}{2} + \dfrac{2 + \sqrt{3}}{2}$ C. $\dfrac{\pi}{6} + \dfrac{2 + \sqrt{3}}{2}$ D. $\dfrac{\pi}{2} + \dfrac{1 + \sqrt{3}}{2}$

（5）$\displaystyle\int_{-1}^{1} (\sqrt{1 - x^2} + x) \, dx = $ （   ）.

A. π B. $\dfrac{\pi}{2}$ C. $\pi + 1$ D. $\pi - 1$

（6）由直线 $x = -\dfrac{\pi}{3}$，$x = \dfrac{\pi}{3}$，$y = 0$ 与曲线 $y = \cos x$ 所围成的封闭图形的面积为 （   ）.

A. $\dfrac{1}{2}$ B. 1   C. $\dfrac{\sqrt{3}}{2}$ D. $\sqrt{3}$

（7）求曲线 $y = x^2$ 与 $y = 2x$ 所围成图形的面积，其中正确的是 （   ）.

A. $S = \displaystyle\int_0^2 (x^2 - 2x) \, dx$ B. $S = \displaystyle\int_0^2 (2x - x^2) \, dx$

C. $S = \displaystyle\int_0^2 (y^2 - 2y) \, dy$ D. $S = \displaystyle\int_0^2 (2y - \sqrt{y}) \, dy$.

（8）已知 $A = \displaystyle\int_0^3 |x^2 - 1| \, dx$，则 $A = $（   ）.

A. 0   B. 6   C. 8   D. $\dfrac{22}{3}$

(9) 函数 $f(x) = \begin{cases} x+1, & -1 \leqslant x < 0 \\ \cos x, & 0 \leqslant x \leqslant \dfrac{\pi}{2} \end{cases}$ 的图像与 x 轴所围成的封闭图形的面积为

(   ).

A. $\dfrac{3}{2}$ B. 1   C. 2   D. $\dfrac{1}{2}$

(10) 如图 6-16 所示，设曲线方程为 $y = x^2 + \dfrac{1}{2}$，梯形 $OABC$ 的面积为 D，曲边梯形 $OABC$ 的面积为 D_1，点 A 的坐标为 $(a,0)$，$a > 0$，则下列式子成立的是 (   ).

A. $\dfrac{D}{D_1} < \dfrac{2}{3}$ B. $\dfrac{D}{D_1} > \dfrac{2}{3}$ C. $\dfrac{D}{D_1} = \dfrac{2}{3}$ D. $\dfrac{D}{D_1} < \dfrac{\sqrt{2}}{3}$

2. 填空题

(1) 设 $f(x) = \begin{cases} x^2, & x \in [0,1] \\ \dfrac{1}{x}, & x \in (1,e] \end{cases}$ (e 为自然对数的底数)，则 $\displaystyle\int_0^e f(x)\mathrm{d}x$ 的值为 _____.

(2) 已知 $a > 0$，当 $\displaystyle\int_0^a (\cos x - \sin x)\mathrm{d}x$ 取最大值 $\sqrt{2} - 1$ 时，a 的最小值为 _____.

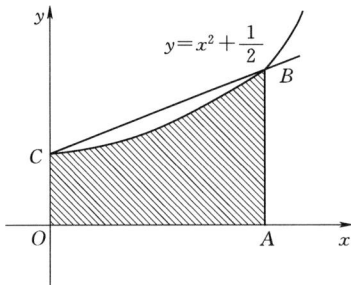   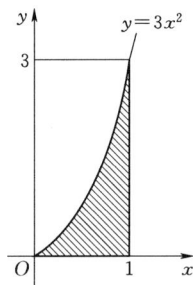

图 6-16   图 6-17

(3) 从如图 6-17 所示的长方形区域内任取一个点 $M(x,y)$，则点 M 取自阴影部分的概率为 _____.

3. 曲线 $y = ax^2 (a > 0, x \geqslant 0)$ 与 $y = 1 - x^2$ 交于点 A，过坐标原点 O 和点 A 的直线与曲线 $y = ax^2$ 围成一平面图形，问 a 为何值时，该图形绕 x 轴旋转所得旋转体体积最大，并求最大值.

4. 求下列定积分：

(1) $\displaystyle\int_a^b \mathrm{e}^x \mathrm{d}x$；

(2) $\displaystyle\int_{-\pi}^{\pi} f(x)\mathrm{d}x$，其中 $f(x) = \begin{cases} \sin x, & 0 \leqslant x \leqslant \pi \\ \cos x, & -\pi \leqslant x \leqslant 0 \end{cases}$.

5. 求曲线 $y = -x^3 + x^2 + 2x$ 与 x 轴所围成的图形的面积.

测 试 题 B

1. 求下列各曲线所围成的图形的面积：

(1) $y=\dfrac{1}{2}x^2$ 与 $x^2+y^2=8$；（两部分都要算）

(2) $y=\dfrac{1}{x}$ 与直线 $y=x$ 及 $x=2$；

(3) $y=\mathrm{e}^x$，$y=\mathrm{e}^{-x}$ 与直线 $x=1$；

(4) $y=x\mathrm{e}^x$ 与 $y=\mathrm{e}x$；

(5) $r=a(1+\cos\theta)\ (a>0)$；

(6) $r(1+\cos\theta)=3$ 与 $r\cos\theta=1$.

2. 求抛物线 $y=x^2$ 及 $y^2=x$ 所围成图形的面积，并求该图形围绕 x 轴旋转所成旋转体的体积.

3. 计算下列曲线的弧长：

(1) $y=\ln x$ 对应于 $\sqrt{3}\leqslant x\leqslant\sqrt{8}$ 的一段曲线；

(2) 对数螺线 $r=\mathrm{e}^{2\varphi}$，$0\leqslant\varphi\leqslant 2\pi$；

(3) 心形曲线 $r=a(1+\cos\theta)$ 的全长；

(4) $r=a\sin^3\dfrac{\theta}{3}$ 的全长 $(a>0)$.

4. 设有一半径为 R 中心角为 φ 的圆弧形细棒，其线密度为常数 ρ，在圆心处有一质量为 m 的质点 M，试求该细棒对质点 M 的引力.

5. 已知生产某商品的固定成本为 6 万元，边际收益与边际成本（单位：万元/百台）分别为 $R'(Q)=33-8Q$，$C'(Q)=3Q^2-18Q+36$，求：

(1) 当产量由 100 台增加到 400 台时，总收益与总成本各增加多少？

(2) 求总产量为多少的时候，总利润最大？

(3) 求总利润最大时的总收益、总成本和总利润.

测试题 A 答案

1. (1) A；(2) A；(3) B；(4) A；(5) B；(6) D；(7) B；(8) D；(9) A；(10) B.

2. (1) $\dfrac{4}{3}$；(2) $\dfrac{\pi}{4}$；(3) $\dfrac{1}{3}$. 长方形区域的面积为 3，阴影部分的面积为 $\displaystyle\int_0^1 3x^2\,\mathrm{d}x=1$，所以点 M 取自阴影的概率为 $\dfrac{1}{3}$.

3. $a=4$，$\max V=\dfrac{32\sqrt{5}}{1875}\pi$.

4. (1) 因为 $(\mathrm{e}^x)'=\mathrm{e}^x$，所以 $\displaystyle\int_a^b \mathrm{e}^x\,\mathrm{d}x=\mathrm{e}^x\,\big|_a^b=\mathrm{e}^b-\mathrm{e}^a$.

(2) $\displaystyle\int_{-\pi}^{\pi}-\pi f(x)\,\mathrm{d}x=\int_{-\pi}^{0}-\pi f(x)\,\mathrm{d}x+\int_{0}^{\pi}-\pi f(x)\,\mathrm{d}x=-\pi\int_{-\pi}^{0}\cos x\,\mathrm{d}x-\pi\int_{0}^{\pi}\sin x\,\mathrm{d}x$

$$=-\pi(\sin x\,\big|_{-\pi}^{0}-\cos x\,\big|_{0}^{\pi})=-2\pi.$$

5. 函数 $y=-x^3+x^2+2x$ 的零点：$x_1=-1$，$x_2=0$，$x_3=2$. 又易判断出在 $(-1,0)$ 内，图形在 x 轴下方，在 $(0,2)$ 内，图形在 x 轴上方，所以所求面积为 $A=-\displaystyle\int_{-1}^{0}(-x^3+$

$$x^2 + 2x)\mathrm{d}x + \int_0^2 (-x^3 + x^2 + 2x)\mathrm{d}x = \frac{37}{12}.$$

测试题 B 答案

1. (1) $2\pi + \dfrac{4}{3}$, $6\pi - \dfrac{4}{3}$; (2) $\dfrac{3}{2} - \ln 2$; (3) $\mathrm{e} + \dfrac{1}{\mathrm{e}} - 2$; (4) $\dfrac{\mathrm{e}}{2} - 1$; (5) $\dfrac{3}{2}a^2\pi$;

(6) $\dfrac{2}{\sqrt{3}}$.

2. $\dfrac{3}{10}\pi$.

3. (1) $1 + \dfrac{1}{2}\ln\dfrac{3}{2}$; (2) $\dfrac{\sqrt{5}}{2}(\mathrm{e}^{4\pi} - 1)$; (3) $8a$; (4) $\dfrac{4}{3}a^3$.

4. 建立坐标系如图 6-18 所示，相应于微小区间 $[\theta, \theta + \mathrm{d}\theta]$ 上的一段弧长 $\mathrm{d}s = R\mathrm{d}\theta$，把它近似看作一个质点，它对质点的引力即引力元素为

$$\mathrm{d}F = G \cdot \frac{m \cdot \rho \mathrm{d}s}{R^2} = \frac{Gm\rho \cdot R\mathrm{d}\theta}{R^2} = \frac{Gm\rho \mathrm{d}\theta}{R}$$

其中 G 为引力常数. 由细棒质量分布的均匀性和对称性知，$F_y = 0$.

又因为 $\mathrm{d}F_x = \mathrm{d}F \cdot \cos\theta = \dfrac{Gm\rho}{R}\cos\theta\mathrm{d}\theta$. 所以 $F_x = \displaystyle\int_{-\frac{\varphi}{2}}^{\frac{\varphi}{2}} \dfrac{Gm\rho}{R}\cos\theta\mathrm{d}\theta = \dfrac{2Gm\rho}{R}\sin\dfrac{\varphi}{2}$.

故该细棒对质点 M 的引力为 $\dfrac{2Gm\rho}{R}\sin\dfrac{\varphi}{2}$.

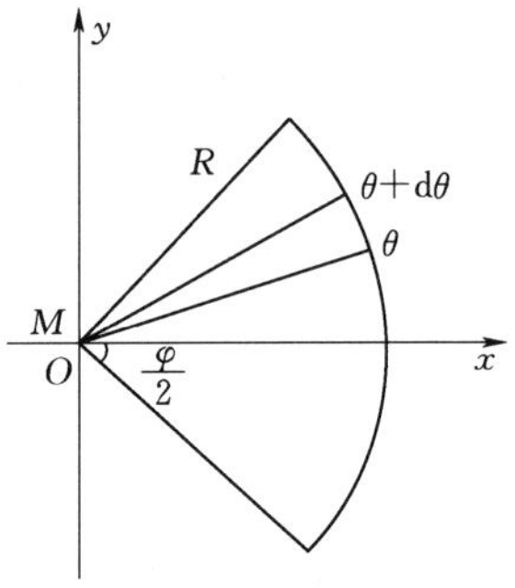

图 6-18

5. (1) 36; (2) 3; (3) 63, 60, 3.

第七章 微 分 方 程

一、基本要求

（1）了解微分方程及其解、阶、通解，初始条件和特解等概念.

（2）熟练掌握变量可分离的微分方程及一阶线性微分方程的解法.

（3）会解齐次微分方程、伯努利方程和全微分方程，会用简单的变量代换解某些微分方程.

（4）掌握用降阶法解特殊类型的二阶微分方程.

（5）理解线性微分方程解的性质及解的结构定理.

（6）掌握二阶常系数齐次线性微分方程的解法，并会解某些高于二阶的常系数齐次线性微分方程.

（7）求自由项为多项式、指数函数、余弦函数以及它们的和与积的二阶常系数非齐次线性微分方程的特解和通解.

二、知识结构

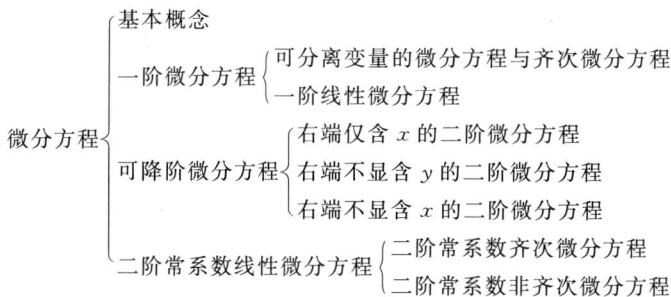

三、内容小结

1. 微分方程的基本概念

（1）微分方程. 含有未知函数、未知函数的导数与自变量之间的关系的方程，称为微分方程. 未知函数为一元函数的方程称为常微分方程，有时还简称为方程.

（2）微分方程的阶. 微分方程中所出现的未知函数的最高阶导数的阶数.

微分方程的解：在研究某些实际问题时，首先要建立微分方程，然后找出满足微分方程的函数（解微分方程），也就是说，把满足方程的函数称为微分方程的解，简称为方程的解.

（3）通解. 方程的解中含有任意常数，如果微分方程的解中含有任意常数，且任意常数的个数与微分方程的阶数相同时，这样的解称为微分方程的通解.

（4）特解. 给通解中任意常数以确定值的解称为微分方程的特解.

为了得到满足要求的特解，必须给微分方程附加一定的条件，这样的条件称为初始条件.

对一阶微分方程，其通解只含一个常数，只需给出一个条件即可，如

$$y\big|_{x=x_0}=y_0$$

或写成 $y(x_0)=y_0$，其中 x_0，y_0 都是给定的数值，如果微分方程是二阶的，条件形式为

$$y'\big|_{x=x_0}=y_0', \quad y\big|_{x=x_0}=y_0$$

或写成 $y'(x_0)=y_0'$，$y(x_0)=y_0$，其中 x_0，y_0，y_0' 都是给定的数值，三阶四阶等类似. 像这样给出的条件称为初始条件.

2. 可分离变量的微分方程与齐次微分方程

（1）可分离变量的微分方程.

一般的，形如

$$\frac{\mathrm{d}y}{\mathrm{d}x}=f(x)g(y)$$

的微分方程，称为可分离变量的方程. 该微分方程的特点是等式右边可以分解成两个函数之积，其中一个仅是 x 的函数，另一个仅是 y 的函数，即 $f(x)$，$g(y)$ 分别是变量 x，y 的已知连续函数. 那么原方程就称为可分离变量的微分方程.

（2）齐次微分方程.

如果一阶微分方程

$$\frac{\mathrm{d}y}{\mathrm{d}x}=f(x,y)$$

中的函数 $f(x,y)$ 可写成 $\dfrac{y}{x}$ 的函数，即 $f(x,y)=\varphi\left(\dfrac{y}{x}\right)$，则称此方程为齐次方程.

齐次方程的解法：在齐次方程 $\dfrac{\mathrm{d}y}{\mathrm{d}x}=\varphi\left(\dfrac{y}{x}\right)$ 中，令 $u=\dfrac{y}{x}$，即 $y=u\cdot x$，有 $\dfrac{\mathrm{d}y}{\mathrm{d}x}=u+x\dfrac{\mathrm{d}u}{\mathrm{d}x}$. 所以原方程可转化为

$$u+x\frac{\mathrm{d}u}{\mathrm{d}x}=\varphi(u)$$

分离变量，得

$$\frac{\mathrm{d}u}{\varphi(u)-u}=\frac{\mathrm{d}x}{x}$$

两端积分，得

$$\int\frac{\mathrm{d}u}{\varphi(u)-u}=\int\frac{\mathrm{d}x}{x}$$

求出积分后，再用 $\dfrac{y}{x}$ 代替 u，便得所给齐次方程的通解.

3. 一阶线性微分方程

方程

$$\frac{\mathrm{d}y}{\mathrm{d}x}+P(x)y=Q(x)$$

称为一阶线性微分方程. 如果 $Q(x)=0$，则方程称为一阶线性齐次方程，否则方程称为一阶线性非齐次方程. 一阶线性齐次方程是一阶线性非齐次方程的特殊情形，两者既有联系又有差别. 因此可以设想它们的解也应该有一定的联系. 试图用一阶线性齐次方程通解的形式去求一阶线性非齐次方程的通解. 将一阶线性齐次方程通解中的常数换成 x 的未知函数 $u(x)$，把

$$y = u(x)\mathrm{e}^{-\int P(x)\mathrm{d}x}$$

设想成一阶线性非齐次方程的通解. 代入线性非齐次方程求得

$$u'(x)\mathrm{e}^{-\int P(x)\mathrm{d}x} - u(x)\mathrm{e}^{-\int P(x)\mathrm{d}x}P(x) + P(x)u(x)\mathrm{e}^{-\int P(x)\mathrm{d}x} = Q(x)$$

化简得

$$u'(x) = Q(x)\mathrm{e}^{\int P(x)\mathrm{d}x}$$

$$u(x) = \int Q(x)\mathrm{e}^{\int P(x)\mathrm{d}x}\mathrm{d}x + C$$

于是一阶线性非齐次方程的通解公式为

$$y = \mathrm{e}^{-\int P(x)\mathrm{d}x}\left[\int Q(x)\mathrm{e}^{\int P(x)\mathrm{d}x}\mathrm{d}x + C\right] \quad \text{或} \quad y = C\mathrm{e}^{-\int P(x)\mathrm{d}x} + \mathrm{e}^{-\int P(x)\mathrm{d}x}\int Q(x)\mathrm{e}^{\int P(x)\mathrm{d}x}\mathrm{d}x$$

一阶线性非齐次方程的通解等于对应的一阶线性齐次方程通解与一阶线性非齐次方程的一个特解之和. 这种将常数变易为待定函数的方法，通常称为常数变易法.

4. 可降阶的二阶微分方程

（1）右端仅含 x 的二阶微分方程：$y''=f(x)$.

其降阶思路是积分，积分一次，化为一阶方程

$$y' = \int f(x)\mathrm{d}x + C_1$$

再积分一次，便得通解

$$y = \int\left[\int f(x)\mathrm{d}x\right]\mathrm{d}x + C_1 x + C_2$$

其中，C_1，C_2 为任意常数.

（2）右端不显含 y 的二阶微分方程：$y''=f(x,y')$.

其降阶思路是作变量代换：$y'=P$，$y''=\dfrac{\mathrm{d}P}{\mathrm{d}x}$ 代入原方程得如下一阶微分方程：

$$\frac{\mathrm{d}P}{\mathrm{d}x} = f(x,P)$$

若其通解为 $P=F(x,C)$，即 $\dfrac{\mathrm{d}y}{\mathrm{d}x}=F(x,C)$，解这个一阶方程，便得到原方程的通解.

（3）右端不显含 x 的二阶微分方程：$y''=f(y,y')$.

其降阶思路也是作代换：$y'=P$，但右端不显含 x，于是只好把 P 看作 y 的函数，于是 $y''=\dfrac{\mathrm{d}P}{\mathrm{d}x}=\dfrac{\mathrm{d}P}{\mathrm{d}y}\dfrac{\mathrm{d}y}{\mathrm{d}x}=P\dfrac{\mathrm{d}P}{\mathrm{d}y}$，代入原方程得如下关于 P 的一阶微分方程：

$$P\frac{\mathrm{d}P}{\mathrm{d}y} = f(y,P)$$

若其通解为 $P=F(y,C)$，即 $\dfrac{\mathrm{d}y}{\mathrm{d}x}=F(y,C)$，解这个方程，便得到原方程的通解.

5. 二阶常系数线性齐次微分方程

方程

$$y''+py'+qy=f(x)$$

称为二阶常系数线性微分方程. 其中 p、q 均为实数，$f(x)$ 为已知的连续函数. 如果 $f(x)\equiv0$，则方程式变成 $y''+py'+qy=0$，称为二阶常系数线性齐次方程，把方程 $y''+py'+qy=f(x)$ 称为二阶常系数线性非齐次方程.

（1）解的叠加性.

定理1 如果函数 y_1 与 y_2 是方程 $y''+py'+qy=0$ 的两个解，则 $y=C_1y_1+C_2y_2$ 也是方程 $y''+py'+qy=0$ 的解，其中 C_1，C_2 是任意常数.

（2）线性相关、线性无关.

设 y_1，y_2，$\cdots$，y_n 为定义在区间 I 内的 n 个函数，若存在不全为零的常数 k_1，k_2，$\cdots$，k_n 使得在该区间内有 $k_1y_1+k_2y_2+\cdots+k_ny_n=0$ 成立，则称这 n 个函数在区间 I 内线性相关，否则称线性无关.

（3）二阶常系数齐次微分方程的解法.

定理2 如果 y_1 与 y_2 是方程 $y''+py'+qy=0$ 的两个线性无关的特解，则 $y=C_1y_1+C_2y_2(C_1$，C_2 为任意常数）是方程 $y''+py'+qy=0$ 的通解.

$r^2+pr+q=0$ 称为 $y''+py'+qy=0$ 的特征方程.

求二阶常系数线性齐次方程通解的步骤如下：

1）写出方程 $y''+py'+qy=0$ 的特征方程：

$$r^2+pr+q=0$$

2）求特征方程的两个根 r_1，r_2.

3）根据 r_1，r_2 的不同情形，下表列出方程 $r^2+pr+q=0$ 的通解.

特征方程 $r^2+pr+q=0$ 的两个根 r_1，r_2	方程 $r^2+pr+q=0$ 的通解
两个不相等的实根 $r_1\neq r_2$	$y=C_1\mathrm{e}^{r_1x}+C_2\mathrm{e}^{r_2x}$
两个相等的实根 $r_1=r_2$	$y=(C_1+C_2x)\mathrm{e}^{r_1x}$
一对共轭复根 $r_{1,2}=\alpha\pm\mathrm{i}\beta$	$y=\mathrm{e}^{\alpha x}(C_1\cos\beta x+C_2\sin\beta x)$

6. 二阶常系数线性非齐次微分方程

（1）解的结构.

定理1 设 y^* 是方程

$$y''+py'+qy=f(x)$$

的一个特解，$Y=C_1y_1+C_2y_2$ 是方程 $y''+py'+qy=f(x)$ 所对应的齐次方程

$$y''+py'+qy=0$$

的通解，则 $y=Y+y^*$ 是方程 $y''+py'+qy=f(x)$ 的通解.

定理2 设二阶线性非齐次方程 $y''+py'+qy=f(x)$ 的右端 $f(x)$ 是几个函数之和，如

$$y'' + py' + qy = f_1(x) + f_2(x)$$

而 y_1^* 与 y_2^* 分别是方程

$$y'' + py' + qy = f_1(x)$$

与

$$y'' + py' + qy = f_2(x)$$

的特解，那么 $y_1^* + y_2^*$ 就是方程 $y'' + py' + qy = f_1(x) + f_2(x)$ 的特解.

(2) $f(x) = e^{\lambda x} P_m(x)$ 型的解法.

当 $f(x) = e^{\lambda x} P_m(x)$，则对应方程为

$$y'' + py' + qy = e^{\lambda x} P_m(x)$$

其中，λ 为常数，$P_m(x)$ 是关于 x 的一个 m 次多项式.

若方程 $y'' + py' + qy = f(x)$ 中的 $f(x) = e^{\lambda x} P_m(x)$，则 $f(x) = e^{\lambda x} P_m(x)$ 的特解为

$$y^* = \begin{cases} Q_m(x) e^{\lambda x} & (\lambda \text{ 不是特征方程的根}) \\ x Q_m(x) e^{\lambda x} & (\lambda \text{ 是特征方程的单根}), \\ x^2 Q_m(x) e^{\lambda x} & (\lambda \text{ 是特征方程的重根}) \end{cases}$$

其中，$Q_m(x)$ 是与 $P_m(x)$ 同次多项式.

(3) $f(x) = e^{\lambda x}(A\cos\omega x + B\sin\omega x)$ 的解法.

其中 λ，ω，A，B 为已知常数，即方程形式为

$$y'' + py' + qy = e^{\lambda x}(A\cos\omega x + B\sin\omega x)$$

特解具有以下形式：

1) 当 $\lambda \pm i\omega$ 不是特征方程的根时，特解应设为

$$y^* = e^{\lambda x}(a\cos\omega x + b\sin\omega x) \quad (a, b \text{ 为待定常数})$$

2) 当 $\lambda \pm i\omega$ 是特征方程的根时，特解应设为

$$y^* = x e^{\lambda x}(a\cos\omega x + b\sin\omega x) \quad (a, b \text{ 为待定常数})$$

四、例题解析

【例 7 - 1】　求解方程 $\dfrac{\mathrm{d}y}{\mathrm{d}x} = -\dfrac{x}{y}$.

解　将变量分离，得到

$$y\mathrm{d}y = -x\mathrm{d}x$$

两边积分，即得

$$\frac{1}{2}y^2 = -\frac{1}{2}x^2 + C_1$$

因而，通解为

$$x^2 + y^2 = C \quad (\text{这里的 } C = 2C_1 \text{ 是任意的正常数})$$

或解出显式形式 $y = \pm\sqrt{C - x^2}$.

【例 7 - 2】　解方程 $\dfrac{\mathrm{d}y}{\mathrm{d}x} = y^2\cos x$，并求满足初始条件：当 $x = 0$ 时 $y = 1$ 的特解.

解　将变量分离，得到

$$\frac{\mathrm{d}y}{y^2} = \cos x\mathrm{d}x$$

两边积分，即得

$$-\frac{1}{y}=\sin x+C$$

因而，通解为

$$y=-\frac{1}{\sin x+C}$$

这里的 C 是任意的常数. 此外，方程还有解 $y=0$.

为确定所求的特解，以 $x=0$，$y=1$ 代入通解中确定常数 C，得到 $C=-1$，

因而，所求的特解为 $y=\dfrac{1}{1-\sin x}$.

【例 7 - 3】 求解方程 $x\dfrac{\mathrm{d}y}{\mathrm{d}x}+2\sqrt{xy}=y$ $(x<0)$.

解 将方程改写为

$$\frac{\mathrm{d}y}{\mathrm{d}x}=2\sqrt{\frac{y}{x}}+\frac{y}{x} \quad (x<0)$$

这是齐次方程，以 $\dfrac{y}{x}=u$，$\dfrac{\mathrm{d}y}{\mathrm{d}x}=x\dfrac{\mathrm{d}u}{\mathrm{d}x}+u$ 代入，则原方程变为

$$x\frac{\mathrm{d}u}{\mathrm{d}x}=2\sqrt{u}$$

分离变量，得到

$$\frac{\mathrm{d}u}{2\sqrt{u}}=\frac{\mathrm{d}x}{x}$$

两边积分，得到通解

$$\sqrt{u}=\ln(-x)+C$$

即

$$u=[\ln(-x)+C]^2 \quad [\ln(-x)+C>0]$$

以 $\dfrac{y}{x}=u$ 代入上式有，方程的通解为 $y=x[\ln(-x)+C]^2$.

【例 7 - 4】 求方程 $\dfrac{\mathrm{d}y}{\mathrm{d}x}=\dfrac{y}{2x-y^2}$ 的通解.

解 原方程改写为

$$\frac{\mathrm{d}x}{\mathrm{d}y}=\frac{2}{y}x-y$$

把 x 看作未知函数，y 看作自变量，这样，对于 x 及 $\dfrac{\mathrm{d}x}{\mathrm{d}y}$ 来说，上述方程就是一个线性方程了.

先求齐线性方程 $\dfrac{\mathrm{d}x}{\mathrm{d}y}=\dfrac{2}{y}x$ 的通解为 $x=Cy^2$，

令 $x=C(y)y^2$，于是

$$\frac{\mathrm{d}x}{\mathrm{d}y}=\frac{\mathrm{d}C(y)}{\mathrm{d}y}y^2+2C(y)y$$

代入，得到

$$C(y) = -\ln|y| + C$$

从而，原方程的通解为

$$x = y^2(C - \ln|y|)$$

这里 C 是任意的常数，另外 $y=0$ 也是方程的解.

【例 7－5】 求方程 $\dfrac{dy}{dx} = 6\dfrac{y}{x} - xy^2$ 的通解.

解 这是 $n=2$ 时的伯努利方程，令 $z=y^{-1}$，得

$$\frac{dz}{dx} = -y^{-2}\frac{dy}{dx}$$

代入原方程得到

$$\frac{dz}{dx} = -\frac{6}{x}z + x$$

这是线性方程，求得它的通解为

$$z = \frac{C}{x^6} + \frac{x^2}{8}$$

代回原来的变量 y，得到

$$\frac{1}{y} = \frac{C}{x^6} + \frac{x^2}{8}$$

或者

$$\frac{x^6}{y} - \frac{x^8}{8} = C$$

这是原方程的通解. 此外，方程还有解 $y=0$.

【例 7－6】 求微分方程 $x\sqrt{1+y^2} + yy'\sqrt{1+x^2} = 0$ 的通解.

解 移项并分离变量得

$$\frac{x\,dx}{\sqrt{1+x^2}} + \frac{y\,dy}{\sqrt{1+y^2}} = 0$$

此方程是一个变量分离方程，其通解为 $\sqrt{1+y^2} + \sqrt{1+x^2} = C$　$(C>2)$.

【例 7－7】 求微分方程 $\dfrac{dy}{dx} + \dfrac{1}{x}y = \dfrac{\sin x}{x}$ 的通解.

解 这是一个一阶线性微分方程，求解其相应的齐次方程

$$\frac{dy}{dx} + \frac{y}{x} = 0$$

得其通解为

$$\ln y = \ln\frac{C}{x}, \quad 即\ y = \frac{C}{x}$$

令 $y = \dfrac{C(x)}{x}$，代入原方程，得

$$\frac{xC'(x) - C(x)}{x^2} + \frac{C(x)}{x^2} = \frac{\sin x}{x}$$

解得

$$C(x) = -\cos x + C$$

所以原方程的通解为 $y = \dfrac{1}{x}(-\cos x + C)$.

注意：本题也可直接利用一阶线性非齐次微分方程的通解公式，得

$$y = \left(\int \frac{\sin x}{x} e^{\int \frac{1}{x}\mathrm{d}x}\mathrm{d}x + C \right) e^{-\int \frac{1}{x}\mathrm{d}x} = \frac{1}{x}(-\cos x + C)$$

【例 7-8】 求微分方程 $x^2 y' + xy = y^2$ 满足初始条件 $y(1) = 1$ 的特解.

解 将原方程变形，得

$$y' = \left(\frac{y}{x}\right)^2 - \frac{y}{x}$$

这是一个齐次方程. 令 $y = xu$，代入上式，得

$$xu' = u^2 - 2u$$

分离变量，得

$$\frac{\mathrm{d}u}{u^2 - 2u} = \frac{\mathrm{d}x}{x}$$

积分，得

$$\frac{u-2}{u} = Cx^2$$

即

$$\frac{y-2x}{y} = Cx^2$$

因为 $y(1) = 1$，所以 $C = -1$. 于是所求特解为 $y = \dfrac{2x}{1+x^2}$.

【例 7-9】 设 $y = e^x$ 是微分方程 $xy' + p(x)y = x$ 的一个解，求此微分方程满足条件 $y(\ln 2) = 0$ 的特解.

解 将 $y = e^x$ 代入原方程，得

$$xe^x + p(x)e^x = x$$

解出

$$p(x) = xe^{-x} - x$$

所以原方程为

$$xy' + (xe^{-x} - x)y = x$$

解其对应的齐次方程，得

$$y = Ce^{x + e^{-x}}$$

所以原方程的通解为 $y = e^x + Ce^{x + e^{-x}}$.

由 $y(\ln 2) = 0$，得 $C = -e^{-\frac{1}{2}}$. 故所求特解为 $y = e^x - e^{x + e^{-x} - \frac{1}{2}}$.

【例 7-10】 求微分方程 $(1 + e^{\frac{x}{y}})\mathrm{d}x + e^{\frac{x}{y}}\left(1 - \dfrac{x}{y}\right)\mathrm{d}y = 0$ 的通解.

解

解法一：将 y 看成自变量，则 $x = x(y)$ 是 y 的函数. 由于原方程是齐次型方程，令 $u(y) = \dfrac{x}{y}$，原微分方程化为

$$yu' = -\frac{e^u + u}{e^u + 1}$$

这是一个变量可分离的方程，解得

$$y(e^u + u) = C$$

所以原方程的通解为 $ye^{\frac{x}{y}} + x = C.$

解法二：令 $P(x,y) = 1 + e^{\frac{x}{y}}$，$Q(x,y) = e^{\frac{x}{y}}\left(1 - \frac{x}{y}\right)$，则 $\frac{\partial P(x,y)}{\partial y} = -\frac{x}{y^2}e^{\frac{x}{y}} = \frac{\partial Q(x,y)}{\partial x}$，所以，在 $y>0$ 时，原方程为全微分方程. 令

$$u(x,y) = \int_{(0,1)}^{(x,y)} (1 + e^{\frac{x}{y}})dx + e^{\frac{x}{y}}\left(1 - \frac{x}{y}\right)dy$$

由于此曲线积分与路径无关，所以 $u(x,y)$ 就是全微分式 $(1+e^{\frac{x}{y}})dx + e^{\frac{x}{y}}\left(1 - \frac{x}{y}\right)dy$ 的一个原函数，且

$$u(x,y) = \int_{(0,1)}^{(x,y)} (1 + e^{\frac{x}{y}})dx + e^{\frac{x}{y}}\left(1 - \frac{x}{y}\right)dy = \int_1^y e^{\frac{0}{y}}\left(1 - \frac{0}{y}\right)dy + \int_0^x (1 + e^{\frac{x}{y}})dx$$

$$= y - 1 + x + y(e^{\frac{x}{y}} - 1) = ye^{\frac{x}{y}} + x - 1.$$

所以原方程的通解为 $ye^{\frac{x}{y}} + x = C.$

【例 7-11】 求微分方程 $y'' + y' = 2x^2 + 1$ 的通解.

解

解法一：将方程写作 $y'' + y' = (2x^2 + 1)e^{0x}$，因为 $\lambda = 0$ 是特征方程 $\lambda^2 + \lambda = 0$ 的单根，所以原方程一个特解形式为

$$y^*(x) = ax^3 + bx^2 + Cx$$

将此解代入原方程，得

$$3ax^2 + (2b + 6a)x + (C + 2b) = 2x^2 + 1$$

比较两端同次项的系数，有

$$3a = 2, 2b + 6a = 0, C + 2b = 1$$

解上述方程组，得

$$a = \frac{2}{3}, b = -2, C = 5$$

从而得到原方程的一个特解

$$y^*(x) = \frac{2}{3}x^3 - 2x^2 + 5x$$

又因为相应齐次方程 $y'' + y' = 0$ 的通解为

$$y = C_1 + C_2 e^{-x}$$

所以原方程的通解为

$$y = C_1 + C_2 e^{-x} + \frac{2}{3}x^3 - 2x^2 + 5x$$

解法二：方程 $y'' + y' = 2x^2 + 1$ 两端积分，得

$$y' + y = \frac{2}{3}x^3 + x + C_1$$

这是一个一阶线性微分方程，其通解为

$$y = e^{-x}\left(C_2 + \int\left(\frac{2}{3}x^3 + x + C_1\right)e^x dx\right)$$

$$= C_1 + C_2 e^{-x} + \frac{2}{3}x^3 - 2x^2 + 5x - 5$$

$$= C_1 + C_2 e^{-x} + \frac{2}{3}x^3 - 2x^2 + 5x$$

【例 7-12】 求解微分方程 $y'' - 2y' + y = 4xe^x$.

解 因为 $\lambda = 1$ 是特征方程 $\lambda^2 - 2\lambda + 1 = 0$ 的重根，所以原方程的一个待定特解为

$$y^* = x^2(ax + b)e^x$$

将此解代入原方程，得

$$(6ax + 2b)e^x = 4xe^x$$

比较两端系数，得 $a = \frac{2}{3}$，$b = 0$. 于是得到原方程的一个特解

$$y^* = \frac{2}{3}x^3 e^x$$

又因为相应齐次方程的通解是

$$y = (C_1 + C_2 x)e^x$$

因此原方程的通解为 $y = (C_1 + C_2 x)e^x + \frac{2}{3}x^3 e^x$.

【例 7-13】 求微分方程 $y'' + y = x + \cos x$ 的通解.

解 原方程所对应齐次方程的通解为

$$y = C_1 \cos x + C_2 \sin x$$

设非齐次方程 $y'' + y = x$ 的一个特解为

$$y_1 = Ax + B$$

代入次方程，得 $A = 1$，$B = 0$. 所以 $y_1 = x$.

设非齐次方程 $y'' + y = \cos x$ 的一个特解为

$$y_2 = Ex \cos x + Dx \sin x$$

代入方程，得 $E = 0$，$D = \frac{1}{2}$. 所以 $y_2 = \frac{1}{2}x\sin x$. 因为 $y_1 + y_2$ 为原方程的一个特解，所以原方程的通解为 $y = C_1 \cos x + C_2 \sin x + x + \frac{1}{2}x\sin x$.

【例 7-14】 已知函数 $f(x)$ 在 $[0, +\infty)$ 上可导，$f(0) = 1$，且满足等式

$$f'(x) + f(x) - \frac{1}{x+1}\int_0^x f(t)dt = 0,$$

求 $f'(x)$，并证明 $e^{-x} \leqslant f(x) \leqslant 1(x \geqslant 0)$.

解 根据条件，得

$$(x+1)(f'(x) + f(x)) - \int_0^x f(t)dt = 0$$

因为 $f(x)$ 在 $[0,+\infty)$ 上可导，由上式，知 $f(x)$ 在 $[0,+\infty)$ 上二阶导数存在，所以

$$f''(x)+\left(1+\frac{1}{x+1}\right)f'(x)=0$$

这是 $f'(x)$ 满足的一个一阶线性齐次方程，解得

$$f'(x)=\frac{Ce^{-x}}{x+1}$$

由于 $f'(0)=-f(0)=-1$，所以 $C=-1$，故

$$f'(x)=-\frac{e^{-x}}{x+1}$$

当 $x\geqslant 0$ 时，因为 $f'(x)=-\dfrac{e^{-x}}{x+1}<0$，所以 $f(x)\leqslant f(0)=1$. 又 $x\geqslant 0$ 时，$(f(x)-$

$e^{-x})'=-\dfrac{e^{-x}}{x+1}+e^{-x}=\dfrac{xe^{-x}}{x+1}\geqslant 0$，所以 $f(x)-e^{-x}\geqslant f(0)-e^0=0$.

所以 $e^{-x}\leqslant f(x)\leqslant 1$ $(x\geqslant 0)$.

注意：证明不等式时，只需要知道导数的符号及函数在某点上的值，并不要求一定知道函数的表达式.

【例 7 - 15】 设 $p(x)$ 在 $[0,+\infty)$ 上连续非负，证明：微分方程 $y'+p(x)y=0$ 的任意非零解满足 $\lim\limits_{x\to+\infty}y(x)=0$ 的充分必要条件是广义积分 $\displaystyle\int_0^{+\infty}p(x)dx$ 发散.

解 设 $y(x)$ 是方程 $y'+p(x)y=0$ 的任一解，则

$$y(x)=C_0 e^{-\int_0^x p(t)dt}$$

其中，C_0 是非零常数. 所以

$$\lim_{x\to+\infty}y(x)=\lim_{x\to+\infty}C_0 e^{-\int_0^x p(t)dt}=0\Leftrightarrow\lim_{x\to+\infty}\int_0^x p(t)dt=+\infty$$

即 $\lim\limits_{x\to+\infty}y(x)=0$ 的充分必要条件是广义积分 $\displaystyle\int_0^{+\infty}p(x)dx$ 发散.

五、测试题

1. 填空题

(1) 方程 $x^3\dfrac{d^2x}{dt^2}+1=0$ 是____阶____（线性、非线性）微分方程.

(2) 方程 $\dfrac{x}{y}\dfrac{dy}{dx}=f(xy)$ 经变换_____，可以化为变量分离方程_____.

(3) 微分方程 $\dfrac{d^3y}{dx^3}-y^2-x=0$ 满足条件 $y(0)=1$，$y'(0)=2$ 的解有____个.

(4) 设常系数方程 $y''+\alpha y'+\beta y=\gamma e^x$ 的一个特解 $y^*(x)=e^{2x}+e^x+xe^x$，则此方程的系数 $\alpha=$____，$\beta=$____，$\gamma=$_____.

(5) 三阶常系数齐线性方程 $y'''-2y''+y=0$ 的特征根是_____.

2. 求平面上过原点的曲线方程，该曲线上任一点处的切线与切点和点 $(1,0)$ 的连线相互垂直.

3. 求解方程 $\dfrac{\mathrm{d}y}{\mathrm{d}x}=\dfrac{x+y-1}{x-y+3}$.

4. 求解方程 $\dfrac{\mathrm{d}^2x}{\mathrm{d}t^2}x+\left(\dfrac{\mathrm{d}x}{\mathrm{d}t}\right)^2=0$.

5. 求 $\left(\dfrac{\mathrm{d}y}{\mathrm{d}x}\right)^3-4xy\dfrac{\mathrm{d}y}{\mathrm{d}x}+8y^2=0$ 的通解.

6. 求微分方程 $y'=y+\sin x$ 的通解.

7. 验证微分方程 $(\cos x\sin x-xy^2)\mathrm{d}x+y(1-x^2)\mathrm{d}y=0$ 是恰当方程, 并求出它的通解.

测试题答案

1. (1) 二, 非线性; (2) $u=xy$, $\dfrac{1}{u(f(u)+1)}\mathrm{d}u=\dfrac{1}{x}\mathrm{d}x$; (3) 无穷多; (4) $\alpha=-3$, $\beta=2$, $\gamma=-1$; (5) 1, $\dfrac{1\pm\sqrt{5}}{2}$.

2. 设曲线方程为 $y=y(x)$, 切点为 (x,y), 切点到点 $(1,0)$ 的连线的斜率为 $\dfrac{y}{x-1}$, 则由题意可得初值问题为 $\begin{cases}y'\dfrac{y}{x-1}=-1\\y(0)=0\end{cases}$.

分离变量, 积分并整理后可得 $y^2=-(x-1)^2+C$.

代入初始条件可得 $C=1$, 因此得所求曲线为 $(x-1)^2+y^2=1$.

3. 由 $\begin{cases}x+y-1=0\\x-y+3=0\end{cases}$, 求得 $x=-1$, $y=2$. 令 $\begin{cases}x=\xi-1\\y=\eta+2\end{cases}$,

则有 $\dfrac{\mathrm{d}\eta}{\mathrm{d}\xi}=\dfrac{\xi+\eta}{\xi-\eta}$. 令 $z=\dfrac{\eta}{\xi}$, 解得 $\dfrac{(1-z)\mathrm{d}z}{1+z^2}=\dfrac{\mathrm{d}\xi}{\xi}$, 积分得 $\arctan z-\dfrac{1}{2}\ln(1+z^2)=\ln|\xi|+C$,

故原方程的解为 $\arctan\dfrac{y-2}{x+1}=\ln\sqrt{(x+1)^2+(y-2)^2}+C$.

4. 令 $\dfrac{\mathrm{d}x}{\mathrm{d}t}=y$, 直接计算可得 $\dfrac{\mathrm{d}^2x}{\mathrm{d}t^2}=y\dfrac{\mathrm{d}y}{\mathrm{d}x}$, 于是原方程化为 $xy\dfrac{\mathrm{d}y}{\mathrm{d}x}+y^2=0$. 故有 $x\dfrac{\mathrm{d}y}{\mathrm{d}x}+y=0$ 或 $y=0$.

积分后得 $y=\dfrac{c}{x}$, 即 $\dfrac{\mathrm{d}x}{\mathrm{d}t}=\dfrac{c}{x}$.

所以原方程的通解为 $x^2=c_1t+c_2$, $(c_1=2c)$.

5. 方程可化为 $x=\dfrac{\left(\dfrac{\mathrm{d}y}{\mathrm{d}x}\right)^3+8y^2}{4y\cdot\dfrac{\mathrm{d}y}{\mathrm{d}x}}$, 令 $\dfrac{\mathrm{d}y}{\mathrm{d}x}=p$, 则有 $x=\dfrac{p^3+8y^2}{4yp}$ (*), (*) 两边对 y 求

导得 $2y(p^3-4y^2)\dfrac{\mathrm{d}p}{\mathrm{d}y}+p(8y^2-p^3)=4y^2p$, 即 $(p^3-4y^2)\left(2y\cdot\dfrac{\mathrm{d}p}{\mathrm{d}y}-p\right)=0$, 由 $2y\cdot\dfrac{\mathrm{d}p}{\mathrm{d}y}-p=0$ 得 $p=cy^{\frac{1}{2}}$, 即 $y=\left(\dfrac{p}{c}\right)^2$.

将 y 代入式（∗）得 $x=\dfrac{c^2}{4}+\dfrac{2p}{c^2}$，

即方程的含参数形式的通解为 $\begin{cases} x=\dfrac{c^2}{4}+\dfrac{2p}{c^2} \\ y=\left(\dfrac{p}{c}\right)^2 \end{cases}$，$p$ 为参数；

又由 $p^3-4y^2=0$ 得 $p=(4y^2)^{\frac{1}{3}}$ 代入式（∗），得 $y=\dfrac{4}{27}x^3$，也是方程的解.

6. 先解 $y'=y$ 得通解为 $y=ce^x$.

令 $y=c(x)\,e^x$ 为原方程的解，代入得 $c'(x)e^x+c(x)e^x=c(x)e^x+\sin x$，即有
$$c'(x)=e^{-x}\sin x$$

积分得 $c(x)=-\dfrac{1}{2}e^{-x}(\sin x+\cos x)+c$，所以 $y=ce^x-\dfrac{1}{2}(\sin x+\cos x)$ 为原方程的通解.

7. 由于 $M(x,y)=\cos x\sin x-xy^2$，$N(x,y)=y(1-x^2)$. 因为 $\dfrac{\partial M}{\partial y}=-2xy=\dfrac{\partial N}{\partial x}$，所以原方程为恰当方程.

把原方程分项组合得 $\cos x\sin x\mathrm{d}x-(xy^2\,\mathrm{d}x+yx^2\,\mathrm{d}y)+y\mathrm{d}y=0$，或写成 $\mathrm{d}\left(\dfrac{1}{2}\sin^2 x\right)+$

$\mathrm{d}\left(\dfrac{1}{2}x^2y^2\right)+\mathrm{d}\left(\dfrac{1}{2}y^2\right)=0$，故原方程的通解为 $\sin^2 x-x^2y^2+y^2=C$.

第八章　空间解析几何与向量代数

一、基本要求

（1）理解向量的概念，掌握向量的坐标表示法，会求单位向量、方向余弦以及向量在坐标轴上的投影.

（2）会求两向量的数量积、向量积，掌握两个向量平行、垂直的条件.

（3）会求空间平面方程的一般方程，会判定两个平面的垂直与平行.

（4）会求空间直线的对称式方程、参数方程，会判定两直线平行、垂直，会判定直线与平面间的关系（垂直、平行、直线在平面上）.

（5）了解球面、母线平行于坐标轴的柱面、旋转抛物面、圆锥面和椭球面的方程及其图形.

二、知识结构

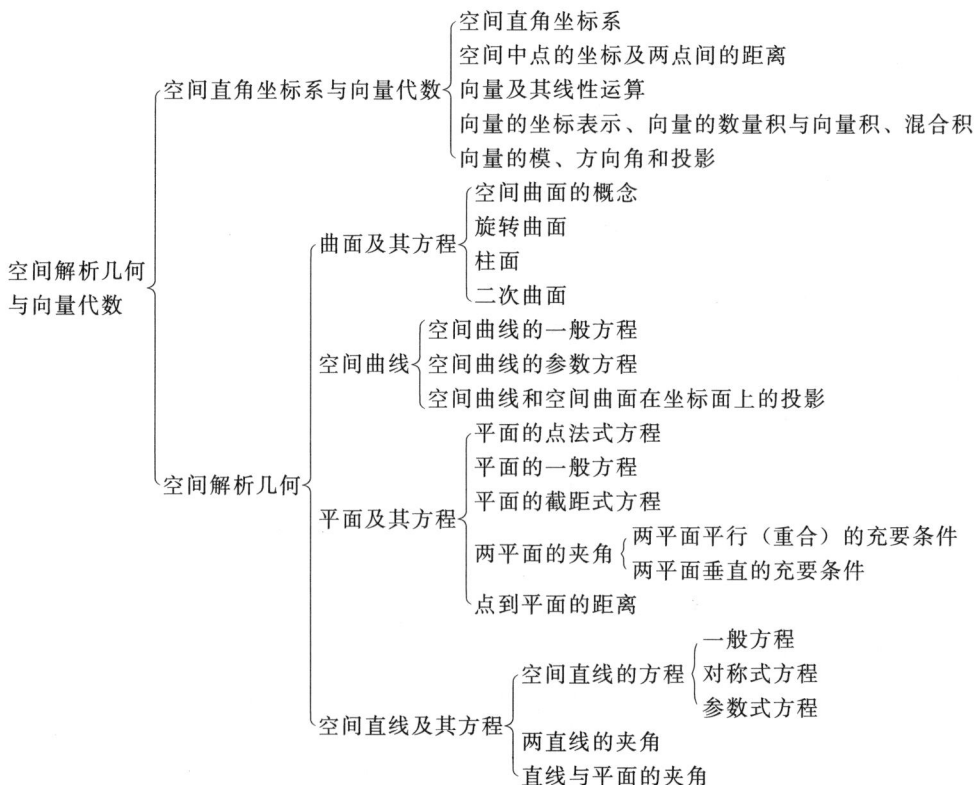

三、内容小结

1. 向量代数

（1）向量及其线性运算.

1）向量的相关概念. 既有大小又有方向的量，称为向量. 与起点位置无关而只与大小和方向有关的向量，称为自由向量.

向量的大小（或长度），称为向量的模.

模为 1 的向量，称为单位向量.

模为 0 的向量，称为零向量，记作 $\vec{0}$.

与 a 大小相等方向相反的向量称为 a 的负向量，记作 $-a$.

若两向量 a，b 模相等方向相同，则 a 与 b 相等.

若 a 与 b 方向相同或相反，则称 a 与 b 平行，记作 $a /\!/ b$.

2）向量的线性运算.

向量的加法：把向量 b 的起点移到向量 a 的终点，则以 a 的起点为起点 b 的终点为终点的向量 c，称为 a 与 b 的和向量，记作 $c = a + b$.

向量的减法：若把两向量 a 与 b 移到同一起点 O，则从 a 的终点 A 向 b 的终点 B 引向量 $\overrightarrow{AB}$，即是 b 与 a 的差 $b - a$.

向量与数的乘法：实数 λ 与向量 a 的乘积是一个向量，记作 λa，它的模为 $|\lambda a| = |\lambda| |a|$，方向规定为：

当 $\lambda > 0$ 时，λa 与 a 同向；

当 $\lambda < 0$ 时，λa 与 a 反向；

当 $\lambda = 0$ 时，λa 为零向量.

3）向量的性质. 设 λ，u 为实数. 则有：

$$a + b = b + a$$
$$(a + b) + c = a + (b + c)$$
$$\lambda(\mu a) = \mu(\lambda a) = (\lambda\mu) a$$
$$(\lambda + \mu) a = \lambda a + \mu a, \quad \lambda(a + b) = \lambda a + \lambda b$$

设 b 是非零向量，且 $a /\!/ b \Leftrightarrow$ 存在实数 λ，使 $a = \lambda b$.

（2）向量的坐标表示、向量的数量积和向量积.

1）向量的坐标表示.

①向量 a 的坐标表示式为 $a = \{a_x, a_y, a_z\}$；向量 a 按基本向量的分解式：$a = a_x i + a_y j + a_z k$，其中 $a_x i$，$a_y j$，$a_z k$ 分别称为 a 在 x，y，z 轴上的分向量.

②向量运算的坐标表示. 设 $a = \{a_x, a_y, a_z\}$，$b = \{b_x, b_y, b_z\}$，则

$$a \pm b = \{a_x \pm b_x, a_y \pm b_y, a_z \pm b_z\}$$
$$\lambda a = \{\lambda a_x, \lambda a_y, \lambda a_z\}$$
$$|a| = \sqrt{a_x{}^2 + a_y{}^2 + a_z{}^2}$$

当 $|a| \neq 0$ 时，$\cos\alpha = \dfrac{a_x}{\sqrt{a_x^2 + a_y^2 + a_z^2}}$；$\cos\beta = \dfrac{a_y}{\sqrt{a_x^2 + a_y^2 + a_z^2}}$；$\cos\gamma = \dfrac{a_z}{\sqrt{a_x^2 + a_y^2 + a_z^2}}$（其

中 α，β，γ 为 a 的方向角），

当 $|a| \neq 0$ 时，与 a 同向的单位向量为 $a^{\circ} = \dfrac{a}{|a|} = \{\cos\alpha, \cos\beta, \cos\gamma\}$.

2）向量的数量积.

称 $|a|\cos(a\hat{,}b)$ 为 a 在 b 上的投影，记作 $p_{rjb}a$，即 $p_{rjb}a = |a|\cos(a\hat{,}b)$.

称 $a \cdot b = |a| \cdot |b| \cos(a\hat{,}b)$ 为向量 a 与 b 的数量积.

数量积的坐标表达式 $a \cdot b = a_x b_x + a_y b_y + a_z b_z$.

两向量夹角余弦的坐标表达式 $\cos(a\hat{,}b) = \dfrac{a_x b_x + a_y b_y + a_z b_z}{\sqrt{a_x^2 + a_y^2 + a_z^2}\,\sqrt{b_x^2 + b_y^2 + b_z^2}}$.

数量积的性质：

$a \cdot b = b \cdot a$；

$(a + b) \cdot c = a \cdot c + b \cdot c$；

$(\lambda a) \cdot b = \lambda(a \cdot b) = a \cdot (\lambda b)$；

$a \perp b \Leftrightarrow a \cdot b = 0 \Leftrightarrow a_x b_x + a_y b_y + a_z b_z = 0$.

3）向量的向量积. 若 c 的方向垂直于 a 与 b 所确定的平面，且 a、b、c 符合右手法则，则称 c 为 a 与 b 的向量积，记作 $c = a \times b$.

注意：$a \times b \perp a$，$a \times b \perp b$.

向量积坐标表示： $a \times b = \begin{vmatrix} i & j & k \\ a_x & a_y & a_z \\ b_x & b_y & b_z \end{vmatrix}$.

向量积性质：

$a \times b = -b \times a$；

$(\lambda a) \times b = a \times (\lambda b) = \lambda(a \times b)$；

$(a + b) \times c = a \times c + b \times c$；

$a /\!/ b \Leftrightarrow a \times b = 0 \Leftrightarrow \dfrac{a_x}{b_x} = \dfrac{a_y}{b_y} = \dfrac{a_z}{b_z}$ $(b \neq 0)$.

2. 空间解析几何

（1）曲面及其方程.

1）空间曲面.

一般方程：$F(x, y, z) = 0$.

显示方程：$z = f(x, y)$.

参数方程：$\begin{cases} x = x(u, v) \\ y = y(u, v) \\ z = z(u, v) \end{cases}$，$(u, v) \in D$，其中 D 为 uv 平面上某一区域.

2）旋转曲面. 设 C：$f(x, y) = 0$ 为 yOz 平面上的曲线，则

C 绕 z 轴旋转所得曲面为 $f(\pm\sqrt{x^2 + y^2}, z) = 0$；

C 绕 y 轴旋转所得曲面为 $f(y, \pm\sqrt{x^2 + z^2}) = 0$.

旋转曲面由母线和旋转轴确定.

3）柱面方程.

母线平行于 z 轴的柱面方程为 $F(x,y)=0$.

母线平行于 x 轴的柱面方程为 $G(y,z)=0$.

母线平行于 y 轴的柱面方程为 $H(x,z)=0$.

当曲面方程中缺少一个变量时则曲面为柱面.

（2）空间曲线及其方程.

空间曲线的一般方程为 C：$\begin{cases} F(x,y,z)=0 \\ G(x,y,z)=0 \end{cases}$.

空间曲线的参数方程为 C：$\begin{cases} x=x(t) \\ y=y(t) \\ z=z(t) \end{cases}$（其中 t 为参数）.

常用空间曲线为螺旋线 $\begin{cases} x=a\cos\theta \\ y=a\sin\theta \\ z=b\theta \end{cases}$.

（3）平面及其方程.

1）平面的方程.

平面的点法式方程为 $A(x-x_0)+B(y-y_0)+C(z-z_0)=0$.

平面的一般方程为 $Ax+By+Cz+D=0$.

平面的截距式方程为 $\dfrac{x}{a}+\dfrac{y}{b}+\dfrac{z}{c}=1$.

2）两平面间的关系. 给定 Π_1：$A_1x+B_1y+C_1z+D_1=0$；Π_2：$A_2x+B_2y+C_2z+D_2=0$.

①两平面的夹角：

$$\cos\theta=\frac{|A_1A_2+B_1B_2+C_1C_2|}{\sqrt{A_1^2+B_1^2+C_1^2}\cdot\sqrt{A_2^2+B_2^2+C_2^2}}$$

当 $\theta=0$ 时，两平面平行（含重合）；当 $\theta=\dfrac{\pi}{2}$ 时，两平面垂直.

②两平面平行（或重合）：

$$\Pi_1 /\!/ \Pi_2 \Leftrightarrow \frac{A_1}{A_2}=\frac{B_1}{B_2}=\frac{C_1}{C_2}$$

③两平面垂直：

$$\Pi_1 \perp \Pi_2 \Leftrightarrow A_1A_2+B_1B_2+C_1C_2=0$$

3）点到平面的距离：设给定点 $P_0(x_0,y_0,z_0)$ 及平面 Π：$Ax+By+Cz+D=0$，则 P_0 到 Π 的距离为

$$d=\frac{|Ax_0+By_0+Cz_0+D|}{\sqrt{A^2+B^2+C^2}}$$

（4）空间直线及其方程.

1）空间直线的方程.

①一般方程：

$$\begin{cases} A_1 x + B_1 y + C_1 z + D_1 = 0 \\ A_2 x + B_2 y + C_2 z + D_2 = 0 \end{cases}$$

L 的方向向量为 $\{A_1, B_1, C_1\} \times \{A_2, B_2, C_2\}$.

②对称式方程：

$$\frac{x - x_0}{m} = \frac{y - y_0}{n} = \frac{z - z_0}{p}$$

其中 $M_0(x_0, y_0, z_0)$ 为 L 上一点，$\boldsymbol{s} = \{m, n, p\}$ 为 L 的方向向量.

③参数式方程：

$$\begin{cases} x = x_0 + mt \\ y = y_0 + nt \quad (\text{其中 } t \text{ 为参数}) \\ z = z_0 + pt \end{cases}$$

2）空间两直线间的关系. 两直线的方向向量的夹角（锐角）称为两直线的夹角，设两直线 L_1 与 L_2 的方向向量分别为 $\boldsymbol{s}_1 = \{m_1, n_1, p_1\}$，$\boldsymbol{s}_2 = \{m_2, n_2, p_2\}$，则有

① $L_1 /\!/ L_2 \Leftrightarrow \dfrac{m_1}{m_2} = \dfrac{n_1}{n_2} = \dfrac{p_1}{p_2}$；

② $L_1 \perp L_2 \Leftrightarrow m_1 m_2 + n_1 n_2 + p_1 p_2 = 0$；

③ $\cos\varphi = \dfrac{|m_1 m_2 + n_1 n_2 + p_1 p_2|}{\sqrt{m_1^2 + n_1^2 + p_1^2} \cdot \sqrt{m_2^2 + n_2^2 + p_2^2}}$ （φ 为 L_1 与 L_2 的夹角）.

3）空间直线与空间平面间的关系. 直线与它在平面上的投影直线的夹角 θ $\left(0 \leqslant \theta \leqslant \dfrac{\pi}{2}\right)$，称为直线与平面的夹角，设直线 L 的方向向量为 $\boldsymbol{s} = \{m, n, p\}$，平面 Π 的法向量为 $\boldsymbol{n} = \{A, B, C\}$，则有

① $\sin\theta = \dfrac{|Am + Bn + Cp|}{\sqrt{A^2 + B^2 + C^2} \cdot \sqrt{m^2 + n^2 + p^2}}$ （θ 为直线 L 与平面 Π 的夹角）；

② $L /\!/ \Pi \Leftrightarrow Am + Bn + Cp = 0$；

③ $L \perp \Pi \Leftrightarrow \dfrac{A}{m} = \dfrac{B}{n} = \dfrac{C}{p}$.

四、例题解析

【例 8-1】 设点 P 的坐标为 $P(1, -2, 3)$，求点 P 到 y 轴的距离.

解 点 P 在 y 轴上的投影为 $(0, -2, 0)$，故点 P 到 y 轴的距离为

$$d = \sqrt{(1-0)^2 + (-2+2)^2 + (3-0)^2} = \sqrt{1^2 + 3^2} = \sqrt{10}$$

【例 8-2】 在 yOz 平面上，求与三个点 $A(3, 1, 2)$，$B(4, -2, -2)$ 和 $C(0, 5, 1)$ 等距离的点.

解 设所求点为 M，其坐标为 $(0, y, z)$，按题意有 $|AM| = |BM| = |CM|$，即

$$\sqrt{(0-3)^2 + (y-1)^2 + (z-2)^2} = \sqrt{(0-4)^2 + (y+2)^2 + (z+2)^2} = \sqrt{(0-0)^2 + (y-5)^2 + (z-1)^2},$$

即

$$-y - 2z = 2y + 2z + 5 = -5y - z + 6.$$

亦即 $\begin{cases} 3y + 4z + 5 = 0 \\ 4y - z - 6 = 0 \end{cases}$，解得 $y = 1, z = -2$.

故所求点 M 的坐标为 $(0,1,-2)$.

【例 8 - 3】 设 $2u+2a-c=0$，$a-v-3b=0$ 试，用 a，b，c 来表示 $u-2v$.

解 $u-2v=\dfrac{c}{2}-a-2(a-3b)=\dfrac{1}{2}c-a-2a+6b=\dfrac{1}{2}c-3a+6b$.

【例 8 - 4】 设 $A(x_1,y_1,z_1)$ 和 $B(x_2,y_2,z_2)$ 为两已知点，而在 AB 直线上的点 M 分有向线段 $\overrightarrow{AB}$ 为两个有向线段 $\overrightarrow{AM}$ 与 $\overrightarrow{MB}$，使它们满足等式 $\overrightarrow{AM}=\lambda\overrightarrow{MB}$ $(\lambda\neq-1)$，试证：分点 $M(x,y,z)$ 的坐标为 $x=\dfrac{x_1+\lambda x_2}{1+\lambda}$，$y=\dfrac{y_1+\lambda y_2}{1+\lambda}$，$z=\dfrac{z_1+\lambda z_2}{1+\lambda}$.

解 由题意有 $\overrightarrow{AM}=\lambda\overrightarrow{MB}$ $(\lambda\neq-1)$

即 $\{x-x_1,y-y_1,z-z_1\}=\lambda\{x_2-x,y_2-y,z_2-z\}$

亦即 $\begin{cases} x-x_1=\lambda(x_2-x) \\ y-y_1=\lambda(y_2-y) \\ z-z_1=\lambda(z_2-z) \end{cases}$，解得 $\begin{cases} x=\dfrac{x_1+\lambda x_2}{1+\lambda} \\[2mm] y=\dfrac{y_1+\lambda y_2}{1+\lambda} \\[2mm] z=\dfrac{z_1+\lambda z_2}{1+\lambda} \end{cases}$

即证得分点 $M(x,y,z)$ 的坐标为 $x=\dfrac{x_1+\lambda x_2}{1+\lambda}$，$y=\dfrac{y_1+\lambda y_2}{1+\lambda}$，$z=\dfrac{z_1+\lambda z_2}{1+\lambda}$.

【例 8 - 5】 设已知两点 $M_1(4,\sqrt{2},1)$ 和 $M_2(3,0,2)$，计算向量 $\overrightarrow{M_1M_2}$ 的模、方向余弦和方向角.

解 $\overrightarrow{M_1M_2}=\{3-4,0-\sqrt{2},2-1\}=\{-1,-\sqrt{2},1\}$，$|\overrightarrow{M_1M_2}|=\sqrt{(-1)^2+(-\sqrt{2})^2+1^2}=2$.

所以 $\cos\alpha=-\dfrac{1}{2}$，$\cos\beta=-\dfrac{\sqrt{2}}{2}$，$\cos\gamma=\dfrac{1}{2}$，则 $\alpha=\dfrac{2}{3}\pi$，$\beta=\dfrac{3}{4}\pi$，$\gamma=\dfrac{\pi}{3}$.

【例 8 - 6】 设 $u=2a+b$，$v=ka+b$，其中 $|a|=1$，$|b|=2$，且 $a\perp b$，试问：

(1) k 为何值时，$u\perp v$?

(2) k 为何值时，以 u，v 为邻边的平行四边形面积为 6?

解 (1) 由 $u\cdot v=(2a+b)\cdot(ka+b)=2k|a|^2+(2+k)a\cdot b+|b|^2=2k+4$ 可知当 $k=-2$ 时，$u\cdot v=0$，亦即 $u\perp v$.

(2) 据题意知 $|u\times v|=6$，即 $|(2a+b)\times(ka+b)|$

$$=|2k(a\times a)+2(a\times b)+k(b\times a)+b\times b|=|2-k|\,|a\times b|$$

$$=|2-k|\cdot 2\cdot 1\cdot\sin\dfrac{\pi}{2}=|4-2k|=6.$$

解之，得 $k=-1$ 和 $k=5$.

【例 8 - 7】 设 $a=3i-j-2k$，$b=i+2j-k$，求：(1) $(-2a)\cdot 3b$ 及 $a\times b$；(2) a，b 夹角的余弦.

解 (1) $(-2a)\cdot 3b=-6(a\cdot b)=-6[3\times 1+(-1)\times 2+(-2)\times(-1)]=-6\times 3=-18$.

(2) $\cos(\widehat{a,b})=\dfrac{a\cdot b}{|a||b|}=\dfrac{3}{\sqrt{14}\times\sqrt{6}}=\dfrac{3}{2\sqrt{21}}=\dfrac{\sqrt{21}}{14}$.

【例 8 - 8】 指出下列方程组在平面解析几何与在空间解析几何中分别表示什么图形：

(1) $\begin{cases} y=5x+1 \\ y=2x-3 \end{cases}$;   (2) $\begin{cases} \dfrac{x^2}{4}+\dfrac{y^2}{9}=1 \\ y=3 \end{cases}$.

解 (1) 在平面解析几何中表示两条直线的交点；在空间解析中表示两平面的交线．

(2) 在平面解析几何中表示椭圆与其一切线的交点；在空间解析几何中表示椭圆柱面 $\dfrac{x^2}{4}+\dfrac{y^2}{9}=1$ 与其切平面 $y=3$ 的交线．

【例 8-9】 求过三点 $M_1(2,-1,4)$、$M_2(-1,3,-2)$ 和 $M_3(0,2,3)$ 的平面的方程．

解 可以用 $\overrightarrow{M_1M_2} \times \overrightarrow{M_1M_3}$ 作为平面的法线向量 $\boldsymbol{n}$．

因为 $\overrightarrow{M_1M_2}=(-3,4,-6)$，$\overrightarrow{M_1M_3}=(-2,3,-1)$，所以

$$\boldsymbol{n}=\overrightarrow{M_1M_2} \times \overrightarrow{M_1M_3}=\begin{vmatrix} \boldsymbol{i} & \boldsymbol{j} & \boldsymbol{k} \\ -3 & 4 & -6 \\ -2 & 3 & -1 \end{vmatrix}=14\boldsymbol{i}+9\boldsymbol{j}-\boldsymbol{k}$$

根据平面的点法式方程，得所求平面的方程为

$$4(x-2)+9(y+1)-(z-4)=0$$

即 $4x+9y-z-15=0$

【例 8-10】 一平面通过两点 $M_1(1,1,1)$ 和 $M_2(0,1,-1)$ 且垂直于平面 $x+y+z=0$，求它的方程．

解

解法一：由点 M_1 到点 M_2 的向量为 $\boldsymbol{n}_1=(-1,0,-2)$，平面 $x+y+z=0$ 的法线向量为 $\boldsymbol{n}_2=(1,1,1)$．设所求平面的法线向量为 $\boldsymbol{n}=(A,B,C)$，则有 $\boldsymbol{n}\perp\boldsymbol{n}_1$．即

$$-A-2C=0 \qquad\qquad\qquad ①$$

又因为所求平面垂直于平面 $x+y+z=0$，所以 $\boldsymbol{n}\perp\boldsymbol{n}_2$，即

$$A+B+C=0 \qquad\qquad\qquad ②$$

联立方程①②并代入所求平面方程，可得 $2x-y-z=0$．

解法二：从点 M_1 到点 M_2 的向量为 $\boldsymbol{n}_1=(-1,0,-2)$，平面 $x+y+z=0$ 的法线向量为 $\boldsymbol{n}_2=(1,1,1)$，根据题意可知所求平面法向量 $\boldsymbol{n}=\boldsymbol{n}_1\times\boldsymbol{n}_2=\begin{vmatrix} \boldsymbol{i} & \boldsymbol{j} & \boldsymbol{k} \\ -1 & 0 & -2 \\ 1 & 1 & 1 \end{vmatrix}=2\boldsymbol{i}-\boldsymbol{j}-\boldsymbol{k}.$

所以所求平面方程为 $2x-y-z=0$．

【例 8-11】 写出满足下列各条件的直线方程：

(1) 经过点 $(-1,2,5)$ 且垂直于平面 $3x-7y+2z-11=0$；

(2) 经过点 $(2,0,-1)$ 且平行于 y 轴；

(3) 经过点 $(-2,3,1)$ 且平行于直线 $\begin{cases} 2x-3y+z=0 \\ x+5y-2z=0 \end{cases}$ ．

解 (1) 因为所求直线垂直于平面 $3x-7y+2z-11=0$，所以直线平行于所给平面法向量 $\boldsymbol{n}=\{3,-7,2\}$，故可取直线的方向向量为 $\boldsymbol{s}=\boldsymbol{n}=\{3,-7,2\}$，于是所求直线方程为

$$\frac{x+1}{3}=\frac{y-2}{-7}=\frac{z-5}{2}$$

（2）因为直线平行于 y 轴，所以直线的方向向量 $\boldsymbol{s}$ 平行于单位向量 $\boldsymbol{j}=\{0,1,0\}$，故可取 $\boldsymbol{s}=\boldsymbol{j}=\{0,1,0\}$，于是所求直线方程为

$$\frac{x-2}{0}=\frac{y}{1}=\frac{z+1}{0}$$

（3）因为已知直线的方向向量 $\boldsymbol{s}_1=\{2,-3,1\}\times\{1,5,-2\}=\{1,5,13\}$，故所求直线的方向向量可以取为 $\boldsymbol{s}=\boldsymbol{s}_1=\{1,5,13\}$，于是所求直线方程为

$$\frac{x+2}{1}=\frac{y-3}{5}=\frac{z-1}{13}$$

【例 8-12】 求直线 $\begin{cases}5x-3y+3z-9=0\\3x-2y+z-1=0\end{cases}$ 与直线 $\begin{cases}2x+2y-z+23=0\\3x+8y+z-18=0\end{cases}$ 的夹角的余弦.

解
$$\boldsymbol{s}_1=\begin{vmatrix}\boldsymbol{i}&\boldsymbol{j}&\boldsymbol{k}\\5&-3&3\\3&-2&1\end{vmatrix}=3\boldsymbol{i}+4\boldsymbol{j}-\boldsymbol{k}$$

$$\boldsymbol{s}_2=\begin{vmatrix}\boldsymbol{i}&\boldsymbol{j}&\boldsymbol{k}\\2&2&-1\\3&8&1\end{vmatrix}=10\boldsymbol{i}-5\boldsymbol{j}+10\boldsymbol{k}$$

$\cos\varphi=\dfrac{|\boldsymbol{s}_1\cdot\boldsymbol{s}_2|}{|\boldsymbol{s}_1|\cdot|\boldsymbol{s}_2|}=\dfrac{|30-20-10|}{|\boldsymbol{s}_1|\cdot|\boldsymbol{s}_2|}=0$，即两直线垂直.

【例 8-13】 求直线 $\dfrac{x-2}{1}=\dfrac{y-3}{1}=\dfrac{z-4}{2}$ 与平面 $2x+y+z-6=0$ 的交点.

解 由 $\dfrac{x-2}{1}=\dfrac{y-3}{1}=\dfrac{z-4}{1}$ 得 $x=y-1$，$z=2y-2$.

将 x，z 代入 $2x+y+z-6=0$，得 $y=2$.

将 $y=2$ 代入 x，z，得 $x=1$，$z=2$. 所以交点为 $(1,2,2)$.

【例 8-14】 设一平面垂直于平面 $z=0$，并通过从点 $(1,-1,1)$ 到直线 $\begin{cases}y-z+1=0\\x=0\end{cases}$ 的垂线. 试求平面的方程.

解 设所求平面的法向量为 $\boldsymbol{n}=\{A,B,C\}$，则 $\boldsymbol{n}\perp\boldsymbol{k}$，从而 $C=0$，于是可设平面方程为 $Ax+By+D=0$.

过点 $(1,-1,1)$ 垂直于直线 $L\begin{cases}y-z+1=0\\x=0\end{cases}$ 的平面方程为 Π：$y+z=0$.

直线 L 与平面 Π 的交点（垂足）为 $\left(0,-\dfrac{1}{2},\dfrac{1}{2}\right)$.

于是点 $(1,-1,1)$ 和点 $\left(0,-\dfrac{1}{2},\dfrac{1}{2}\right)$ 均在 $Ax+By+D=0$ 上，即 $\begin{cases}A-B+D=0\\-\dfrac{1}{2}B+D=0\end{cases}$，从

而 $\begin{cases}B=2D\\A=D\end{cases}$，故所求平面方程为 $x+2y+1=0$.

五、测试题

测 试 题 A

1．填空题

(1) 已知 $a=2i+3j-4k$，$b=5i-3j+k$，则向量 $c=2a-3b$ 在 z 轴方向上的分向量为_____．

(2) 过点 $M_1(3,-2,1)$ 和 $M_2(-1,0,2)$ 的直线方程为_____．

(3) 设 $|a|=2$，$|b|=\sqrt{2}$，且 $a\cdot b=2$，则 $|a\times b|=$_____．

(4) 设空间两直线 $\dfrac{x-1}{1}=\dfrac{y+1}{2}=\dfrac{z-1}{\lambda}$ 与 $x+1=y-1=z$ 相交于一点，则 $\lambda=$_____．

(5) 已知向量 a 与 $c=\{4,7,-4\}$ 平行且方向相反，若 $|a|=27$，则 $a=$_____．

(6) 方程 $z=x^2+y^2$ 在空间直角坐标系中表示的曲面是_____．

(7) 平面 $x-y+2z-1=0$ 与平面 $2x+y+z-3=0$ 的夹角为_____．

(8) xOy 平面上的双曲线 $4x^2-9y^2=36$ 绕 y 轴旋转所得旋转曲面方程为_____．

2．选择题

(1) 设 a，b，c 为三个任意向量，则 $(a+b)\times c=$ （　　）．

A. $a\times c+c\times b$ B. $c\times a+c\times b$

C. $a\times c+b\times c$ D. $c\times a+b\times c$

(2) 曲面 $x^2+y^2+z^2=a^2$ 与 $x^2+y^2=2az$（$a>0$）的交线是 （　　）．

A. 抛物线   B. 双曲线   C. 圆周   D. 椭圆

(3) 设向量 a 与 b 平行且方向相反，又 $|a|>|b|>0$，则有 （　　）．

A. $|a+b|=|a|-|b|$ B. $|a+b|>|a|-|b|$

C. $|a+b|<|a|-|b|$ D. $|a+b|=|a|+|b|$

(4) 直线 $\dfrac{x+3}{-2}=\dfrac{y+4}{-7}=\dfrac{z}{3}$ 与平面 $4x-2y-2z=3$ 的关系为 （　　）．

A. 平行但直线不在平面上   B. 直线在平面上

C. 垂直相交   D. 相交但不垂直

(5) 已知 $|a|=1$，$|b|=\sqrt{2}$，且 $(a\overset{\wedge}{,}b)=\dfrac{\pi}{4}$，则 $|a+b|=$（　　）．

A. 1；   B. $1+\sqrt{2}$ C. 2   D. $\sqrt{5}$

(6) 下列等式中正确的是 （　　）．

A. $i+j=k$ B. $i\cdot j=k$ C. $i\cdot i=j\cdot j$ D. $i\times i=i\cdot i$

(7) 曲面 $x^2-y^2=z$ 在 xOz 平面上的截线方程为 （　　）．

A. $x^2=z$ B. $\begin{cases}y^2=-z\\x=0\end{cases}$ C. $\begin{cases}x^2-y^2=0\\z=0\end{cases}$ D. $\begin{cases}x^2=z\\y=0\end{cases}$

(8) $2(x-1)^2+(y-2)^2-(z-3)^2=0$ 在空间直角坐标系中表示 （　　）．

A. 球面   B. 椭圆锥面   C. 抛物面   D. 圆锥面

3. 计算题

（1）已知 $|a|=2$，$|b|=5$，$(a\hat{\,}b)=\dfrac{2\pi}{3}$，问 λ 为何值时，向量 $u=\lambda a+17b$ 与 $v=3a-b$ 互相垂直.

（2）求过点 $M_1(x_1,y_1,z_1)$，$M_2(x_2,y_2,z_2)$ 且垂直于平面 $x+y+z=0$ 的平面法向量 n.

（3）求两平行面 $3x+6y-2z+14=0$ 与 $3x+6y-2z-7=0$ 之间的距离.

（4）求过点 $(-3,2,5)$ 且与两平面 $x-4z-3=0$ 和 $2x-y-5z-1=0$ 的交线平行的直线方程.

（5）一平面过点 $A(1,0,-1)$ 且平行向量 $a=\{2,1,1\}$ 和 $b=\{1,-1,0\}$，试求这平面方程.

（6）已知三个非零向量 a，b，c 中任意两个向量都不平行，但 $a+b$ 与 c 平行，$b+c$ 与 a 平行，试证：$a+b+c=0$.

测　试　题　B

1. 设 $a=3i-j-2k$，$b=i+2j-k$. 求：

（1）$a\cdot b$ 及 $a\times b$；（2）$(-2a)\cdot 3b$ 及 $a\times 2b$；（3）a、b 的夹角的余弦.

2. 求上半球 $0\leqslant z\leqslant\sqrt{a^2-x^2-y^2}$ 与圆柱体 $x^2+y^2\leqslant ax$（$a>0$）的公共部分在 xOy 面及 xOz 面上的投影.

3. 求点 $(3,-1,2)$ 到直线 $\begin{cases}x+y-z+1=0\\2x-y+z-4=0\end{cases}$ 的距离.

4. 已知 $a+b+c=0$（a，b，c 为非零向量），试证：$a\times b=b\times c=c\times a$.

5. 已知 a 和 b 为两非零向量，问 t 取何值时，向量模 $|a+tb|$ 最小？并证明此时 $b\perp(a+tb)$.

6. 求两直线 L_1：$\dfrac{x-1}{0}=\dfrac{y}{-1}=\dfrac{z}{-1}$ 与直线 L_2：$\dfrac{x}{6}=\dfrac{y}{-3}=\dfrac{z+2}{0}$ 的最短距离.

7. 设向量 a，b 非零，$|b|=2$，$(a,b)=\dfrac{\pi}{3}$，求 $\lim\limits_{x\to 0}\dfrac{|a+xb|-|a|}{x}$.

测试题 A 答案

1. （1）$-9k$；（2）$\dfrac{x-3}{-4}=\dfrac{y+2}{2}=\dfrac{z-1}{1}$；（3）$2$；（4）$\dfrac{5}{4}$；（5）$\{-12,-21,12\}$；（6）顶点在原点，开口向上的旋转抛物面；（7）$\theta=\dfrac{\pi}{3}$；（8）$4(x^2+z^2)-9y^2=36$.

2. （1）C；（2）C；（3）A；（4）A；（5）D；（6）A；（7）D；（8）B.

3. 计算题

（1）由 $u\cdot v=0$ 得 $(\lambda a+17b)\cdot(3a-b)=0$，即 $3\lambda|a|^2+(51-\lambda)a\cdot b-17|b|^2=0$，将 $|a|=2$，$|b|=5$，$(a\hat{\,}b)=\dfrac{2\pi}{3}$ 代入得：$12\lambda+(51-\lambda)\cdot 10\cos\dfrac{2\pi}{3}-425=0$，解得 $\lambda=40$.

（2）由题意知：n 垂直于过点 M_1 和 M_2 的直线，

故 $n \perp \{x_1 - x_2, y_1 - y_2, z_1 - z_2\}$，又因为 n 垂直于已知平面 $x + y + z = 0$ 的法向量，故 $n \perp \{1, 1, 1\}$，从而可取

$$n = \begin{vmatrix} i & j & k \\ x_1 - x_2 & y_1 - y_2 & z_1 - z_2 \\ 1 & 1 & 1 \end{vmatrix} = \{y_1 - y_2 - z_1 + z_2, -x_1 + x_2 + z_1 - z_2, x_1 - x_2 - y_1 + y_2\}$$

（3）在平面 $3x + 6y - 2z + 14 = 0$ 上取点 $M(0, 0, 7)$，则点 M 到平面 $3x + 6y - 2z - 7 = 0$ 的距离即为所求，$d = \dfrac{|0 + 0 - 2 \times 7 - 7|}{\sqrt{3^2 + 6^2 + (-2)^2}} = \dfrac{21}{7} = 3$.

（4）设 $s = \{m, n, p\}$ 为所求直线的一个方向向量，由题意知 s 与两个平面的法向量 $n_1 = \{1, 0, -4\}$ 和 $n_2 = \{2, 1, -5\}$ 同时垂直，故有 $s \cdot n_1 = 0$，$s \cdot n_2 = 0$.

即 $\begin{cases} m - 4p = 0 \\ 2m - n - 5p = 0 \end{cases}$，解得 $m = 4p$，$n = 3p$，即得 $s = \{4, 3, 1\}$.

故所求直线方程为 $\dfrac{x+3}{4} = \dfrac{y-2}{3} = \dfrac{z-5}{1}$.

（5）（从点法式入手）由条件可取 $n = a \times b = \begin{vmatrix} i & j & k \\ 2 & 1 & 1 \\ 1 & -1 & 0 \end{vmatrix} = \{1, 1, -3\}$，于是 $1 \cdot (x - 1) + 1 \cdot (y - 0) - 3 \cdot (z + 1) = 0$.

即 $x + y - 3z - 4 = 0$ 为所求平面方程.

（6）因为 $(a + b)$ 与 c 平行，所以存在常数 λ 使

$$a + b = \lambda c$$

同理有 $\qquad\qquad b + c = \mu a$

上二式相减，得 $a - c = \lambda c - \mu a$，即 $(1 + \mu)a = (1 + \lambda)c$.

但 a 与 c 不平行，故 $1 + \mu = 1 + \lambda = 0$，所以 $\lambda = \mu = -1$.

从而 $a + b = -c$，故 $a + b + c = 0$，得证.

测试题 B 答案

1.（1）$a \cdot b = 3 \cdot 1 + (-1) \cdot 2 + (-2) \cdot (-1) = 3$.

$$a \times b = \begin{vmatrix} i & j & k \\ 3 & -1 & -2 \\ 1 & 2 & -1 \end{vmatrix} = 5i + j + 7k.$$

（2）$(-2a) \cdot 3b = -6(a \cdot b) = -18$，$a \times 2b = 2(a \times b) = 10i + 2j + 14k$.

（3）$\cos(\hat{a, b}) = \dfrac{a \cdot b}{|a| \cdot |b|} = \dfrac{3}{2\sqrt{21}}$.

2. 在 xOy 面的投影为 $\begin{cases} \left(x - \dfrac{a}{2}\right)^2 + y^2 \leqslant a^2 \\ z = 0 \end{cases}$，在 xOz 面的投影为 $\begin{cases} x^2 + z^2 \leqslant a^2 \\ y = 0 \end{cases}$.

3. $\dfrac{3\sqrt{2}}{2}$.

4. 因为 $a + b + c = 0$，所以 $a \times (a + b + c) = 0$.

即 $a \times a + a \times b + a \times c = 0$，又 $a \times a = 0$，所以 $a \times b = -a \times c = c \times a$ 同理得 $a \times b = b \times c$.

5. 因为 $|a + tb|^2 = (a + tb) \cdot (a + tb) = |a|^2 + t^2|b|^2 + 2t(a \cdot b)$. 该式为关于 t 的一个 2 次方程，求其最小值即可. 答案：$t = -\dfrac{a \cdot b}{|b|^2}$.

6. 已知两直线的方向向量为 $s_1 = \{0, -1, -1\}$，$s_2 = \{6, -3, 0\}$，故垂直于两方向向量的向量 n 可取为 $n = s_1 \times s_2 = -3i - 6j + 6k$，又点 $(1, 0, 0)$ 在直线 L_1 上.

所以过直线 L_1 且平行于 L_2 的平面为 $-3(x-1) - 6y + 6z = 0$，即 $x + 2y - 2z - 1 = 0$，又点 $(0, 0, -2)$ 在直线 L_1 上，该点到平面 $x + 2y - 2z - 1 = 0$ 的距离 $d = \dfrac{3}{\sqrt{1^2 + 2^2 + 2^2}} = 1$ 为所求两直线间的最短距离.

7. $\displaystyle\lim_{x \to 0} \frac{|a + xb| - |a|}{x} = \lim_{x \to 0} \frac{|a + xb|^2 - |a|^2}{x(|a + xb| + |a|)} = \lim_{x \to 0} \frac{(a + xb) \cdot (a + xb) - a \cdot a}{x(|a + xb| + |a|)}$

$\displaystyle = \lim_{x \to 0} \frac{(a \cdot a + 3xa \cdot b + x^2|b|^2) - a \cdot a}{x(|a + xb| + |a|)} = \lim_{x \to 0} \frac{2a \cdot b + x|b|^2}{(|a + xb| + |a|)}$

$\displaystyle = \frac{2a \cdot b}{2|a|} = 2\cos\frac{\pi}{3} = 1.$

第九章 多元函数微分法及其应用

一、基本要求

（1）理解多元函数、多元函数偏导数的概念，会求多元函数的定义域、二重极限.

（2）会求多元函数的偏导数、全微分、全导数等.

（3）会求空间曲线的切线及法平面、空间曲面的切平面及法线方程.

（4）会用多元函数微分法解决简单的最大值、最小值问题.

二、知识结构

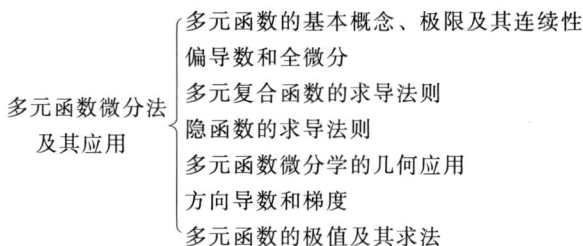

三、内容小结

1. 多元函数的基本概念、极限及其连续性

（1）多元函数的基本概念.

1）二元函数的定义. 设有变量 x，y 和 z，如果当变量 x，y 在一定范围内任取一组值时，变量 z 按照一定的法则总有确定的值和它们对应，则称变量 z 是变量 x，y 的二元函数. 记作

$$z = f(x, y) \text{ 或 } z = z(x, y)$$

其中，变量 x，y 称为自变量，z 称为因变量，自变量 x，y 的取值范围称为函数的定义域.

二元及二元以上的函数统称为多元函数.

2）邻域.

点集 $\{(x, y) \mid (x - x_0)^2 + (y - y_0)^2 < \delta^2, \delta > 0\}$ 称为点 $P_0(x_0, y_0)$ 的 δ 邻域，记为 $U(P_0, \delta)$. P_0 称为该邻域的中心，δ 称为该邻域的半径.

点集 $\{(x, y) \mid 0 < (x - x_0)^2 + (y - y_0)^2 < \delta^2, \delta > 0\}$ 称为点 $P_0(x_0, y_0)$ 的去心 δ 邻域，记为 $\mathring{U}(P_0, \delta)$.

3）内点. D 是 xOy 平面上的点集，P_0 为一点，若存在 $\delta>0$，使 $U(P_0,\delta)\subset D$，则称 P_0 是 D 的内点.

4）边界点. D 是 xOy 平面上的点集，P_0 为一点，如果对于任意 $\delta>0$，$U(P_0,\delta)$ 内既有 D 中的点，又有不属于 D 的点，则称 P_0 是 D 的边界点. D 的边界点的全体，称为 D 的边界.

注意：边界点可以属于也可以不属于 D.

5）开集. 如果点集 D 中的点都是 D 的内点，则称 D 为开集.

6）连通集. 如果 D 内的任意两点都可用 D 中的折线连接起来，则称 D 为连通集.

7）开区域. 连通的开集.

8）闭区域. 开区域加上它的边界.

9）有界区域. 如果一个区域内的任意两点的距离都不超过某一常数，则称它为有界区域，否则称为无界区域.

（2）二重极限.

设二元函数 $z=f(x,y)$ 在点 $P_0(x_0,y_0)$ 的某一去心邻域内有定义，如果动点 $P(x,y)$ 沿任意方式趋近于 $P_0(x_0,y_0)$ 时，对应的函数值 $f(x,y)$ 总是趋近于一个确定的常数 A，则称 A 为函数 $f(x,y)$ 当 $P(x,y)\to P_0(x_0,y_0)$ 时的极限，或称函数 $f(x,y)$ 在点 $P_0(x_0,y_0)$ 处收敛于 A，记为 $\lim\limits_{\substack{x\to x_0\\y\to y_0}}f(x,y)=A$ 或 $\lim\limits_{(x,y)\to(x_0,y_0)}f(x,y)=A$.

注意：①如果只是点 $P(x,y)$ 沿某一条或几条特殊路径趋向于 $P_0(x_0,y_0)$ 时函数 $f(x,y)$ 趋向于某一确定的值，不能判断函数的极限存在；反过来，如果当 $P(x,y)$ 沿不同的路径趋于 $P_0(x_0,y_0)$ 时 $f(x,y)$ 趋于不同的值，就可判定 $f(x,y)$ 在 $P_0(x_0,y_0)$ 的极限不存在.

②二重极限的运算与一元函数极限的运算完全一致.

（3）多元函数的连续性.

1）多元函数连续的概念.

①设二元函数 $z=f(x,y)$ 在点 $P_0(x_0,y_0)$ 的某邻域内的定义，如 $\lim\limits_{\substack{x\to x_0\\y\to y_0}}f(x,y)=f(x_0,y_0)$，则称函数 $z=f(x,y)$ 在 $P_0(x_0,y_0)$ 处连续，并称 $P_0(x_0,y_0)$ 为 $z=f(x,y)$ 的连续点.

②设二元函数 $z=f(x,y)$ 在点 $P_0(x_0,y_0)$ 的某邻域内的定义，如果 $\lim\limits_{\substack{\Delta x\to 0\\\Delta y\to 0}}\Delta z=0$，则称函数 $z=f(x,y)$ 在 $P_0(x_0,y_0)$ 处连续. 其中 $\Delta z=f(x_0+\Delta x,y_0+\Delta y)-f(x_0,y_0)$ 称为 $z=f(x,y)$ 在 $P_0(x_0,y_0)$ 处的全增量.

③若函数 $z=f(x,y)$ 在 D 内每一点都连续，称函数在 D 内连续.

④函数的不连续点称为函数的间断点.

2）多元连续函数的性质.

①有界闭区域上的连续函数必为有界函数.

②有界闭区域上的连续函数必有最大值和最小值.

③有界闭区域上的连续函数必可取得介于函数最大值和最小值之间的任何值.

2. 偏导数和全微分

（1）偏导数.

1）增量. 设函数 $z=f(x,y)$ 在点 (x_0,y_0) 的某邻域内有定义：当 y 固定在 y_0 而 x 有增量 Δx 时，$f(x_0+\Delta x,y_0)-f(x_0,y_0)$ 称为 $f(x,y)$ 在 (x_0,y_0) 处对 x 的偏增量；当 x 固定在 x_0 而 y 有增量 Δy 时，$f(x_0,y_0+\Delta y)-f(x_0,y_0)$ 称为 $f(x,y)$ 在 (x_0,y_0) 处对 y 的偏增量；称 $\Delta z=f(x_0+\Delta x,y_0+\Delta y)-f(x_0,y_0)$ 为 $f(x,y)$ 在 (x_0,y_0) 处的全增量.

2）一阶偏导数. 设函数 $z=f(x,y)$ 在点 (x_0,y_0) 的某邻域内有定义，若 $\lim\limits_{\Delta x\to 0}\dfrac{f(x_0+\Delta x,y_0)-f(x_0,y_0)}{\Delta x}$ 存在，则称此极限为 $f(x,y)$ 在 (x_0,y_0) 处对变量 x 的偏导数，记作 $\dfrac{\partial z}{\partial x}\Big|_{\substack{x=x_0\\y=y_0}}$，$\dfrac{\partial f}{\partial x}\Big|_{\substack{x=x_0\\y=y_0}}$，$z_x\Big|_{\substack{x=x_0\\y=y_0}}$ 或 $f_x(x_0,y_0)$；若 $\lim\limits_{\Delta x\to 0}\dfrac{f(x_0,y_0+\Delta y)-f(x_0,y_0)}{\Delta y}$ 存在，则称此极限为 $f(x,y)$ 在 (x_0,y_0) 处对变量 y 的偏导数，记作 $\dfrac{\partial z}{\partial y}\Big|_{\substack{x=x_0\\y=y_0}}$，$\dfrac{\partial f}{\partial y}\Big|_{\substack{x=x_0\\y=y_0}}$，$z_y\Big|_{\substack{x=x_0\\y=y_0}}$ 或 $f_y(x_0,y_0)$；若 $z=f(x,y)$ 在区域 D 内的每一点 (x,y) 处对变量 x（或变量 y）的偏导数都存在，则这个偏导数为 x，y 的函数，此函数称为 $z=f(x,y)$ 对变量 x（或变量 y）的偏导函数，记作 $\dfrac{\partial z}{\partial x}\Big(或\dfrac{\partial z}{\partial y}\Big)$.

不致混淆时也称偏导函数为偏导数.

3）一阶偏导数的几何意义.

①$f_x(x_0,y_0)$ 表示空间曲线 $\begin{cases}z=f(x,y)\\y=y_0\end{cases}$ 在点 $M(x_0,y_0,f(x_0,y_0))$ 的切线对 x 轴的斜率.

②$f_y(x_0,y_0)$ 表示空间曲线 $\begin{cases}z=f(x,y)\\x=x_0\end{cases}$ 在点 $M(x_0,y_0,f(x_0,y_0))$ 的切线对 y 轴的斜率.

4）二阶偏导数. 若 $z=f(x,y)$ 在区域 D 内的偏导函数仍在 D 内可导，则它们的偏导函数是 $z=f(x,y)$ 的二阶偏导数，分别是

$$\frac{\partial}{\partial x}\Big(\frac{\partial z}{\partial x}\Big)=\frac{\partial^2 z}{\partial x^2}=f_{xx}(x,y),\quad \frac{\partial}{\partial y}\Big(\frac{\partial z}{\partial x}\Big)=\frac{\partial^2 z}{\partial x\partial y}=f_{xy}(x,y)$$

$$\frac{\partial}{\partial x}\Big(\frac{\partial z}{\partial y}\Big)=\frac{\partial^2 z}{\partial y\partial x}=f_{yx}(x,y),\quad \frac{\partial}{\partial y}\Big(\frac{\partial z}{\partial y}\Big)=\frac{\partial^2 z}{\partial y^2}=f_{yy}(x,y)$$

其中，$f_{xy}(x,y)$，$f_{yx}(x,y)$ 称为 $z=f(x,y)$ 的二阶混合偏导数. 同理可定义三阶及三阶以上的偏导数. 二阶及二阶以上的偏导数统称为高阶偏导数.

混合偏导数与求导顺序有关，但当 $f_{xy}(x,y)$，$f_{yx}(x,y)$ 在 D 内连续时，有

$$f_{xy}(x,y)=f_{yx}(x,y)$$

（2）全微分.

1）定义. 设函数 $z=f(x,y)$ 在点 (x,y) 的某邻域内有定义，如果全增量 $\Delta z=$

$f(x_0+\Delta x,y_0+\Delta y)-f(x_0,y_0)$ 可表示为 $\Delta z=A\Delta x+B\Delta y+o(\rho)$，其中 A，B 不依赖于 Δx，Δy，仅与 x，y 有关，$\rho=\sqrt{(\Delta x)^2+(\Delta y)^2}$，则称函数 $z=f(x,y)$ 在点 (x,y) 处可微，$A\Delta x+B\Delta y$ 称为 $z=f(x,y)$ 在点 (x,y) 的全微分，记作 $\mathrm{d}z$，即 $\mathrm{d}z=A\Delta x+B\Delta y$.

若函数 $z=f(x,y)$ 在 D 内的每一点处可微，称函数在 D 内可微.

2）全微分的计算方法. 若 $z=f(x,y)$ 在 $P(x_0,y_0)$ 可微，则有 $\mathrm{d}z=f_x(x_0,y_0)\mathrm{d}x+f_y(x_0,y_0)\mathrm{d}y$，其中 $f_x(x_0,y_0)$，$f_y(x_0,y_0)$ 的求法可以结合复合函数或者隐函数求导.

3）可微的性质.

①可微的必要条件：若 $z=f(x,y)$ 在 (x,y) 处可微，则 $z=f(x,y)$ 在 (x,y) 处可导，且 $\mathrm{d}z=\dfrac{\partial z}{\partial x}\Delta x+\dfrac{\partial z}{\partial y}\Delta y$.

②可微的充分条件：若 $z=f(x,y)$ 的偏导数 $\dfrac{\partial z}{\partial x}$，$\dfrac{\partial z}{\partial y}$ 在 (x,y) 连续，则函数 $z=f(x,y)$ 在该点必可微.

③记 $\mathrm{d}x=\Delta x$，$\mathrm{d}y=\Delta y$，则 $\mathrm{d}z=\dfrac{\partial z}{\partial x}\mathrm{d}x+\dfrac{\partial z}{\partial y}\mathrm{d}y$.

4）多元函数的全微分与连续、可导之间的关系.

①一阶偏导数 f_x，f_y 在 $P(x_0,y_0)$ 连续 $\Rightarrow z=f(x,y)$ 在 $P(x_0,y_0)$ 可微 $\Rightarrow z=f(x,y)$ 在 $P(x_0,y_0)$ 连续 $\Rightarrow z=f(x,y)$ 在 $P(x_0,y_0)$ 有极限.

②$z=f(x,y)$ 在 $P(x_0,y_0)$ 可微 $\Rightarrow$ 在 $P(x_0,y_0)$ 的一阶偏导数 $f_x(x_0,y_0)$，$f_y(x_0,y_0)$ 存在.

③$z=f(x,y)$ 在 $P(x_0,y_0)$ 可微 $\Rightarrow$ 在 $P(x_0,y_0)$ 的方向导数 $f_x(x_0,y_0)$，$f_y(x_0,y_0)$ 存在.

3. 多元复合函数及隐函数的求导法则

（1）多元复合函数的求导法则.

1）若函数 $u=\varphi(x,y)$，$v=\psi(x,y)$ 在点 (x,y) 处对 x 及对 y 的偏导数存在，$z=f(u,v)$ 在对应点 (u,v) 对 u 及对 v 有连续的偏导数，则复合函数 $z=f[\varphi(x,y),\psi(x,y)]$ 在点 (x,y) 处对 x 及对 y 的偏导数存在，且有公式

$$\frac{\partial z}{\partial x}=\frac{\partial z}{\partial u}\frac{\partial u}{\partial x}+\frac{\partial z}{\partial v}\frac{\partial v}{\partial x};\ \frac{\partial z}{\partial y}=\frac{\partial z}{\partial u}\frac{\partial u}{\partial y}+\frac{\partial z}{\partial v}\frac{\partial v}{\partial y}$$

2）对 $z=f(u,v,w)$，$u=\varphi(x,y)$，$v=\psi(x,y)$，$w=w(x,y)$ 亦有

$$\frac{\partial z}{\partial x}=\frac{\partial z}{\partial u}\frac{\partial u}{\partial x}+\frac{\partial z}{\partial v}\frac{\partial v}{\partial x}+\frac{\partial z}{\partial w}\frac{\partial w}{\partial x};\ \frac{\partial z}{\partial y}=\frac{\partial z}{\partial u}\frac{\partial u}{\partial y}+\frac{\partial z}{\partial v}\frac{\partial v}{\partial y}+\frac{\partial z}{\partial w}\frac{\partial w}{\partial y}$$

3）对 $z=f(u,x,y)$，$u=u(x,y)$ 有

$$\frac{\partial z}{\partial x}=\frac{\partial f}{\partial u}\frac{\partial u}{\partial x}+\frac{\partial f}{\partial x};\ \frac{\partial z}{\partial y}=\frac{\partial f}{\partial u}\frac{\partial u}{\partial y}+\frac{\partial f}{\partial y}$$

（2）全导数.

设 $z=f(u,v)$，$u=\varphi(t)$，$v=\psi(t)$，则复合函数 $z=f[\varphi(t),\psi(t)]$ 是 t 的一元函数，且

$$\frac{\mathrm{d}z}{\mathrm{d}t}=\frac{\partial z}{\partial u}\frac{\mathrm{d}u}{\mathrm{d}t}+\frac{\partial z}{\partial v}\frac{\mathrm{d}v}{\mathrm{d}t}$$

称为 z 关于 t 的全导数.

（3）隐函数的求导公式.

1）设函数 $F(x,y)$ 在 $P_0(x_0,y_0)$ 的某邻域内具有连续偏导数，且 $F(x_0,y_0)=0$，$F_y(x_0,y_0)\neq0$，则方程 $F(x,y)=0$ 在点 $P_0(x_0,y_0)$ 的某邻域内可唯一确定一个具有连续导数的函数 $y=f(x)$，满足 $y_0=f(x_0)$，且

$$\frac{\mathrm{d}y}{\mathrm{d}x}=-\frac{F_x}{F_y}$$

2）设函数 $F(x,y,z)$ 在点 $P_0(x_0,y_0,z_0)$ 的某邻域内具有连续偏导数，且 $F(x_0,y_0,z_0)=0$，$F_z(x_0,y_0,z_0)\neq0$，则方程 $F(x,y,z)=0$ 在点 $P_0(x_0,y_0,z_0)$ 的某邻域内可唯一确定一个具有连续偏导数的函数 $z=f(x,y)$，满足 $z_0=f(x_0,y_0)$，且

$$\frac{\partial z}{\partial x}=-\frac{F_x}{F_z};\ \frac{\partial z}{\partial y}=-\frac{F_y}{F_z}$$

4. 多元函数微分学的几何应用

（1）空间曲线的切线和法平面.

1）设空间曲线 Γ 的参数方程为 $x=x(t)$，$y=y(t)$，$z=z(t)$，其中 $x(t)$，$y(t)$，$z(t)$ 都是 t 的可导函数，当 $t=t_0$ 时，$x_0=x(t_0)$，$y_0=y(t_0)$，$z_0=z(t_0)$，对应曲线 Γ 上的定点 $M_0(x_0,y_0,z_0)$，$x'(t_0)$，$y'(t_0)$，$z'(t_0)$ 不全为零，则 Γ 在点 M_0 的切向量为 $\{x'(t_0)$，$y'(t_0),z'(t_0)\}$.

切线方程为

$$\frac{x-x_0}{x'(t_0)}=\frac{y-y_0}{y'(t_0)}=\frac{z-z_0}{z'(t_0)}$$

法平面方程为

$$x'(t_0)(x-x_0)+y'(t_0)(y-y_0)+z'(t_0)(z-z_0)=0$$

2）若 Γ 的方程为 $y=y(x)$，$z=z(x)$，$y(x)$，$z(x)$ 都是 x 的可导函数，则在点 $M_0(x_0,y_0,z_0)$ 的切向量为 $\{1,y'(x_0),z'(x_0)\}$，切线方程为

$$\frac{x-x_0}{1}=\frac{y-y_0}{y'(x_0)}=\frac{z-z_0}{z'(x_0)}$$

法平面方程为

$$(x-x_0)+y'(x_0)(y-y_0)+z'(x_0)(z-z_0)=0$$

（2）曲面的切平面和法线.

1）隐式方程情形. 设曲面 Σ 的方程为 $F(x,y,z)=0$，$M_0(x_0,y_0,z_0)$ 为 Σ 上的一点，$F(x,y,z)$ 在点 M_0 的偏导数连续且不全为零，则 Σ 在点 M_0 的法向量为 $\{F_x(x_0,y_0,z_0)$，$F_y(x_0,y_0,z_0),F_z(x_0,y_0,z_0)\}$.

切平面方程为

$$F_x(x_0,y_0,z_0)(x-x_0)+F_y(x_0,y_0,z_0)(y-y_0)+F_z(x_0,y_0,z_0)(z-z_0)=0$$

法线方程为

$$\frac{x-x_0}{F_x(x_0,y_0,z_0)}=\frac{y-y_0}{F_y(x_0,y_0,z_0)}=\frac{z-z_0}{F_z(x_0,y_0,z_0)}$$

2）显式方程情形. 设曲面 Σ 的方程为 $z=f(x,y)$，$M_0(x_0,y_0,z_0)$ 为 Σ 上的一点，

$z=f(x,y)$ 在 (x_0,y_0) 处有连续偏导数，则 Σ 在点 M_0 的法向量为 $\{-f_x(x_0,y_0),$ $-f_y(x_0,y_0),1\}$.

切平面方程为

$$f_x(x_0,y_0)(x-x_0)+f_y(x_0,y_0)(y-y_0)-(z-z_0)=0$$

法线方程为

$$\frac{x-x_0}{f_x(x_0,y_0)}=\frac{y-y_0}{f_y(x_0,y_0)}=\frac{z-z_0}{-1}$$

5. 方向导数与梯度

（1）方向导数的存在及计算.

如果函数 $f(x,y)$ 在点 $P_0(x_0,y_0)$ 可微分，那么函数在该点沿任一方向 l 的方向导数存在，且有 $\frac{\partial f}{\partial l}=f_x(x_0,y_0)\cos\alpha+f_y(x_0,y_0)\cos\beta$. 其中 $\cos\alpha,\cos\beta$ 是方向 l 的方向余弦.

（2）梯度.

在二元函数的情形，设函数 $f(x,y)$ 在平面区域 D 内具有一阶连续偏导数，在对于每一点 $P_0(x_0,y_0)\in D$，都可定出一个向量 $f_x(x_0,y_0)\boldsymbol{i}+f_y(x_0,y_0)\boldsymbol{j}$，该向量称为函数 $f(x,y)$ 在点 $P_0(x_0,y_0)$ 的梯度，记作 $\boldsymbol{grad}f(x_0,y_0)$，即

$$\boldsymbol{grad}f(x_0,y_0)=f_x(x_0,y_0)\boldsymbol{i}+f_y(x_0,y_0)\boldsymbol{j}$$

6. 多元函数的极值及其求法

（1）定义.

设函数 $z=f(x,y)$ 在点 (x_0,y_0) 的某邻域内有定义，对于该邻域内不同于 (x_0,y_0) 的任意点 (x,y)，总有 $f(x,y)<f(x_0,y_0)$ ［或 $f(x,y)>f(x_0,y_0)$］，则称 $f(x_0,y_0)$ 为函数 $f(x,y)$ 的一个极大值（或极小值），点 (x_0,y_0) 称为极大值点（或极小值点）.

极大值与极小值统称为极值，极大值点与极小值点统称为极值点.

（2）驻点.

使 $f_x(x_0,y_0)=0$，$f_y(x_0,y_0)=0$ 的点 (x_0,y_0) 称为函数 $z=f(x,y)$ 的驻点.

（3）极值存在的必要条件.

设函数 $f(x,y)$ 在点 (x_0,y_0) 处的两个偏导数 $f_x(x_0,y_0)$，$f_y(x_0,y_0)$ 存在，且在点 (x_0,y_0) 处取得极值，则 $f_x(x_0,y_0)=0$，$f_y(x_0,y_0)=0$.

（4）极值存在的充分条件.

设函数 $z=f(x,y)$ 在点 (x_0,y_0) 的某邻域内有连续的一阶和二阶偏导数，(x_0,y_0) 为函数的驻点，令 $A=f_{xx}(x_0,y_0)$，$B=f_{xy}(x_0,y_0)$，$C=f_{yy}(x_0,y_0)$，$\Delta=B^2-AC$，则

1）若 $\Delta<0$，则点 (x_0,y_0) 是 $z=f(x,y)$ 的极值点，且当 $A<0$ 时，点 (x_0,y_0) 为极大值点，当 $A>0$ 时，点 (x_0,y_0) 为极小值点.

2）若 $\Delta>0$，则点 (x_0,y_0) 不是 $z=f(x,y)$ 的极值点.

3）若 $\Delta=0$，则点 (x_0,y_0) 可能是 $z=f(x,y)$ 的极值点，也可能不是 $z=f(x,y)$ 的极值点.

（5）函数的最大值与最小值.

在实际问题中，根据问题的实际意义，可以判断函数 $z=f(x,y)$ 在区域 D 上存在最

大值或最小值，且一定在区域 D 的内部取得，而区域 D 内仅有一个驻点，则函数必在该驻点处取得最大值或最小值.

四、例题解析

【例 9 - 1】 求下列各函数的定义域：

(1) $z=\sqrt{x-\sqrt{y}}$；(2) $z=\ln(y-x)+\dfrac{\sqrt{x}}{\sqrt{1-x^2-y^2}}$；(3) $u=\arccos\dfrac{z}{\sqrt{x^2+y^2}}$.

分析：二元函数的定义域一般是平面区域，三元函数的定义域一般是空间区域. 这些点集可用使函数有定义的自变量所应满足的不等式或不等式组表示.

解 (1) $y\geqslant 0$ 且 $x-\sqrt{y}\geqslant 0$，即 $x\geqslant\sqrt{y}$，得 $D=\{(x,y)\,|\,y\geqslant 0,x\geqslant\sqrt{y}\}$.

(2) $\begin{cases} y-x>0 \\ x\geqslant 0 \\ 1-x^2-y^2>0 \end{cases}$，得 $D=\{(x,y)\,|\,x\geqslant 0,y>x,x^2+y^2<1\}$.

(3) $x^2+y^2\neq 0$ 且 $\left|\dfrac{z}{\sqrt{x^2+y^2}}\right|\leqslant 1$，得 $D=\{(x,y,z)\,|\,z^2\leqslant x^2+y^2,x^2+y^2\neq 0\}$.

【例 9 - 2】 设 $f\left(x+y,\dfrac{y}{x}\right)=x^2-y^2$，求 $f(x,y)$.

解

解法一：令 $x+y=u$，$\dfrac{y}{x}=v$，则有 $x=\dfrac{u}{1+v}$，$y=\dfrac{uv}{1+v}$.

由原式 $f\left(x+y,\dfrac{y}{x}\right)=x^2-y^2$ 知 $f(u,v)=\left(\dfrac{u}{1+v}\right)^2-\left(\dfrac{uv}{1+v}\right)^2=\dfrac{u^2(1-v)}{1+v}$.

故 $f(x,y)=\dfrac{x^2(1-y)}{1+y}$ $(y\neq -1)$.

解法二：因 $f\left(x+y,\dfrac{y}{x}\right)=x^2-y^2=(x+y)(x-y)=(x+y)^2\,\dfrac{x-y}{x+y}=(x+y)^2\,\dfrac{1-\dfrac{y}{x}}{1+\dfrac{y}{x}}$.

故 $f(x,y)=x^2\,\dfrac{1-y}{1+y}$ $(y\neq -1)$.

【例 9 - 3】 求下列各极限：

(1) $\displaystyle\lim_{\substack{x\to 0 \\ y\to 1}}\dfrac{1-xy}{x^2+y^2}$；(2) $\displaystyle\lim_{\substack{x\to 0 \\ y\to 0}}\dfrac{2-\sqrt{xy+4}}{xy}$；(3) $\displaystyle\lim_{\substack{x\to 2 \\ y\to 0}}\dfrac{\sin xy}{y}$；(4) $\displaystyle\lim_{\substack{x\to 0 \\ y\to 0}}\dfrac{1-\cos(x^2+y^2)}{(x^2+y^2)e^{x^2 y^2}}$.

分析：求多元函数的极限可利用多元函数的连续性及一元函数求极限的一些方法.

解 (1) 用函数的连续性：

$$\lim_{\substack{x\to 0 \\ y\to 1}}\dfrac{1-xy}{x^2+y^2}=\dfrac{1-0}{0+1}=1.$$

(2) 用一元函数求极限的方法（分子有理化）：

$$\lim_{\substack{x\to 0 \\ y\to 0}}\dfrac{2-\sqrt{xy+4}}{xy}=\lim_{\substack{x\to 0 \\ y\to 0}}\dfrac{4-(xy+4)}{xy(2+\sqrt{xy+4})}=\lim_{\substack{x\to 0 \\ y\to 0}}\dfrac{-1}{2+\sqrt{xy+4}}=-\dfrac{1}{4}.$$

（3）用一元函数的重要极限：

$$\lim_{\substack{x\to 2\\y\to 0}}\frac{\sin xy}{y}=\lim_{\substack{x\to 2\\y\to 0}}\frac{\sin xy}{xy}\cdot x=1\times 2=2.$$

（4）$\lim_{\substack{x\to 0\\y\to 0}}\dfrac{1-\cos(x^2+y^2)}{(x^2+y^2)\mathrm{e}^{x^2y^2}}=\lim_{\substack{x\to 0\\y\to 0}}\dfrac{2\sin^2\dfrac{x^2+y^2}{2}}{\left(\dfrac{x^2+y^2}{2}\right)^2}\cdot\dfrac{x^2+y^2}{4\mathrm{e}^{x^2y^2}}=\dfrac{1}{2}\times 0=0.$

【例 9-4】 证明：极限 $\lim\limits_{\substack{x\to 0\\y\to 0}}\dfrac{x^2y^2}{x^2y^2+(x-y)^2}$ 不存在.

分析：因为二重极限 $\lim\limits_{\substack{x\to x_0\\y\to y_0}}f(x,y)=A$ 存在，是指 $P(x,y)$ 以任意方式趋于 $P_0(x_0,y_0)$ 时，函数都无限接近某常数 A. 所以，证明极限不存在，只要 P 以某一特殊方式趋于 P_0 时，函数不趋于某一确定值；或以两种不同方式趋于 P_0 时，函数趋于不同的值，便可断定函数的极限不存在.

证

证法一：若点 $P(x,y)$ 沿直线 $y=x$ 趋于 $(0,0)$，则

$$\lim_{\substack{x\to 0\\y=x}}\frac{x^2y^2}{x^2y^2+(x-y)^2}=\lim_{x\to 0}\frac{x^4}{x^4}=1;$$

若点 $P(x,y)$ 沿直线 $y=2x$ 趋于 $(0,0)$，则

$$\lim_{\substack{x\to 0\\y=2x}}\frac{x^2y^2}{x^2y^2+(x-y)^2}=\lim_{x\to 0}\frac{4x^4}{4x^4+x^2}=0.$$

所以极限不存在.

证法二：若点 $P(x,y)$ 沿直线 $y=kx$ 趋于 $(0,0)$，则

$$\lim_{\substack{x\to 0\\y=kx}}\frac{x^2y^2}{x^2y^2+(x-y)^2}=\lim_{x\to 0}\frac{k^2x^4}{k^2x^4+(1-k)^2x^2}=\lim_{x\to 0}\frac{k^2x^2}{k^2x^2+(1-k)^2}=\begin{cases}1,&k=1\\0,&k\neq 1\end{cases}.$$

所以极限不存在.

【例 9-5】 设 $f(x,y)=\begin{cases}\dfrac{xy}{x^2+y^2},&x^2+y^2\neq 0\\0,&x^2+y^2=0\end{cases}$，证明：$f(x,y)$ 在 $(0,0)$ 处不连续，但两个一阶偏导数存在.

证 $f(0,0)=0$，当 (x,y) 沿直线 $y=kx$ 趋于 $(0,0)$ 时 $\lim\limits_{\substack{x\to 0\\y=kx}}f(x,y)=\lim\limits_{x\to 0}\dfrac{kx^2}{x^2+k^2x^2}=\dfrac{k}{1+k^2}.$

当 k 取不同值时，极限值不同. 故 $\lim\limits_{\substack{x\to 0\\y\to 0}}f(x,y)$ 不存在.

所以 $f(x,y)$ 在 $(0,0)$ 处不连续. 但根据偏导数的定义知

$$f_x(0,0)=\lim_{\Delta x\to 0}\frac{f(0+\Delta x,0)-f(0,0)}{\Delta x}=\lim_{\Delta x\to 0}\frac{0-0}{\Delta x}=0.$$

$$f_y(0,0)=\lim_{\Delta y\to 0}\frac{f(0,0+\Delta y)-f(0,0)}{\Delta y}=\lim_{\Delta y\to 0}\frac{0-0}{\Delta y}=0.$$

所以 $f(x,y)$ 在 $(0,0)$ 处两个一阶偏导数存在.

本例说明,对于多元函数,偏导数存在未必连续.

【例 9 - 6】 证明:函数 $z=\sqrt{x^2+y^2}$ 在 $(0,0)$ 处连续,但两个一阶偏导数不存在.

解 因 $(0,0)$ 在 $f(x,y)$ 的定义域内,所以 $f(x,y)$ 在 $(0,0)$ 处连续. 又因 $f(x,0)=\sqrt{x^2}=|x|$ 在 $x=0$ 处不可导,所以 $f'_x(0,0)$ 不存在;同样 $f(0,y)=\sqrt{y^2}=|y|$ 在 $y=0$ 处不可导,所以 $f'_y(0,0)$ 不存在.

【例 9 - 7】 设 $z=f(x,y)=\sqrt{|xy|}$,证明 $f(x,y)$ 在 $(0,0)$ 处一阶偏导数存在,但不可微.

分析:要证函数 $f(x,y)$ 在 $(0,0)$ 处是否可微,只需检验极限:

$$\lim_{\rho\to 0}\frac{\Delta z-[f'_x(0,0)\Delta x+f'_y(0,0)\Delta y]}{\rho}$$是否为 0,其中 $\rho=\sqrt{(\Delta x)^2+(\Delta y)^2}$ 若极限为 0,则函数 $f(x,y)$ 在 $(0,0)$ 处可微,否则不可微.

证 因 $f(x,0)=0$,$f(0,y)=0$,由定义知 $f'_x(0,0)=0$,$f'_y(0,0)=0$,但

$$\frac{\Delta z-[f'_x(0,0)\Delta x+f'_y(0,0)\Delta y]}{\rho}=\frac{\sqrt{|\Delta x\cdot\Delta y|}}{\sqrt{\Delta x^2+\Delta y^2}}=\sqrt{\frac{|\Delta x\cdot\Delta y|}{(\Delta x)^2+(\Delta y)^2}}$$

当 $(\Delta x,\Delta y)\to(0,0)$ 时,上式极限不存在. (取路径 $\Delta y=k\Delta x$) 因此,$f(x,y)$ 在 $(0,0)$ 处不可微.

【例 9 - 8】 求下列函数的偏导数:

(1) $z=(1+xy)^y$;(2) $u=x^{\frac{y}{z}}$;(3) $u=\arctan(x-y)^z$.

分析:多元函数对其中一个变量求偏导时,只需将其余变量视为常量,利用一元函数的求导公式或求导法则求导即可.

解 (1) $\dfrac{\partial z}{\partial x}=y(1+xy)^{y-1}y=y^2(1+xy)^{y-1}$.

$\dfrac{\partial z}{\partial y}=\dfrac{\partial}{\partial y}e^{y\ln(1+xy)}=e^{y\ln(1+xy)}\left[\ln(1+xy)+y\,\dfrac{x}{1+xy}\right]=(1+xy)^y\left[\ln(1+xy)+\dfrac{xy}{1+xy}\right]$.

(2) $\dfrac{\partial u}{\partial x}=\dfrac{y}{z}x^{\frac{y}{z}-1}$,$\dfrac{\partial u}{\partial y}=x^{\frac{y}{z}}(\ln x)\dfrac{1}{z}=\dfrac{1}{z}x^{\frac{y}{z}}\ln x$,$\dfrac{\partial u}{\partial z}=x^{\frac{y}{z}}(\ln x)\left(-\dfrac{y}{z^2}\right)=-\dfrac{y}{z^2}x^{\frac{y}{z}}\ln x$.

(3) $\dfrac{\partial u}{\partial x}=\dfrac{z(x-y)^{z-1}}{1+(x-y)^{2z}}$,$\dfrac{\partial u}{\partial y}=\dfrac{-z(x-y)^{z-1}}{1+(x-y)^{2z}}$,$\dfrac{\partial u}{\partial z}=\dfrac{(x-y)^z\ln(x-y)}{1+(x-y)^{2z}}$.

【例 9 - 9】 设 $f(x,y)=x+(y-1)\arcsin\sqrt{\dfrac{x}{y}}$,求 $f_x(x,1)$.

分析:本题是求函数 $f(x,y)$ 在点 $(x,1)$ 处关于 x 的偏导数,由定义知,固定 $y=1$,$f(x,1)=x$,再对 x 求导即可.

解 因 $f(x,1)=x$,所以 $f_x(x,1)=1$.

【例 9 - 10】 (1) 设 $z=y^x$,求 $\dfrac{\partial^2 z}{\partial x^2}$,$\dfrac{\partial^2 z}{\partial y^2}$,$\dfrac{\partial^2 z}{\partial x\partial y}$;

(2) 设 $z=\dfrac{1}{x}f(xy)+y\phi(x+y)$,$f$,$\phi$ 具有二阶连续导数,求 $\dfrac{\partial^2 z}{\partial x\partial y}$ (1998 年考研题).

解 （1）$\dfrac{\partial z}{\partial x}=y^x\ln y$，$\dfrac{\partial z}{\partial y}=xy^{x-1}$.

$$\dfrac{\partial^2 z}{\partial x^2}=\dfrac{\partial}{\partial x}\left(\dfrac{\partial z}{\partial x}\right)=y^x\ln^2 y.$$

$$\dfrac{\partial^2 z}{\partial y^2}=\dfrac{\partial}{\partial y}\left(\dfrac{\partial z}{\partial y}\right)=x(x-1)y^{x-2}.$$

$$\dfrac{\partial^2 z}{\partial x\partial y}=\dfrac{\partial}{\partial y}\left(\dfrac{\partial z}{\partial x}\right)=xy^{x-1}\ln y+y^x\dfrac{1}{y}=y^{x-1}(x\ln y+1).$$

（2）$\dfrac{\partial z}{\partial x}=-\dfrac{1}{x^2}f(xy)+\dfrac{y}{x}f'_x(xy)+y\phi'_y(x+y)$

$$\dfrac{\partial^2 z}{\partial x\partial y}=\dfrac{\partial}{\partial y}\left(\dfrac{\partial z}{\partial x}\right)$$

$$=-\dfrac{x}{x^2}f'_{xy}(xy)+\dfrac{1}{x}f'_x(xy)+\dfrac{y}{x}xf''_{xy}(xy)+\phi'_x(x+y)+y\phi''_{xy}(x+y)$$

$$=yf''_{xy}(xy)+\phi'_x(x+y)+y\phi''_{xy}(x+y).$$

【例 9-11】 求下列函数的全微分：

（1）$z=\dfrac{y}{\sqrt{x^2+y^2}}$；（2）$u=x^{yz}$.

解 （1）因为 $\dfrac{\partial z}{\partial x}=-\dfrac{1}{2}\dfrac{y2x}{(x^2+y^2)^{3/2}}=-\dfrac{xy}{(x^2+y^2)^{3/2}}$.

$$\dfrac{\partial z}{\partial y}=\dfrac{\sqrt{x^2+y^2}-y\dfrac{2y}{2\sqrt{x^2+y^2}}}{x^2+y^2}=\dfrac{x^2}{(x^2+y^2)^{3/2}}$$

所以 $\mathrm{d}z=\dfrac{\partial z}{\partial x}\mathrm{d}x+\dfrac{\partial z}{\partial y}\mathrm{d}y=\dfrac{x(-y\mathrm{d}x+x\mathrm{d}y)}{(x^2+y^2)^{3/2}}$.

（2）因为 $\dfrac{\partial u}{\partial x}=yzx^{yz-1}$；$\dfrac{\partial u}{\partial y}=x^{yz}(\ln x)z$；$\dfrac{\partial u}{\partial z}=x^{yz}(\ln x)y$.

所以 $\mathrm{d}u=\dfrac{\partial u}{\partial x}\mathrm{d}x+\dfrac{\partial u}{\partial y}\mathrm{d}y+\dfrac{\partial u}{\partial z}\mathrm{d}z=yzx^{yz-1}\mathrm{d}x+zx^{yz}\ln x\mathrm{d}y+yx^{yz}\ln x\mathrm{d}z$.

【例 9-12】 求下列函数的偏导数或全导数：

（1）$z=u^2\ln v$，$u=\dfrac{x}{y}$，$v=3x-2y$，求 $\dfrac{\partial z}{\partial x}$，$\dfrac{\partial z}{\partial y}$；

（2）$z=\arcsin(x-y)$，$x=3t$，$y=4t^3$，求 $\dfrac{\mathrm{d}z}{\mathrm{d}t}$.

分析：多元复合函数求导时，先画出复合线路图，再按图写出求导公式．这种方法对复杂的复合情形尤为有利．

解 （1）$\dfrac{\partial z}{\partial x}=\dfrac{\partial z}{\partial u}\dfrac{\partial u}{\partial x}+\dfrac{\partial z}{\partial v}\dfrac{\partial v}{\partial x}=2u\ln v\dfrac{1}{y}+\dfrac{u^2}{v}3=\dfrac{2x}{y^2}\ln(3x-2y)+\dfrac{3x^2}{(3x-2y)y^2}$.

$\dfrac{\partial z}{\partial y}=\dfrac{\partial z}{\partial u}\dfrac{\partial u}{\partial y}+\dfrac{\partial z}{\partial v}\dfrac{\partial v}{\partial y}=2u\ln v\left(-\dfrac{x}{y^2}\right)+\dfrac{u^2}{v}(-2)=-\dfrac{2x^2}{y^3}\ln(3x-2y)-\dfrac{2x^2}{(3x-2y)y^2}$.

（2）$\dfrac{\mathrm{d}z}{\mathrm{d}t}=\dfrac{\partial z}{\partial x}\dfrac{\mathrm{d}x}{\mathrm{d}t}+\dfrac{\partial z}{\partial y}\dfrac{\mathrm{d}y}{\mathrm{d}t}=\dfrac{1}{\sqrt{1-(x-y)^2}}3+\dfrac{-1}{\sqrt{1-(x-y)^2}}12t^2=\dfrac{3(1-4t^2)}{\sqrt{1-(3t-4t^3)^2}}$.

【例 9 - 13】 设 f 具有一阶连续偏导，$u = f(x^2 - y^2, e^{xy})$，求 $\dfrac{\partial u}{\partial x}$，$\dfrac{\partial u}{\partial y}$.

说明：抽象函数求偏导时一定要设中间变量.

解 令 $s = x^2 - y^2$，$t = e^{xy}$. 则 $u = f(s, t)$.

$$\frac{\partial u}{\partial x} = \frac{\partial f}{\partial s} \frac{\partial s}{\partial x} + \frac{\partial f}{\partial t} \frac{\partial t}{\partial x} = \frac{\partial f}{\partial s} 2x + \frac{\partial f}{\partial t} e^{xy} y = 2x f_s' + y e^{xy} f_t'$$

$$\frac{\partial u}{\partial y} = \frac{\partial f}{\partial s} \frac{\partial s}{\partial y} + \frac{\partial f}{\partial t} \frac{\partial t}{\partial y} = \frac{\partial f}{\partial s} (-2y) + \frac{\partial f}{\partial t} e^{xy} x = -2y f_s' + x e^{xy} f_t'$$

【例 9 - 14】 设 f 具有二阶连续偏导数，$z = f\left(xy, \dfrac{x}{y}\right)$，求 $\dfrac{\partial^2 z}{\partial x^2}$，$\dfrac{\partial^2 z}{\partial x \partial y}$，$\dfrac{\partial^2 z}{\partial y^2}$.

分析：求多元函数的高阶偏导数，关键在于牢记多元复合函数的各阶偏导数仍是与原来函数同类型的函数，即以原中间变量为中间变量、原自变量为自变量的多元复合函数. 高阶偏导数可采用简便记法，如 f_1'，f_2' 分别表示 f 对第一、第二中间变量的偏导数，f_{12}'' 表示 f 先对第一、再对第二中间变量的二阶混合偏导数. 当高阶偏导数连续时，应将混合偏导数并项.

解 令 $u = xy$，$v = \dfrac{x}{y}$，则 $z = f(u, v)$.

$$\frac{\partial z}{\partial x} = \frac{\partial f}{\partial u} \cdot \frac{\partial u}{\partial x} + \frac{\partial f}{\partial v} \cdot \frac{\partial v}{\partial x} = f_1' \cdot y + f_2' \cdot \frac{1}{y}.$$

$$\frac{\partial z}{\partial y} = \frac{\partial f}{\partial u} \cdot \frac{\partial u}{\partial y} + \frac{\partial f}{\partial v} \cdot \frac{\partial v}{\partial y} = f_1' \cdot x + f_2' \cdot \left(-\frac{x}{y^2}\right).$$

$$\frac{\partial^2 z}{\partial x^2} = \frac{\partial}{\partial x}\left(y \cdot f_1' + \frac{1}{y} \cdot f_2'\right) = y \frac{\partial f_1'}{\partial x} + \frac{1}{y} \cdot \frac{\partial f_2'}{\partial x}$$

$$= y \cdot \left(\frac{\partial f_1'}{\partial u} \cdot \frac{\partial u}{\partial x} + \frac{\partial f_1'}{\partial v} \cdot \frac{\partial v}{\partial x}\right) + \frac{1}{y} \cdot \left(\frac{\partial f_2'}{\partial u} \cdot \frac{\partial u}{\partial x} + \frac{\partial f_2'}{\partial v} \cdot \frac{\partial v}{\partial x}\right)$$

$$= y \cdot \left(f_{11}'' \cdot y + f_{12}'' \cdot \frac{1}{y}\right) + \frac{1}{y} \cdot \left(f_{21}'' \cdot y + f_{22}'' \cdot \frac{1}{y}\right) = y^2 f_{11}'' + 2 f_{12}'' + \frac{1}{y^2} f_{22}''.$$

$$\frac{\partial^2 z}{\partial x \partial y} = \frac{\partial}{\partial y}(y \cdot f_1' + \frac{1}{y} f_2') = f_1' + y \cdot \frac{\partial f_1'}{\partial y} - \frac{1}{y^2} f_2' + \frac{1}{y} \frac{\partial f_2'}{\partial y}$$

$$= f_1' + y \cdot \left(\frac{\partial f_1'}{\partial u} \cdot \frac{\partial u}{\partial y} + \frac{\partial f_1'}{\partial v} \cdot \frac{\partial v}{\partial y}\right) - \frac{1}{y^2} \cdot f_2' + \frac{1}{y}\left(\frac{\partial f_2'}{\partial u} \cdot \frac{\partial u}{\partial y} + \frac{\partial f_2'}{\partial v}\frac{\partial v}{\partial y}\right)$$

$$= f_1' + y \cdot \left(f_{11}'' \cdot x - f_{12}'' \cdot \frac{x}{y^2}\right) - \frac{1}{y^2} \cdot f_2' + \frac{1}{y}\left(f_{21}'' \cdot x - f_{22}'' \cdot \frac{x}{y^2}\right)$$

$$= f_1' - \frac{1}{y^2} f_2' + xy f_{11}'' - \frac{x}{y^3} f_{22}''.$$

$$\frac{\partial^2 z}{\partial y^2} = \frac{\partial}{\partial y}\left(x \cdot f_1' - \frac{x}{y^2} \cdot f_2'\right) = x \cdot \frac{\partial f_1'}{\partial y} + \frac{2x}{y^3} \cdot f_2' - \frac{x}{y^2} \cdot \frac{\partial f_2'}{\partial y}$$

$$= x \cdot \left(\frac{\partial f_1'}{\partial u} \cdot \frac{\partial u}{\partial y} + \frac{\partial f_1'}{\partial v} \cdot \frac{\partial v}{\partial y}\right) + \frac{2x}{y^3} \cdot f_2' - \frac{x}{y^2} \cdot \left(\frac{\partial f_2'}{\partial u} \cdot \frac{\partial u}{\partial y} + \frac{\partial f_2'}{\partial v} \cdot \frac{\partial v}{\partial y}\right)$$

$$= x \cdot \left(f_{11}'' \cdot x - \frac{x}{y^2} f_{12}''\right) + \frac{2x}{y^3} f_2' - \frac{x}{y^2}\left(f_{21}'' \cdot x - \frac{x}{y^2} \cdot f_{22}''\right)$$

$$= x^2 \cdot f''_{11} - \frac{2x^2}{y^2} \cdot f''_{12} + \frac{x^2}{y^4} \cdot f''_{22} + \frac{2x}{y^3} \cdot f'_2.$$

【例 9 - 15】 设 $z = f(u, x, y)$, $u = x e^y$, 其中 f 具有二阶连续偏导, 求 $\frac{\partial^2 z}{\partial x \partial y}$.

分析: 对抽象的多元复合函数求二阶偏导, 首先要搞清楚函数的结构.

解 $\frac{\partial z}{\partial x} = \frac{\partial f}{\partial u} \cdot \frac{\partial u}{\partial x} + \frac{\partial f}{\partial x} = f'_1 \cdot e^y + f'_2.$

$$\frac{\partial^2 z}{\partial x \partial y} = \frac{\partial}{\partial y}(f'_1 \cdot e^y + f'_2) = e^y \cdot f'_1 + e^y \cdot \frac{\partial f'_1}{\partial y} + \frac{\partial f'_2}{\partial y}$$

$$= e^y \cdot f'_1 + e^y \cdot (f''_{11} \cdot x e^y + f''_{13}) + (f''_{21} \cdot x e^y + f''_{23})$$

$$= e^y \cdot f'_1 + x e^{2y} \cdot f''_{11} + e^y \cdot f''_{13} + x e^y \cdot f''_{21} + f''_{23}.$$

【例 9 - 16】 设 $x = \cos(x^2 + yz)$, 求 $\frac{\partial y}{\partial z}$.

分析: 由题目要求知, 方程确定隐函数 $y = y(x, z)$, 即 y 是 x, z 的函数.

解

解法一: (两边求导法) 方程两边对 z 求偏导, 得

$$0 = -\sin(x^2 + yz) \cdot \left(y + z \cdot \frac{\partial y}{\partial z} \right)$$

所以 $\frac{\partial y}{\partial z} = -\frac{y}{z}$.

解法二: (公式法) 设 $F(x, y, z) = \cos(x^2 + yz) - x = 0$.

$$F_y = -\sin(x^2 + yz) \cdot z, \quad F_z = -\sin(x^2 + yz) \cdot y$$

所以 $\frac{\partial y}{\partial z} = -\frac{F_z}{F_y} = -\frac{y}{z}$.

【例 9 - 17】 设 $z^3 - 3xyz = a^3$, 求 $\frac{\partial^2 z}{\partial x \partial y}$.

分析: 求隐函数的高阶偏数, 一般都用隐函数求导公式求一阶偏导数, 再用复合函数求导法求二阶及二阶以上的偏导数.

解 设 $F(x, y, z) = z^3 - 3xyz - a^3$, 则有

$$F_x = -3yz, \quad F_y = -3xz, \quad F_z = 3z^2 - 3xy$$

$$\frac{\partial z}{\partial x} = -\frac{F_x}{F_z} = -\frac{-3yz}{3z^2 - 3xy} = \frac{yz}{z^2 - xy}, \quad \frac{\partial z}{\partial y} = -\frac{F_y}{F_z} = \frac{xz}{z^2 - xy}$$

$$\frac{\partial^2 z}{\partial x \partial y} = \frac{\partial}{\partial y}\left(\frac{yz}{z^2 - xy} \right) = \frac{\left(z + y \cdot \frac{\partial z}{\partial y} \right)(z^2 - xy) - yz\left(2z \cdot \frac{\partial z}{\partial y} - x \right)}{(z^2 - xy)^2}$$

$$= \frac{\left(z + y \cdot \frac{xz}{z^2 - xy} \right)(z^2 - xy) - yz\left(2z \cdot \frac{xz}{z^2 - xy} - x \right)}{(z^2 - xy)^2} = \frac{z(z^4 - 2xyz^2 - x^2 y^2)}{(z^2 - xy)^3}$$

【例 9 - 18】 设 $x = x(y, z)$, $y = y(x, z)$, $z = z(x, y)$ 都是由方程 $F(x, y, z) = 0$ 所确定的具有连续偏导数的函数. 试证明: $\frac{\partial x}{\partial y} \cdot \frac{\partial y}{\partial z} \cdot \frac{\partial z}{\partial x} = -1$.

解 因 $\dfrac{\partial x}{\partial y}=-\dfrac{F_y}{F_x}$，$\dfrac{\partial y}{\partial z}=-\dfrac{F_z}{F_y}$，$\dfrac{\partial z}{\partial x}=-\dfrac{F_x}{F_z}$.

所以 $\dfrac{\partial x}{\partial y}\cdot\dfrac{\partial y}{\partial z}\cdot\dfrac{\partial z}{\partial x}=\left(-\dfrac{F_y}{F_x}\right)\cdot\left(-\dfrac{F_z}{F_y}\right)\cdot\left(-\dfrac{F_x}{F_z}\right)=-1$.

注意：偏导数 $\dfrac{\partial z}{\partial x}$，$\dfrac{\partial x}{\partial y}$，$\dfrac{\partial y}{\partial z}$ 均是一个整体记号，不能看作分子与分母之商.

【例 9-19】 求曲线 $x=t-\sin t$，$y=1-\cos t$，$z=4\sin\dfrac{t}{2}$ 在点 $\left(\dfrac{\pi}{2}-1,1,2\sqrt{2}\right)$ 处的切线及法平面方程.

解 该点对应参数 $t_0=\dfrac{\pi}{2}$，

切向量为 $$\vec{T}=\{x'(t_0),y'(t_0),z'(t_0)\}=\{1,1,\sqrt{2}\}$$

所求切线方程为 $$\dfrac{x-\dfrac{\pi}{2}+1}{1}=\dfrac{y-1}{1}=\dfrac{z-2\sqrt{2}}{\sqrt{2}}$$

法平面方程为 $\left(x-\dfrac{\pi}{2}+1\right)+(y-1)+\sqrt{2}(z-2\sqrt{2})=0$，即 $x+y+\sqrt{2}z=\dfrac{\pi}{2}+4$.

【例 9-20】 求曲线 $x=t$，$y=t^2$，$z=t^3$ 上的点，使在该点的切线平行于平面 $x+2y+z=4$.

解 曲线的切向量为 $\vec{T}=\{1,2t,3t^2\}$，平面 $x+2y+z=4$ 的法向量为 $\vec{n}=\{1,2,1\}$.

由题意知 $\vec{T}\perp\vec{n}$，即 $\vec{T}\cdot\vec{n}=0$. 亦即 $1+4t+3t^2=0$，得 $t_1=-1$，$t_2=-\dfrac{1}{3}$.

则所求点坐标为 $(-1,1,-1)$ 和 $\left(-\dfrac{1}{3},\dfrac{1}{9},-\dfrac{1}{27}\right)$.

【例 9-21】 （1）求曲面 $x^2+2y^2+3z^2=21$ 在点 $(1,-2,2)$ 的法线方程；

（2）求椭球面 $x^2+2y^2+z^2=1$ 上平行于平面 $x-y+2z=0$ 的切平面方程.

解 （1）设 $F(x,y,z)=x^2+2y^2+3z^2-21=0$，则 $F_x(1,-2,2)=2$，$F_y(1,-2,2)=-8$，$F_z(1,-2,2)=12$.

故所求的法线方程为 $\dfrac{x-1}{1}=\dfrac{y+2}{-4}=\dfrac{z-2}{6}$.

（2）分析：根据已知条件，先求出切点坐标.

设 $F(x,y,z)=x^2+2y^2+z^2-1=0$，法向量为 $\vec{n}=\{2x,4y,2z\}$.

已知平面的法向量为 $\vec{n_1}=\{1,-1,2\}$，由已知条件知 $\dfrac{2x}{1}=\dfrac{4y}{-1}=\dfrac{2z}{2}$，即 $x=\dfrac{1}{2}z$，$y=-\dfrac{1}{4}z$. 将其代入椭球面方程 $\left(\dfrac{z}{2}\right)^2+2\cdot\left(-\dfrac{z}{4}\right)^2+z^2-1=0$，得 $z=\pm 2\sqrt{\dfrac{2}{11}}$，于是切点为 $M_1\left(\sqrt{\dfrac{2}{11}},-\dfrac{1}{2}\sqrt{\dfrac{2}{11}},2\sqrt{\dfrac{2}{11}}\right)$，$M_2\left(-\sqrt{\dfrac{2}{11}},\dfrac{1}{2}\sqrt{\dfrac{2}{11}},-2\sqrt{\dfrac{2}{11}}\right)$.

切平面方程为 $x-y+2z-\sqrt{\dfrac{11}{2}}=0$ 和 $x-y+2z+\sqrt{\dfrac{11}{2}}=0$.

【例 9-22】 在曲面 $z=xy$ 上求一点，使这点处的法线垂直于平面 $x+3y+z+9=0$，并写出该法线的方程.

解　令 $F(x,y,z)=xy-z=0$，法向量为 $\boldsymbol{n}=\{y,x,-1\}$．已知平面法向量为 $\boldsymbol{n}_1=\{1,3,1\}$，由题意知，$\boldsymbol{n}\ /\!/\ \boldsymbol{n}_1$，即 $\dfrac{y}{1}=\dfrac{x}{3}=\dfrac{-1}{1}$．

所以 $x=-3$，$y=-1$，$z=3$，即所求点为 $(-3,-1,3)$．

法线方程为 $\dfrac{x+3}{1}=\dfrac{y+1}{3}=\dfrac{z-3}{1}$．

【例 9-23】　求函数 $u=xyz$ 在点 $(5,1,2)$ 处沿从点 $(5,1,2)$ 到点 $(9,4,14)$ 的方向的方向导数.

解　$\boldsymbol{l}=\{9-5,4-1,14-2\}=\{4,3,12\}$，$|\boldsymbol{l}|=\sqrt{4^2+3^2+12^2}=\sqrt{169}=13$．

$$\cos\alpha=\frac{4}{13},\quad \cos\beta=\frac{3}{13},\quad \cos\gamma=\frac{12}{13}$$

$$\frac{\partial u}{\partial l}=\frac{\partial u}{\partial x}\cos\alpha+\frac{\partial u}{\partial y}\cos\beta+\frac{\partial u}{\partial z}\cos\gamma=yz\cdot\frac{4}{13}+xz\cdot\frac{3}{13}+xy\frac{12}{13}$$

所以 $\dfrac{\partial u}{\partial l}\Big|_{(5,1,2)}=\dfrac{4}{13}\times 2+\dfrac{3}{13}\times 10+\dfrac{12}{13}\times 5=\dfrac{98}{13}$．

【例 9-24】　求函数 $f(x,y)=(6x-x^2)(4y-y^2)$ 的极值.

解　解方程组 $\begin{cases} f'_x=(6-2x)(4y-y^2)=0 \\ f'_y=(6x-x^2)(4-2y)=0 \end{cases}$，得驻点 $(0,0)$，$(6,0)$，$(0,4)$，$(6,4)$，$(3,2)$．

又 $A=f''_{xx}=-2y(4-y)$，$B=f''_{xy}=(6-2x)(4-2y)$，$C=f''_{yy}=-2x(6-x)$．

列表如下：

点	A	C	B	$AC-B^2$	极值
$(0,0)$	0	0	24	$-576<0$	无极值
$(6,0)$	0	0	-24	$-576<0$	无极值
$(0,4)$	0	0	-24	$-576<0$	无极值
$(6,4)$	0	0	24	$-576<0$	无极值
$(3,2)$	-8	-18	0	$144>0$	有极值

函数在点 $(3,2)$ 取得极大值 $f(3,2)=36$．

常见错解：求得驻点 $(0,0)$，$(6,0)$，$(0,4)$，$(6,4)$，$(3,2)$ 后直接断定在这些点处取得极值．实际上，驻点未必是极值点．

【例 9-25】　在 xOy 面上求一点，使它到 $x=0$，$y=0$ 及 $x+2y-16=0$ 三直线的距离平方之和为最小.

分析：本题是无条件极值问题.

解　设所求点的坐标为 (x,y)，则此点到 $x=0$，$y=0$ 及 $x+2y-16=0$ 的距离分别为 $|x|$，$|y|$ 及 $\dfrac{|x+2y-16|}{\sqrt{1+2^2}}$，而距离平方和为

$$z=x^2+y^2+\frac{(x+2y-16)^2}{5}$$

由
$$\begin{cases}\dfrac{\partial z}{\partial x}=2x+\dfrac{2}{5}(x+2y-16)=0\\[2mm]\dfrac{\partial z}{\partial y}=2y+\dfrac{4}{5}(x+2y-16)=0\end{cases}, \quad 即 \begin{cases}3x+y-8=0\\2x+9y-32=0\end{cases} 得 \begin{cases}x=\dfrac{8}{5}\\[2mm]y=\dfrac{16}{5}\end{cases}, 得唯一驻点$$

$\left(\dfrac{8}{5},\dfrac{16}{5}\right)$，由题意知，到三直线距离平方和最小的点一定存在，故 $\left(\dfrac{8}{5},\dfrac{16}{5}\right)$ 即是所求点.

【例 9 - 26】 求抛物面 $z=x^2+y^2$ 的一个切平面，使切平面与直线 $\begin{cases}x+2z=1\\y+2z=2\end{cases}$ 垂直.

解 已知直线方向向量 $\vec{a}=\begin{vmatrix}\vec{i}&\vec{j}&\vec{k}\\1&0&2\\0&1&2\end{vmatrix}=\{-2,-2,1\}$.

抛物面在点 (x,y,z) 处切平面的法向量为：$\vec{n}=\{2x,2y,-1\}$. 由题意知 $\vec{a}//\vec{n}$，即 $\dfrac{2x}{-2}=\dfrac{2y}{-2}=\dfrac{-1}{1}$.

得 $x=1$，$y=1$，$z=2$. 切点为 $(1,1,2)$.

所求切平面方程为 $-2(x-1)-2(y-1)+(z-2)=0$，即 $-2x-2y+z+2=0$.

【例 9 - 27】 求球面 $x^2+y^2+z^2=6$ 与抛物面 $z=x^2+y^2$ 的交线在点 $(1,1,2)$ 处的切线方程.

分析：本题主要是求切向量. 因方程组 $\begin{cases}x^2+y^2+z^2=6\\z=x^2+y^2\end{cases}$ 确定了交线 $\begin{cases}x=x\\y=\varphi(x)\\z=\psi(x)\end{cases}$. 所以

可用方程两边对 x 求导的方法，解含有 $\dfrac{\mathrm{d}y}{\mathrm{d}x}$，$\dfrac{\mathrm{d}z}{\mathrm{d}x}$ 的方程组. 从而得切向量 $\boldsymbol{T}=\{1,\phi'(x_0),\psi'(x_0)\}$.

解 在方程 $x^2+y^2+z^2=6$，$z=x^2+y^2$ 两边分别对 x 求导，得

$$\begin{cases}2x+2y\dfrac{\mathrm{d}y}{\mathrm{d}x}+2z\dfrac{\mathrm{d}z}{\mathrm{d}x}=0\\[2mm]\dfrac{\mathrm{d}z}{\mathrm{d}x}=2x+2y\dfrac{\mathrm{d}y}{\mathrm{d}x}\end{cases}, \quad 即 \begin{cases}y\dfrac{\mathrm{d}y}{\mathrm{d}x}+z\dfrac{\mathrm{d}z}{\mathrm{d}x}=-x\\[2mm]2y\dfrac{\mathrm{d}y}{\mathrm{d}x}-\dfrac{\mathrm{d}z}{\mathrm{d}x}=-2x\end{cases}$$

解得 $\dfrac{\mathrm{d}y}{\mathrm{d}x}=\dfrac{x+2xz}{-y-2yz}$，$\dfrac{\mathrm{d}z}{\mathrm{d}x}=0$.

所以 $\dfrac{\mathrm{d}y}{\mathrm{d}x}\big|_{(1,1,2)}=-1$，$\dfrac{\mathrm{d}z}{\mathrm{d}x}\big|_{(1,1,2)}=0$，切向量 $\boldsymbol{T}=\{1,-1,0\}$.

所求切线方程为 $\begin{cases}\dfrac{x-1}{1}=\dfrac{y-1}{-1}\\z-2=0\end{cases}$，即 $\begin{cases}x+y-2=0\\z=2\end{cases}$.

五、测试题

测 试 题 A

1. 选择题

(1) 极限 $\lim\limits_{\substack{x\to 0\\y\to 0}}\dfrac{x^2 y}{x^4+y^2}=$ (　　).

A. 0　　　　　　　　　B. 不存在

C. $\dfrac{1}{2}$　　　　　　　　D. 存在且不等于 0 或 $\dfrac{1}{2}$

(2) 设函数 $f(x,y)=\begin{cases}x\sin\dfrac{1}{y}+y\sin\dfrac{1}{x}, & xy\neq 0\\ 0, & xy=0\end{cases}$，则极限 $\lim\limits_{\substack{x\to 0\\y\to 0}}f(x,y)=$ (　　).

A. 不存在　　　　B. 1　　　　　　C. 0　　　　　　D. 2

(3) 设函数 $f(x,y)=\begin{cases}\dfrac{xy}{\sqrt{x^2+y^2}}, & x^2+y^2\neq 0\\ 0, & x^2+y^2=0\end{cases}$，则 $f(x,y)$(　　).

A. 处处连续　　　　　　　　　　B. 处处有极限，但不连续

C. 仅在（0,0）点连续　　　　　　D. 除（0,0）点外处处连续

(4) 函数 $z=f(x,y)$ 在点 (x_0,y_0) 处具有偏导数是它在该点存在全微分的(　　).

A. 必要而非充分条件　　　　　　B. 充分而非必要条件

C. 充分必要条件　　　　　　　　D. 既非充分又非必要条件

(5) 设 $u=\arctan\dfrac{y}{x}$，则 $\dfrac{\partial u}{\partial x}=$ (　　).

A. $\dfrac{x}{x^2+y^2}$　　　　B. $-\dfrac{y}{x^2+y^2}$　　　　C. $\dfrac{y}{x^2+y^2}$　　　　D. $\dfrac{-x}{x^2+y^2}$

(6) 设 $f(x,y)=\arcsin\sqrt{\dfrac{y}{x}}$，则 $f'_x(2,1)=$ (　　).

A. $-\dfrac{1}{4}$　　　　B. $\dfrac{1}{4}$　　　　C. $-\dfrac{1}{2}$　　　　D. $\dfrac{1}{2}$

(7) 若 $z=\ln(\sqrt{x}-\sqrt{y})$，则 $x\dfrac{\partial z}{\partial x}+y\dfrac{\partial z}{\partial y}=$ (　　).

A. $\sqrt{x}+\sqrt{y}$　　　B. $\sqrt{x}-\sqrt{y}$　　　C. $\dfrac{1}{2}$　　　D. $-\dfrac{1}{2}$

(8) 设 $z=\arctan\dfrac{x}{y}$，$x=u+v$，$y=u-v$，则 $z_u+z_v=$ (　　).

A. $\dfrac{u-v}{u^2-v^2}$　　　B. $\dfrac{v-u}{u^2-v^2}$　　　C. $\dfrac{u-v}{u^2+v^2}$　　　D. $\dfrac{v-u}{u^2+v^2}$

(9) 若 $f(x,2x)=x^2+3x$，$f'_x(x,2x)=6x+1$，则 $f'_y(x,2x)=$ (　　).

A. $x+\dfrac{3}{2}$　　　B. $x-\dfrac{3}{2}$　　　C. $2x+1$　　　D. $-2x+1$

(10) 设函数 $z=1-\sqrt{x^2+y^2}$，则点 $(0,0)$ 是函数 z 的（　　）.

A. 极大值点但非最大值点　　　　B. 极大值点且是最大值点

C. 极小值点但非最小值点　　　　D. 极小值点且是最小值点

2. 填空题

(1) 极限 $\lim\limits_{\substack{x\to 0\\y\to\pi}}\dfrac{\sin(xy)}{x}=$ _____.　　(2) 极限 $\lim\limits_{\substack{x\to 0\\y\to 1}}\dfrac{\ln(y+e^{x^2})}{\sqrt{x^2+y^2}}=$ _____.

(3) 函数 $z=\sqrt{\ln(x+y)}$ 的定义域为 _____.

(4) 函数 $z=\dfrac{\arcsin x}{y}$ 的定义域为 _____.

(5) 设函数 $f(x,y)=x^2+y^2+xy\ln\left(\dfrac{y}{x}\right)$，则 $f(kx,ky)=$ _____.

(6) 设函数 $f(x,y)=\dfrac{xy}{x+y}$，则 $f(x+y,x-y)=$ _____.

(7) 设 $z=\sin(3x-y)+y$，则 $\dfrac{\partial z}{\partial x}\Big|_{\substack{x=2\\y=1}}=$ _____.

(8) 函数 $z=z(x,y)$ 由方程 $x+y+z=e^{-(x+y+z)}$ 所确定，则 $\dfrac{\partial^2 z}{\partial x^2}=$ _____.

(9) 设 $u=x\ln xy$，则 $\dfrac{\partial^2 u}{\partial x\partial y}=$ _____.

(10) 函数 $z=2x^2-3y^2-4x-6y-1$ 的驻点是 _____.

3. 计算题

(1) 求下列二元函数的定义域，并绘出定义域的图形.

① $z=\sqrt{1-x^2-y^2}$；　　　　　　② $z=\ln(x+y)$；

③ $z=\dfrac{1}{\ln(x+y)}$；　　　　　　④ $z=\ln(xy-1)$.

(2) 求极限 $\lim\limits_{\substack{x\to 0\\y\to 0}}\dfrac{xye^x}{4-\sqrt{16+xy}}$.

(3) 设函数 $z=z(x,y)$ 由方程 $xy^2z=x+y+z$ 所确定，求 $\dfrac{\partial z}{\partial y}$.

(4) 设 $z=y^x\ln(xy)$，求 $\dfrac{\partial z}{\partial x}$，$\dfrac{\partial z}{\partial y}$.

4. 某工厂生产产品甲和产品乙，出售单价分别为 10 元与 9 元，生产 x 单位的产品甲与生产 y 单位的产品乙的总费用是 $400+2x+3y+0.01(3x^2+xy+3y^2)$ 元. 试求取得最大利润时两种产品的产量各为多少？

5. 证明题

(1) 设 $z=e^{-\left(\frac{1}{x}+\frac{1}{y}\right)}$，求证 $x^2\dfrac{\partial z}{\partial x}+y^2\dfrac{\partial z}{\partial y}=2z$.

(2) 设 $2\sin(x+2y-3z)=x+2y-3z$，证明 $\dfrac{\partial z}{\partial x}+\dfrac{\partial z}{\partial y}=1$.

测 试 题 B

1. 判断题

（1）若函数 $f(x,y)$ 在 (x_0,y_0) 处的两个偏导数都存在，则 $f(x,y)$ 在 (x_0,y_0) 处连续.（ ）

（2）若 $\lim\limits_{\substack{x\to 0\\y=kx}}f(x,y)=A$，则 $\lim\limits_{\substack{x\to 0\\y\to 0}}f(x,y)=A.$（ ）

（3）若 $\dfrac{\partial^2 z}{\partial x\partial y}$，$\dfrac{\partial^2 z}{\partial y\partial x}$ 在区域 D 内连续，则 $\dfrac{\partial^2 z}{\partial x\partial y}=\dfrac{\partial^2 z}{\partial y\partial x}.$（ ）

2. 填空题

（1）函数 $z=\ln(4-x^2-y^2)+\dfrac{1}{\sqrt{x^2+y^2-1}}$ 的定义域是_____.

（2）$\lim\limits_{\substack{x\to 0\\y\to 2}}\dfrac{y\sin(xy)}{x}=$_____，$\lim\limits_{\substack{x\to 0\\y\to 0}}(1+xy)^{\frac{1}{y}}=$_____.

（3）设 $z=x^y$，则 $z_x(1,0)=$_____，$z_y(1,0)=$_____，$\mathrm{d}z=$_____.

3. 求 $z=\ln(x+y^2)$ 的各二阶偏导数.

4. 在曲面 $z=xy$ 上求一点，使这点处的法线垂直于平面 $x+3y+z+9=0$，并写出该法线方程.

5. 在平面 xOy 上求一点，使它到 $x=0$，$y=0$，$x+2y-16=0$ 三直线的距离的平方和最小.

测试题 A 答案

1. （1）B；（2）C；（3）A；（4）A；（5）B；（6）A；（7）C；（8）C；（9）D；（10）B.

2. （1）π；（2）$\ln 2$；（3）$x+y\geqslant 1$；（4）$-1\leqslant x\leqslant 1$，$y\neq 0$；（5）$k^2 f(x,y)$；

（6）$\dfrac{x^2-y^2}{2x}$；（7）$3\cos 5$；（8）0；（9）$\dfrac{1}{y}$；（10）$(1,-1)$.

3. （1）①要使函数 $z=\sqrt{1-x^2-y^2}$ 有意义，必须有 $1-x^2-y^2\geqslant 0$，即有 $x^2+y^2\leqslant 1$. 故所求函数的定义域为 $D=\{(x,y)\mid x^2+y^2\leqslant 1\}$，图形为图 9-1.

②要使函数 $z=\ln(x+y)$ 有意义，必须有 $x+y>0$. 故所有函数的定义域为 $D=\{(x,y)\mid x+y>0\}$，图形为图 9-2.

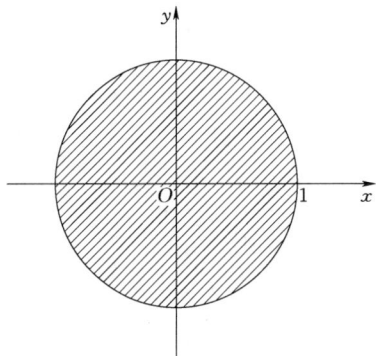

图 9-1

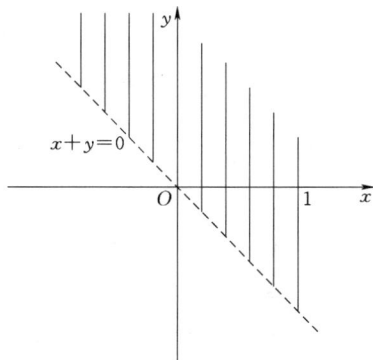

图 9-2

③要使函数 $z=\dfrac{1}{\ln(x+y)}$ 有意义，必须有 $\ln(x+y)\neq0$，即 $x+y>0$ 且 $x+y\neq1$. 故该函数的定义域为 $D=\{(x,y)\mid x+y>0,x+y\neq1\}$，图形为图 9-3.

④要使函数 $z=\ln(xy-1)$ 有意义，必须有 $xy-1>0$. 故该函数的定义域为 $D=\{(x,y)\mid xy>1\}$，图形为图 9-4.

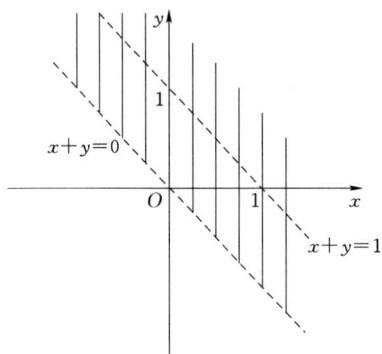

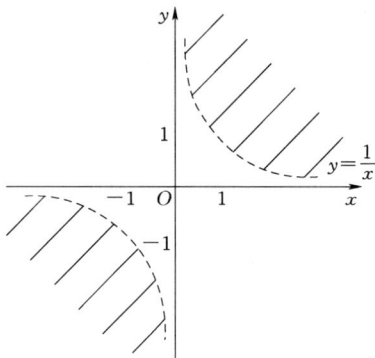

图 9-3   图 9-4

(2) $\displaystyle\lim_{\substack{x\to0\\y\to0}}\frac{xye^{x}}{4-\sqrt{16+xy}}=\lim_{\substack{x\to0\\y\to0}}\frac{xye^{x}(4+\sqrt{16+xy})}{-xy}=-8.$

(3) $\dfrac{2xyz-1}{1-xy^{2}}.$

(4) $z_{x}=y^{x}\ln y\ln(xy)+\dfrac{1}{x}y^{x}$; $z_{y}=xy^{x-1}\ln(xy)+\dfrac{1}{y}y^{x}$.

4. $L(x,y)$ 表示获得的总利润，则总利润等于总收益与总费用之差，即有

利润目标函数 $L(x,y)=(10x+9y)-[400+2x+3y+0.01(3x^{2}+xy+3y^{2})]$

$\qquad\qquad\qquad =8x+6y-0.01(3x^{2}+xy+3y^{2})-400\quad(x>0,y>0).$

令 $\begin{cases}L'_{x}=8-0.01(6x+y)=0\\ L'_{y}=6-0.01(x+6y)=0\end{cases}$，解得唯一驻点 $(120,80)$.

又因 $A=L''_{xx}=-0.06<0$，$B=L''_{xy}=-0.01$，$C=L''_{yy}=-0.06$ 得 $AC-B^{2}=3.5\times10^{-3}>0.$

得极大值 $L(120,80)=320$. 根据实际情况，此极大值就是最大值. 故生产 120 单位产品甲与 80 单位产品乙时所得利润最大，为 320 元.

5. (1) 因为 $\dfrac{\partial z}{\partial x}=e^{-\left(\frac{1}{x}+\frac{1}{y}\right)}\cdot\dfrac{1}{x^{2}}$，$\dfrac{\partial z}{\partial y}=e^{-\left(\frac{1}{x}+\frac{1}{y}\right)}\cdot\dfrac{1}{y^{2}}$，所以 $x^{2}\dfrac{\partial z}{\partial x}+y^{2}\dfrac{\partial z}{\partial y}=e^{-\left(\frac{1}{x}+\frac{1}{y}\right)}+e^{-\left(\frac{1}{x}+\frac{1}{y}\right)}=2z.$

(2) 设 $F(x,y,z)=2\sin(x+2y-3z)-x-2y+3z$，则

$\qquad F_{x}=2\cos(x+2y-3z)-1$

$\qquad F_{y}=2\cos(x+2y-3z)\times2-2=2F_{x}$

$\qquad F_{z}=2\cos(x+2y-3z)\times(-3)+3=-3F_{x}$

$\dfrac{\partial z}{\partial x}=-\dfrac{F_x}{F_z}=-\dfrac{F_x}{-3F_x}=\dfrac{1}{3}$，$\dfrac{\partial z}{\partial y}=-\dfrac{F_y}{F_z}=-\dfrac{2F_x}{-3F_x}=\dfrac{2}{3}$，于是$\dfrac{\partial z}{\partial x}+\dfrac{\partial z}{\partial y}=-\dfrac{F_x}{F_z}-\dfrac{F_z}{F_z}=$
$\dfrac{1}{3}+\dfrac{2}{3}=1$.

测试题 B 答案

1. (1) ×；(2) ×；(3) √.

2. (1) $1<x^2+y^2<4$；(2) 4，1；(3) 0，0，$yx^{y-1}\mathrm{d}x+x^y\ln x\mathrm{d}y$.

3. $\dfrac{\partial z}{\partial x}=\dfrac{1}{x+y^2}$，$\dfrac{\partial z}{\partial y}=\dfrac{2y}{x+y^2}$.

   $\dfrac{\partial^2 z}{\partial x^2}=-\dfrac{1}{(x+y^2)^2}$，$\dfrac{\partial^2 z}{\partial y^2}=\dfrac{2(x+y^2)-2y2y}{(x+y^2)^2}=\dfrac{2x-2y^2}{(x+y^2)^2}$，$\dfrac{\partial^2 z}{\partial x\partial y}=-\dfrac{2y}{(x+y^2)^2}=\dfrac{\partial^2 z}{\partial y\partial x}$.

4. $\dfrac{\partial z}{\partial x}=y$，$\dfrac{\partial z}{\partial y}=x$，法线的方向向量为 $\boldsymbol{n}=\{y,x,-1\}$，它与已知平面的法向量平行，

所以 $\dfrac{y}{1}=\dfrac{x}{3}=\dfrac{-1}{1}$，解之得 $x=-3$，$y=-1$，$z=xy=3$.

所求点的坐标为$(-3,-1,3)$，法线方程为 $\dfrac{x+3}{1}=\dfrac{y+1}{3}=\dfrac{z-3}{1}$.

5. 设所求点的坐标为(x,y)，它到三直线的距离的平方和为 z，则 $z=x^2+y^2+$
$\dfrac{(x+2y-16)^2}{5}$.

令 $\begin{cases}\dfrac{\partial z}{\partial x}=2x+\dfrac{2(x+2y-16)}{5}=0\\[2mm]\dfrac{\partial z}{\partial y}=2y+\dfrac{4(x+2y-16)}{5}=0\end{cases}$，解之得 $\begin{cases}x=\dfrac{8}{5}\\[2mm]y=\dfrac{16}{5}\end{cases}$.

$\left(\dfrac{8}{5},\dfrac{16}{5}\right)$是唯一驻点，$\left(\dfrac{8}{5},\dfrac{16}{5}\right)$即为所求点.

第十章 重 积 分

一、基本要求

（1）掌握二重积分的定义和性质.

（2）掌握二重积分化为累次积分的方法和累次积分的积分次序的交换公式.

（3）熟练掌握直角坐标和极坐标下二重积分的计算方法.

（4）了解二重积分的变量变换公式.

（5）掌握三重积分的定义和性质，熟练掌握化三重积分为累次积分，了解用柱面坐标变换和球面坐标变换计算三重积分的方法.

（6）学会用重积分计算曲面的面积，物体的重心，转动惯量与引力.

重点与难点：本章重点是二重积分、三重积分的定义、性质和计算；难点是二重积分、三重积分的一些定理、公式的证明.

二、知识结构

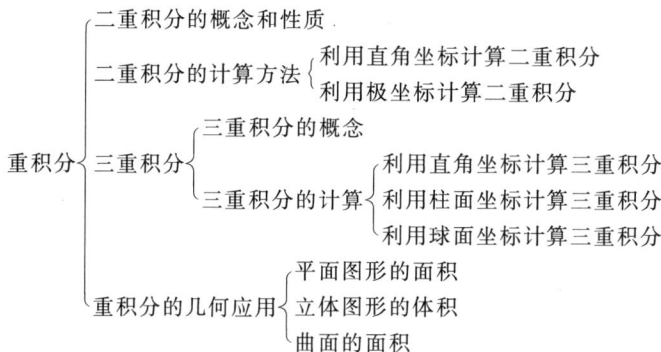

三、内容小结

1. 二重积分的概念和性质

（1）二重积分的概念.

设 $f(x,y)$ 是闭区域 D 上的有界函数，将区域 D 分成个小区域 $\Delta\sigma_1, \Delta\sigma_2, \cdots, \Delta\sigma_n$，其中，$\Delta\sigma_i$ 既表示第 i 个小区域，也表示它的面积，λ_i 表示它的直径，$\lambda = \max\limits_{1 \leqslant i \leqslant n} \{\lambda_i\}$.

$\forall (\xi_i, \eta_i) \in \Delta\sigma_i$，作乘积 $f(\xi_i, \eta_i)\Delta\sigma_i$（$i = 1, 2 \cdots, n$），作和式 $\sum\limits_{i=1}^{n} f(\xi_i, \eta_i)\Delta\sigma_i$，若极限 $\lim\limits_{\lambda \to 0} \sum\limits_{i=1}^{n} f(\xi_i, \eta_i)\Delta\sigma_i$ 存在，则称此极限值为函数 $f(x,y)$ 在区域 D 上的二重积分，记作

$\iint\limits_{D} f(x,y)\mathrm{d}\sigma$. 即

$$\iint\limits_{D} f(x,y)\mathrm{d}\sigma = \lim_{\lambda \to 0} \sum_{i=1}^{n} f(\xi_i, \eta_i)\Delta\sigma_i$$

其中，$f(x,y)$ 称为被积函数，$f(x,y)\mathrm{d}\sigma$ 称为被积表达式，$\mathrm{d}\sigma$ 称为面积元素，x，y 称为积分变量，D 称为积分区域.

注意：极限 $\lim\limits_{\lambda \to 0} \sum\limits_{i=1}^{n} f(\xi_i, \eta_i)\Delta\sigma_i$ 的存在与区域 D 的划分及点（ξ_i, η_i）的选取无关，$\iint\limits_{D} f(x,y)\mathrm{d}\sigma$ 中的面积元素 $\mathrm{d}\sigma$ 象征着积分和式中的 $\Delta\sigma_i$.

由于二重积分的定义中对区域 D 的划分是任意的，若用一组平行于坐标轴的直线来划分区域 D，那么除了靠近边界曲线的一些小区域之外，绝大多数的小区域都是矩形，因此，可以将 $\mathrm{d}\sigma$ 记作 $\mathrm{d}x\mathrm{d}y$（并称 $\mathrm{d}x\mathrm{d}y$ 为直角坐标系下的面积元素），二重积分也可表示成 $\iint\limits_{D} f(x,y)\mathrm{d}x\mathrm{d}y$.

（2）二重积分的性质.

性质 1（线性性质） $\iint\limits_{D} [\alpha f(x,y) + \beta g(x,y)]\mathrm{d}\sigma = \alpha\iint\limits_{D} f(x,y)\mathrm{d}\sigma + \beta\iint\limits_{D} g(x,y)\mathrm{d}\sigma$. 其中，$\alpha$，$\beta$ 是常数.

性质 2（对区域的可加性） 若区域 D 分为两个部分区域 D_1，D_2，则

$$\iint\limits_{D} f(x,y)\mathrm{d}\sigma = \iint\limits_{D_1} f(x,y)\mathrm{d}\sigma + \iint\limits_{D_2} f(x,y)\mathrm{d}\sigma$$

性质 3 若在 D 上，$f(x,y)=1$，σ 为区域 D 的面积，则

$$\sigma = \iint\limits_{D} 1\mathrm{d}\sigma = \iint\limits_{D} \mathrm{d}\sigma$$

几何意义：高为 1 的平顶柱体的体积在数值上等于柱体的底面积.

性质 4 若在 D 上，$f(x,y) \leqslant \varphi(x,y)$，则有不等式

$$\iint\limits_{D} f(x,y)\mathrm{d}\sigma \leqslant \iint\limits_{D} \varphi(x,y)\mathrm{d}\sigma$$

特别地，由于 $-|f(x,y)| \leqslant f(x,y) \leqslant |f(x,y)|$，有

$$\left| \iint\limits_{D} f(x,y) \right| \mathrm{d}\sigma \leqslant \iint\limits_{D} |f(x,y)|\,\mathrm{d}\sigma$$

性质 5（估值不等式） 设 M 与 m 分别是 $f(x,y)$ 在闭区域 D 上的最大值和最小值，σ 是 D 的面积，则

$$m\sigma \leqslant \iint\limits_{D} f(x,y)\mathrm{d}\sigma \leqslant M\sigma$$

性质 6（二重积分的中值定理） 设函数 $f(x,y)$ 在闭区域 D 上连续，σ 是 D 的面积，则在 D 上至少存在一点 (ξ,η)，使得

$$\iint\limits_{D} f(x,y)\mathrm{d}\sigma = f(\xi,\eta)\sigma$$

2. 二重积分的计算方法

重积分的计算主要是化为多次的积分．这里首先要看被积区域的形式选择合适的坐标系来进行处理．二重积分主要给出了直角坐标系和极坐标系的计算方法．可以从以下几个方面把握相应的具体处理过程：①被积区域在几何直观上的表现（直观描述，易于把握）；②被积分区域的集合表示（用于下一步确定多次积分的积分次序和相应的积分限）；③化重积分为多次积分．

（1）利用直角坐标计算二重积分．

1）X-型区域．几何直观表现：用平行于 y 轴的直线穿过区域内部，与边界的交点最多两个．从而可以由下面和上面交点所在的曲线确定两个函数 $y=y_1(x)$ 和 $y=y_2(x)$，被积区域的集合表示为 $D=\{(x,y)\,|\,a\leqslant x\leqslant b,y_1(x)\leqslant y\leqslant y_2(x)\}$（图 10-1），则二重积分化为二次积分为 $\iint\limits_{D}f(x,y)\mathrm{d}x\mathrm{d}y=\int_a^b\mathrm{d}x\int_{y_1(x)}^{y_2(x)}f(x,y)\mathrm{d}y$．

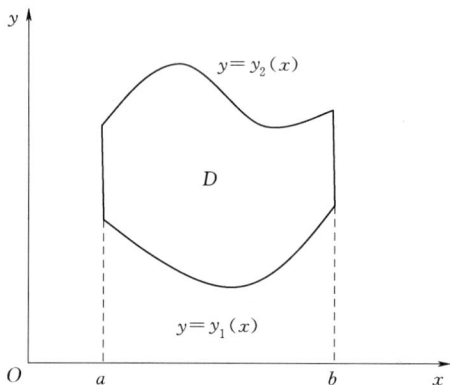

图 10-1

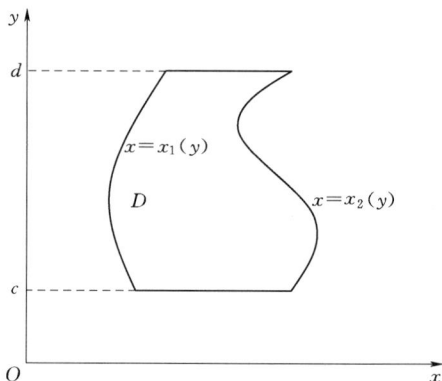

图 10-2

2）Y-型区域．几何直观表现：用平行于 x 轴的直线穿过区域内部，与边界的交点最多两个．从而可以由左右交点所在的曲线确定两个函数 $x=x_1(y)$ 和 $x=x_2(y)$；被积区域的集合表示为 $D=\{(x,y)\,|\,c\leqslant y\leqslant d,x_1(y)\leqslant x\leqslant x_2(y)\}$（图 10-2），则二重积分化为二次积分为 $\iint\limits_{D}f(x,y)\mathrm{d}x\mathrm{d}y=\int_c^d\mathrm{d}y\int_{x_1(y)}^{x_2(y)}f(x,y)\mathrm{d}x$．

（2）利用极坐标计算二重积分．

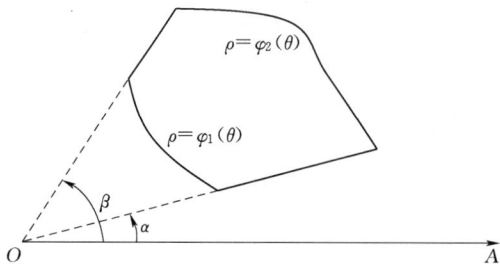

图 10-3

从极点出发引射线线穿过区域内部，与边界的交点最多两个．从而可以由下面和上面交点所在的曲线确定两个函数 $r=r_1(\theta)$ 和 $r=r_2(\theta)$（具体如圆域、扇形域和环域等）．被积区域的集合表示：$D=\{(r,\theta)\,|\,\theta_1\leqslant\theta\leqslant\theta_2,r_1(\theta)\leqslant r\leqslant r_2(\theta)\}$．注意，如果极点在被积区域的内部，则有特殊形式 $D=\{(r,\theta)\,|\,0\leqslant\theta\leqslant 2\pi,0\leqslant r\leqslant r_2(\theta)\}$（图 10-3），那么直角坐标

下的二重积分化为极坐标下的二重积分，并表示成相应的二次积分为

$$\iint\limits_{D} f(x,y)\mathrm{d}x\mathrm{d}y = \iint\limits_{D} f(r\cos\theta, r\sin\theta)r\mathrm{d}r\mathrm{d}\theta = \int_{\theta_1}^{\theta_2} \mathrm{d}\theta \int_{r_1(\theta)}^{r_2(\theta)} f(r\cos\theta, r\sin\theta)r\mathrm{d}r$$

3. 三重积分

（1）三重积分的概念.

设 $f(x,y,z)$ 是空间有界闭区域 Ω 上的有界函数，将闭区域 Ω 任意分成 n 个小闭区域 $\Delta v_1, \Delta v_2, \cdots, \Delta v_n$. 其中 Δv_i 表示第 i 个小闭区域，也表示它的体积. 在每个 Δv_i 上任取一点 (ξ_i, η_i, ζ_i) 作乘积 $f(\xi_i, \eta_i, \zeta_i) \cdot \Delta v_i$，$(i=1,2,\cdots,n)$，并作和. 如果当各小闭区域的直径中的最大值 λ 趋近于零时，这和式的极限存在，则称此极限为函数 $f(x,y,z)$ 在闭区域 Ω 上的三重积分，记为 $\iiint\limits_{\Omega} f(x,y,z)\mathrm{d}v$，即 $\iiint\limits_{\Omega} f(x,y,z)\mathrm{d}v = \lim\limits_{\lambda \to 0} \sum\limits_{i=1}^{n} f(\xi_i, \eta_i, \zeta_i)\Delta v_i$，其中 $\mathrm{d}v$ 称为体积元素.

直角坐标系中，三重积分也记作 $\iiint\limits_{\Omega} f(x,y,z)\mathrm{d}x\mathrm{d}y\mathrm{d}z = \lim\limits_{\lambda \to 0} \sum\limits_{i=1}^{n} f(\xi_i, \eta_i, \zeta_i)\Delta v_i$，其中 $\mathrm{d}x\mathrm{d}y\mathrm{d}z$ 称为直角坐标系中的体积元素.

（2）三重积分的计算.

三重积分具体的处理过程类似于二重积分，也分为 3 个步骤来进行处理.

1）直角坐标（图 10-4）.

$$\iiint\limits_{V} f(x,y,z)\mathrm{d}V = \iint\limits_{D_{xy}} \mathrm{d}x\mathrm{d}y \int_{z_1(x,y)}^{z_2(x,y)} f(x,y,z)\mathrm{d}z$$

$$= \int_a^b \mathrm{d}x \int_{y_1(x)}^{y_2(x)} \mathrm{d}y \int_{z_1(x,y)}^{z_2(x,y)} f(x,y,z)\mathrm{d}z \quad （D_{xy} \text{ 为 } X\text{-型}）$$

$$= \int_c^d \mathrm{d}y \int_{x_1(y)}^{x_2(y)} \mathrm{d}x \int_{z_1(x,y)}^{z_2(x,y)} f(x,y,z)\mathrm{d}z \quad （D_{xy} \text{ 为 } Y\text{-型}）$$

注意：类似于以上的处理方法，把空间区域投影到 yOz 面或 xOz 面又可把三重积分转化成不同次序的三次积分.

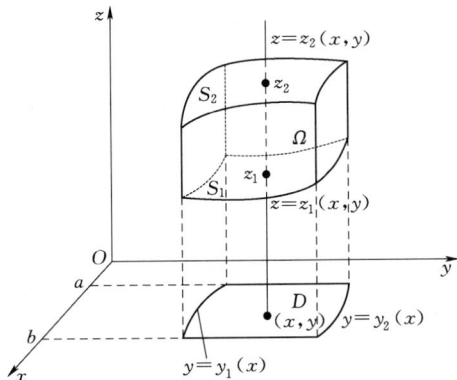

图 10-4

2）柱面坐标. 柱面坐标与直角坐标的关系为

$$\begin{cases} x = r\cos\theta \\ y = r\sin\theta \quad (0 \leqslant r < \infty, 0 \leqslant \theta \leqslant 2\pi, -\infty < z < +\infty) \\ z = z \end{cases}$$

如图 10-5 所示，直角坐标下的三重积分化为极坐标下的三重积分，并表示成相应的三次积分

$$\iiint\limits_V f(x,y,z)\mathrm{d}V = \iiint\limits_V f(r\cos\theta, r\sin\theta, z) r\mathrm{d}r\mathrm{d}\theta\mathrm{d}z$$

$$= \int_{\theta_1}^{\theta_2} \mathrm{d}\theta \int_{r_1(\theta)}^{r_2(\theta)} r\mathrm{d}r \int_{z_1(r,\theta)}^{z_2(r,\theta)} f(r\cos\theta, r\sin\theta, z)\mathrm{d}z$$

3）球面坐标. 球面坐标与直角坐标的关系表示为

$$\begin{cases} x = r\sin\varphi\cos\theta \\ y = r\sin\varphi\sin\theta \quad (0 \leqslant r < \infty, 0 \leqslant \theta \leqslant 2\pi, 0 \leqslant \varphi \leqslant \pi) \\ z = \cos\varphi \end{cases}$$

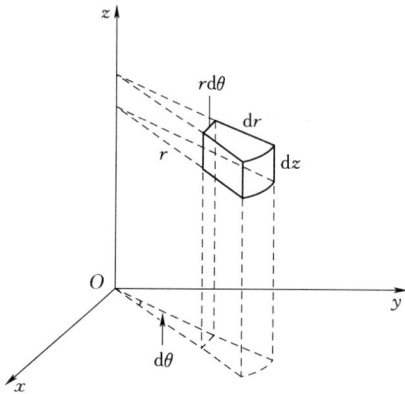

图 10-5

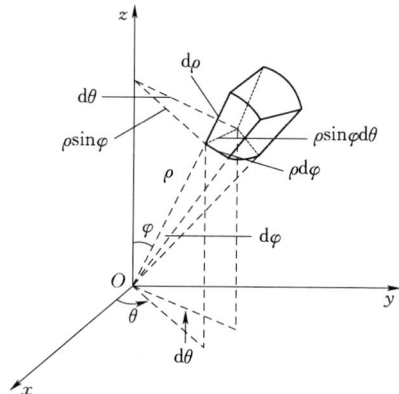

图 10-6

如图 10-6 所示，直角坐标下的三重积分化为极坐标下的三重积分，并表示成相应的三次积分

$$\iiint\limits_V f(x,y,z)\mathrm{d}V = \iiint\limits_V f(r\sin\varphi\cos\theta, r\sin\varphi\sin\theta, r\cos\theta) r^2 \sin\varphi\mathrm{d}r\mathrm{d}\theta\mathrm{d}\varphi$$

$$= \int_0^{2\pi} \mathrm{d}\theta \int_0^{\pi} \mathrm{d}\varphi \int_{r_1(\theta,\varphi)}^{r_2(\theta,\varphi)} f(r\sin\varphi\cos\theta, r\sin\varphi\sin\theta, r\cos\theta) r^2 \sin\varphi\mathrm{d}r$$

4. 重积分的几何应用

（1）几何应用.

重积分的几何应用主要包括：

1）二重积分求平面区域面积.

2）二重积分求曲顶柱体体积.

3）三重积分求空间区域的体积.

4）二重积分求空间曲面的面积，直角坐标系下的公式为 $A = \iint\limits_D \sqrt{1 + f_x^2 + f_y^2}\,\mathrm{d}x\mathrm{d}y$.

（2）物理应用.

包括求质量、质心、转动惯量和引力等应用，积分是研究物理问题的重要工具. 建立物理量对应的积分公式的一般方法是从基本的物理原理出发，找到所求量对应的微元，也就是对应积分的被积表达式了.

四、例题解析

【例 10 - 1】 计算二重积分 $\iint\limits_{D}(x+y)^3\mathrm{d}x\mathrm{d}y$，其中 D 由曲线 $x=\sqrt{1+y^2}$ 与直线 $x+\sqrt{2}y=0$ 及 $x-\sqrt{2}y=0$ 围成.

分析：首先应画出区域 D 的图形，然后根据图形的特点选择适当的坐标计算. 本题可采用直角坐标计算. 注意到 D 关于 x 轴对称，可利用奇偶对称性. 本题应选择先对 y 积分后对 x 积分的次序计算比较简单.

解

$$\iint\limits_{D}(x+y)^3\mathrm{d}x\mathrm{d}y = \iint\limits_{D}(x^3+3x^2y+3xy^2+y^3)\mathrm{d}x\mathrm{d}y$$

$$= \iint\limits_{D}(x^3+3xy^2)\mathrm{d}x\mathrm{d}y = 2\iint\limits_{D_1}(x^3+3xy^2)\mathrm{d}x\mathrm{d}y$$

$$= \int_0^1\mathrm{d}y\int_{\sqrt{2}y}^{\sqrt{1+y^2}}(x^3+3xy^2)\mathrm{d}x = 2\int_0^1\left(-\frac{9}{4}y^4+2y^2+\frac{1}{4}\right)\mathrm{d}y$$

$$= \frac{14}{15}$$

注意：若本题将二重积分转化为先对 x 后对 y 的二次积分，则计算相对复杂.

【例 10 - 2】 计算二重积分 $\iint\limits_{D}\mathrm{e}^{x+y}\mathrm{d}\sigma$，其中 $D=\{(x,y)\,|\,|x|+|y|\leqslant 1\}$.

分析：首先应画出区域 D 的图形，然后根据图形的特点选择适当的坐标计算. 本题可采用直角坐标计算. 注意到 D 既是 X-型区域，又是 Y-型型区域，而无论 X-型型区域或 Y-型型区域都不能用一个不等式组表示出来，均需要把 D 分割成两个 X-型型区域或两个 Y-型型区域的和的形式. 不妨把 D 分成 X-型型区域的和 $D=D_1+D_2$ 来计算.

解 积分区域 D 的图形如图 10 - 7 所示. 因 $D=D_1+D_2$，

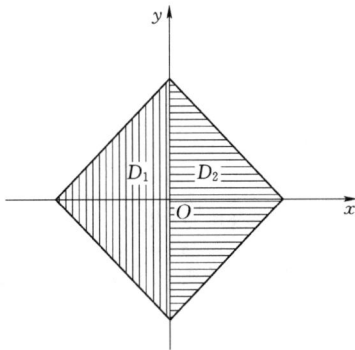

图 10 - 7

其中 D_1：$-1-x \leqslant y \leqslant 1+x$，$-1 \leqslant x \leqslant 0$；

D_2：$x-1 \leqslant y \leqslant 1-x$，$0 \leqslant x \leqslant 1$.

将二重积分转化为先对 y 后对 x 的二次积分，得

$$\iint\limits_{D} e^{x+y} dx dy = \iint\limits_{D_1} e^{x+y} dx dy + \iint\limits_{D_2} e^{x+y} dx dy$$

$$= \int_{-1}^{0} dx \int_{-1-x}^{1+x} e^{x+y} dy + \int_{0}^{1} dx \int_{x-1}^{1-x} e^{x+y} dy$$

$$= \int_{-1}^{0} (e^{2x+1} - e^{-1}) dx + \int_{0}^{1} (e - e^{2x-1}) dx$$

【**例 10 - 3**】 计算二重积分 $\iint\limits_{D} \sqrt{R^2 - x^2 - y^2} dx dy$，其中 D 是圆周 $x^2 + y^2 = Rx$ 所围成的闭区域.

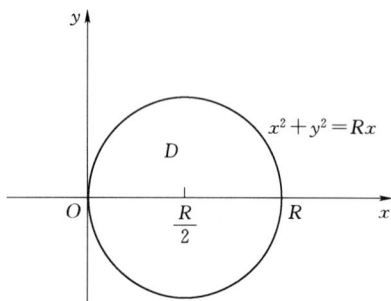

分析：由于积分区域 D 为圆域，且被积函数呈现 $g(x^2 + y^2)$ 的形式，故本题利用极坐标进行计算比较简便.

解 积分区域 D 的图形如图 10 - 8 所示. 在极坐标系下，由于 D：$0 \leqslant \rho \leqslant R\cos\theta$，$-\dfrac{\pi}{2} \leqslant \theta \leqslant \dfrac{\pi}{2}$.

将二重积分转化为极坐标系下先对 ρ 后对 θ 的二次积分，得

图 10 - 8

$$\iint\limits_{D} \sqrt{R^2 - x^2 - y^2} dx dy = \iint\limits_{D} \sqrt{R^2 - \rho^2} \rho d\rho d\theta = \int_{-\frac{\pi}{2}}^{\frac{\pi}{2}} d\theta \int_{0}^{R\cos\theta} \sqrt{R^2 - \rho^2} \rho d\rho$$

$$= \int_{-\frac{\pi}{2}}^{\frac{\pi}{2}} \frac{R^3}{3} [1 - |\sin\theta|^3] d\theta = \frac{2R^3}{3} \int_{0}^{\frac{\pi}{2}} (1 - \sin^3\theta) d\theta$$

$$= \frac{1}{3} R^3 \left(\pi - \frac{4}{3}\right)$$

注意：若注意到积分区域 D 关于 x 轴对称，而被积函数 $f(x,y) = \sqrt{R^2 - x^2 - y^2}$ 关于 y 为偶函数，则利用对称性可得

$$\iint\limits_{D} \sqrt{R^2 - x^2 - y^2} dx dy = 2 \iint\limits_{D_1} \sqrt{R^2 - x^2 - y^2} dx dy \quad (其中 D_1 : x^2 + y^2 \leqslant Rx, y \geqslant 0)$$

$$= 2 \int_{0}^{\frac{\pi}{2}} d\theta \int_{0}^{R\cos\theta} \sqrt{R^2 - \rho^2} \rho d\rho$$

$$= \frac{2R^3}{3} \int_{0}^{\frac{\pi}{2}} (1 - \sin^3\theta) d\theta = \frac{1}{3} R^3 \left(\pi - \frac{4}{3}\right)$$

这样在计算中就不会出现 $|\sin\theta|$ 的形式，也就避免了出现计算错误.

【**例 10 - 4**】 计算二重积分 $\iint\limits_{D} \sqrt{|y - x^2|} dx dy$，其中 $D = \{(x,y) \mid 0 \leqslant x \leqslant 1, 0 \leqslant y \leqslant 2\}$.

分析：由于被积函数 $\sqrt{|y-x^2|}$ 中含有绝对值，所以应首先在给定的积分区域 D 内，求出 $\sqrt{|y-x^2|}$ 的解析表达式，即去掉绝对值. 利用曲线 $y=x^2$ 将积分区域 D 分成两部分 D_1 和 D_2，则

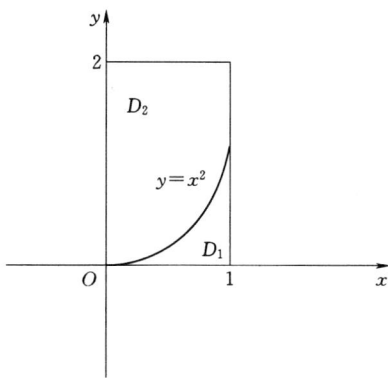
图 10-9

$$\sqrt{|y-x^2|} = \begin{cases} \sqrt{x^2-y}, & (x,y) \in D_1 \\ \sqrt{y-x^2}, & (x,y) \in D_2 \end{cases}$$，而 D_1 和 D_2 均

为 X-型区域，且被积函数先对 y 积分比较容易，故在直角坐标中将二重积分转化为先对 y 后对 x 的二次积分，然后分别计算即可.

解 画出区域 D 的图形如图 10-9 所示. 因为 $D = D_1 + D_2$，

其中　D_1：$0 \leqslant y \leqslant x^2$，$0 \leqslant x \leqslant 1$；

　　　　D_2：$x^2 \leqslant y \leqslant 2$，$0 \leqslant x \leqslant 1$.

$$\iint\limits_{D} \sqrt{|y-x^2|}\,dydz = \iint\limits_{D_1} \sqrt{|y-x^2|}\,dydz + \iint\limits_{D_2} \sqrt{|y-x^2|}\,dxdy$$

$$= \iint\limits_{D_1} \sqrt{x^2-y}\,dxdy + \iint\limits_{D_2} \sqrt{y-x^2}\,dxdy$$

$$= \int_0^1 dx \int_0^{x^2} \sqrt{x^2-y}\,dy + \int_0^1 dx \int_{x^2}^2 \sqrt{y-x^2}\,dy$$

$$= \int_0^1 \frac{2x^3}{3}\,dx + \int_0^1 \frac{2}{3}(2-x^2)^{\frac{3}{2}}\,dx$$

$$= \frac{5}{6} + \frac{\pi}{4}$$

【例 10-5】 设区域 $D = \{(x,y) \mid x^2 + y^2 \leqslant 1, x \geqslant 0\}$，计算二重积分 $I = \iint\limits_{D} \dfrac{1+xy}{1+x^2+y^2}\,dxdy$.

分析：由于积分区域 D 关于 x 轴对称，故应先利用二重积分的对称性结论简化所求的积分. 因积分区域 D 关于 x 轴对称，而 $\dfrac{1}{1+x^2+y^2}$ 关于变量 y 为偶函数，$\dfrac{xy}{1+x^2+y^2}$ 关于变量 y 为奇函数，故 $\iint\limits_{D} \dfrac{1}{1+x^2+y^2}\,dxdy = 2\iint\limits_{D_1} \dfrac{1}{1+x^2+y^2}\,dxdy$，$\iint\limits_{D} \dfrac{xy}{1+x^2+y^2}\,dxdy = 0$，

其中 $D_1 = \{(x,y) \mid x^2+y^2 \leqslant 1, x \geqslant 0, y \geqslant 0\}$；然后再利用极坐标将 $\iint\limits_{D_1} \dfrac{1}{1+x^2+y^2}\,dxdy$ 化为二次积分进行计算即可.

解　$I = \iint\limits_{D} \dfrac{1}{1+x^2+y^2}\,dxdy + \iint\limits_{D} \dfrac{xy}{1+x^2+y^2}\,dxdy = 2\iint\limits_{D_1} \dfrac{1}{1+x^2+y^2}\,dxdy + 0$

$$= 2\int_0^{\frac{\pi}{2}} d\theta \int_0^1 \frac{r}{1+r^2}\,dr = 2 \cdot \frac{\pi}{2} \cdot \frac{1}{2}\ln(1+r^2)\Big|_0^1 = \frac{\pi}{2}\ln 2$$

【**例 10 - 6**】 设 $f(u)$ 有连续的一阶导数，且 $f(0)=0$. 求 $\lim\limits_{t \to 0^+} \dfrac{1}{t^3} \iint\limits_{x^2+y^2 \leqslant t^2} f(\sqrt{x^2+y^2}) \mathrm{d}x\mathrm{d}y$.

分析：本题是二重积分的计算、变上限积分求导和求极限的综合题目. 应首先利用极坐标将二重积分转化成积分变上限的函数，然后再利用洛必达法则求极限.

解
$$\lim_{t \to 0^+} \frac{1}{t^3} \iint\limits_{x^2+y^2 \leqslant t^2} f(\sqrt{x^2+y^2}) \mathrm{d}x\mathrm{d}y = \lim_{t \to 0^+} \frac{1}{t^3} \int_0^{2\pi} \mathrm{d}\theta \int_0^t f(r) \cdot r \mathrm{d}r$$

$$= 2\pi \lim_{t \to 0^+} \frac{\int_0^t f(r) \cdot r \mathrm{d}r}{t^3} \left(\frac{0}{0} \text{型}\right) = 2\pi \lim_{t \to 0^+} \frac{tf(t)}{3t^2}$$

$$= \frac{2\pi}{3} \lim_{t \to 0^+} \frac{f(t)}{t} \left(\frac{0}{0} \text{型}\right) = \frac{2\pi}{3} \lim_{t \to 0^+} f'(t) = \frac{2\pi}{3} f'(0)$$

【**例 10 - 7**】 求上半球面 $z = \sqrt{2-x^2-y^2}$ 与旋转抛物面 $z = x^2+y^2$ 所围成的立体的体积.

分析：首先求出立体在 xOy 坐标面上的投影区域，然后利用二重积分的几何意义将所求立体的体积用二重积分来表示，再利用极坐标计算即可.

解 令 $\sqrt{2-x^2-y^2} = x^2+y^2$，求得曲线 $\begin{cases} z = \sqrt{2-x^2-y^2} \\ z = x^2+y^2 \end{cases}$ 在 xOy 坐标面上的投影曲线方程为 $x^2+y^2=1$，故立体在 xOy 坐标面上的投影区域如图 10 - 10 所示，D_{xy}：$x^2+y^2 \leqslant 1$. 由二重积分的几何意义，可知所求立体的体积为

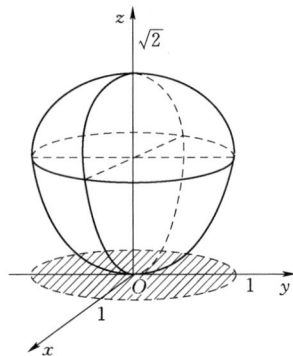

图 10 - 10

$$V = \iint\limits_{D_{xy}} \sqrt{2-x^2-y^2} \mathrm{d}x\mathrm{d}y - \iint\limits_{D_{xy}} (x^2+y^2) \mathrm{d}x\mathrm{d}y$$

$$= \iint\limits_{D_{xy}} (\sqrt{2-x^2-y^2} - x^2-y^2) \mathrm{d}x\mathrm{d}y$$

$$= \int_0^{2\pi} \mathrm{d}\theta \int_0^1 (\sqrt{2-r^2} - r^2) r \mathrm{d}r$$

$$= 2\pi \left[\int_0^1 r\sqrt{2-r^2} \mathrm{d}r - \int_0^1 r^3 \mathrm{d}r \right]$$

$$= 2\pi \left[-\frac{1}{3}(2-r^2)^{\frac{3}{2}} \Big|_0^1 - \frac{1}{4} r^4 \Big|_0^1 \right] = \frac{\pi}{6}(8\sqrt{2}-7)$$

【**例 10 - 8**】 证明：$\int_0^a \mathrm{d}y \int_0^y \mathrm{e}^{m(a-x)} f(a-x) \mathrm{d}x = \int_0^a x\mathrm{e}^{mx} f(x) \mathrm{d}x$.

解 交换积分次序，有

$$\text{左边} = \int_0^a \mathrm{e}^{m(a-x)} f(a-x) \mathrm{d}x \int_x^a \mathrm{d}y = \int_0^a (a-x) \mathrm{e}^{m(a-x)} f(a-x) \mathrm{d}x \quad (\text{令 } a-x=t)$$

$$= \int_a^0 t\mathrm{e}^{mt} f(t) \mathrm{d}(-t) = \int_0^a x\mathrm{e}^{mx} f(x) \mathrm{d}x$$

【**例 10 - 9**】 计算 $\int_0^1 \mathrm{d}x \int_x^1 x^2 \mathrm{e}^{-y^2} \mathrm{d}y$.

分析：由于被积函数为 $x^2 e^{-y^2}$，如果先对变量 y 积分，则会遇到原函数 $\int e^{-y^2} dy$ 求不出的问题，所以计算二次积分的问题就归结为改变积分次序的问题，即把二次积分化成先对 x 后对 y 的二次积分，亦即按框图中线路 1 的方法进行计算.

解 由于 D 可以表示成 Y-型区域（图 $10-11$）.

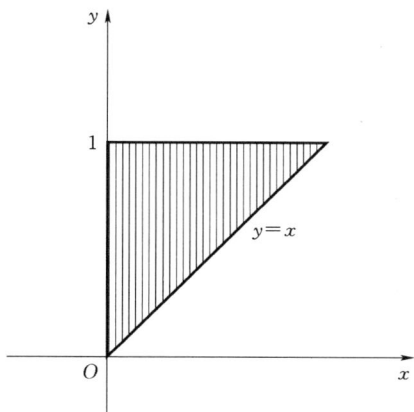

图 $10-11$

D：$0 \leqslant x \leqslant y$，$0 \leqslant y \leqslant 1$；所以

$$\int_0^1 \mathrm{d}x \int_x^1 x^2 e^{-y^2} \mathrm{d}y = \int_0^1 \mathrm{d}y \int_0^y x^2 e^{-y^2} \mathrm{d}x$$

$$= \int_0^1 \frac{y^3}{3} e^{-y^2} \mathrm{d}y = \frac{1}{6} \int_0^1 y^2 e^{-y^2} \mathrm{d}(y^2) \quad (\diamondsuit\ y^2 = u)$$

$$= \frac{1}{6} \int_0^1 u e^{-u} \mathrm{d}u = -\frac{1}{6} u e^{-u} \Big|_0^1 + \frac{1}{6} \int_0^1 e^{-u} \mathrm{d}u$$

$$= \frac{1}{6} - \frac{1}{3e}$$

【例 10-10】 设 $f(x,y) = \begin{cases} x^2 y, & 1 \leqslant x \leqslant 2, 0 \leqslant y \leqslant x \\ 0, & \text{其他} \end{cases}$，求 $\iint\limits_D f(x,y) \mathrm{d}x \mathrm{d}y$，其中 D：$x^2 + y^2 \geqslant 2x$.

分析：此题看似为无界区域上的二重积分，但因被积函数只在部分区域内非零，因此，只需在积分区域和被积函数非零区域相交部分积分即可.

解 $D_1 = \{(x,y) | 1 \leqslant x \leqslant 2, \sqrt{2x-x^2} \leqslant y \leqslant x\}$，则

$$\iint\limits_D f(x,y) \mathrm{d}x \mathrm{d}y = \iint\limits_{D_1} x^2 y \mathrm{d}x \mathrm{d}y = \int_1^2 x^2 \mathrm{d}x \int_{\sqrt{2x-x^2}}^x y \mathrm{d}y = \frac{49}{20}$$

【例 10-11】 求 $I = \iint\limits_D (|x| + |y|) \mathrm{d}x \mathrm{d}y$，$D$：$x^2 + y^2 \leqslant 1$.

分析：此题若直接计算，需将积分区域分为 4 部分，较麻烦，可利用对称性求解.

解
$$I = 4\iint\limits_{D_1}(x+y)\mathrm{d}x\mathrm{d}y = 8\iint\limits_{D_1}x\mathrm{d}x\mathrm{d}y = 8\int_0^{\frac{\pi}{2}}\cos\theta\mathrm{d}\theta\int_0^1\rho^2\mathrm{d}\rho = \frac{8}{3}$$

【**例 10 - 12**】 计算二重积分 $\iint\limits_{D}\mathrm{e}^{\max(x^2,y^2)}\mathrm{d}x\mathrm{d}y$，其中 $D=\{(x,y)\,|\,0\leqslant x\leqslant 1,0\leqslant y\leqslant 1\}$.

分析：首先在给定的积分区域 D 内，求出被积函数的解析表达式，即去掉最大符号 $\max$，然后计算二重积分.

解 画出区域 D 的图形如图 $10-12$ 所示. $D=D_1+D_2$，

其中 $D_1=\{(x,y)\,|\,0\leqslant x\leqslant 1,0\leqslant y\leqslant x\}$；
$$D_2=\{(x,y)\,|\,0\leqslant x\leqslant 1,x\leqslant y\leqslant 1\}.$$

因 $\mathrm{e}^{\max(x^2,y^2)}=\begin{cases}\mathrm{e}^{x^2}, & (x,y)\in D_1 \\ \mathrm{e}^{y^2}, & (x,y)\in D_2\end{cases}$，于是

$$\iint\limits_{D}\mathrm{e}^{\max(x^2,y^2)}\mathrm{d}x\mathrm{d}y = \iint\limits_{D_1}\mathrm{e}^{x^2}\mathrm{d}x\mathrm{d}y + \iint\limits_{D_2}\mathrm{e}^{y^2}\mathrm{d}x\mathrm{d}y$$

$$= \int_0^1\mathrm{d}x\int_0^x\mathrm{e}^{x^2}\mathrm{d}y + \int_0^1\mathrm{d}y\int_0^y\mathrm{e}^{y^2}\mathrm{d}x = 2\int_0^1 x\mathrm{e}^{x^2}\mathrm{d}x = \mathrm{e}^{x^2}\Big|_0^1 = \mathrm{e}-1$$

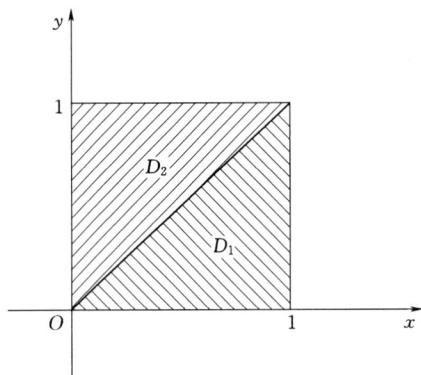

图 10 - 12

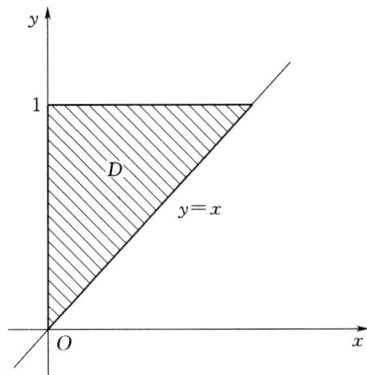

图 10 - 13

【**例 10 - 13**】 计算二重积分 $I=\iint\limits_{D}x^2\mathrm{e}^{-y^2}\mathrm{d}\sigma$，其中 D 是由直线 $x=0$，$y=1$ 及 $y=x$ 围成的闭区域.

分析：如图 $10-13$ 所示，若化为先对 y，后对 x 的累次积分，则 $I=\iint\limits_{D}x^2\mathrm{e}^{-y^2}\mathrm{d}\sigma=\int_0^1 x^2\mathrm{d}x\int_x^1\mathrm{e}^{-y^2}\mathrm{d}y$，由于被积函数的原函数不能用初等函数表示，故改为化作先对 x，后对 y 的累次积分.

$$I=\iint\limits_{D}x^2\mathrm{e}^{-y^2}\mathrm{d}\sigma = \int_0^1\mathrm{e}^{-y^2}\mathrm{d}y\int_0^y x^2\mathrm{d}x = \frac{1}{3}\int_0^1 y^3\mathrm{e}^{-y^2}\mathrm{d}y = \frac{1}{6} - \frac{1}{3\mathrm{e}}$$

【**例 10 - 14**】 计算二重积分 $\iint\limits_{D}\mathrm{d}\sigma$，其中 D 是由直线 $y=2x$，$x=2y$ 及 $x+y=3$ 围成

的三角形区域.

解　依题画出积分区域如图 10 - 14 所示，有

$$\iint_{D}\mathrm{d}\sigma = \iint_{D_1}\mathrm{d}\sigma + \iint_{D_2}\mathrm{d}\sigma$$

$$= \int_0^1 \mathrm{d}x \int_{\frac{x}{2}}^{2x} \mathrm{d}y + \int_1^2 \mathrm{d}x \int_{\frac{x}{2}}^{3-x} \mathrm{d}y$$

$$= \int_0^1 \left(2x - \frac{x}{2}\right) \mathrm{d}x + \int_1^2 \left(3 - x - \frac{x}{2}\right) \mathrm{d}x$$

$$= \left[\frac{3}{4}x^2\right]\Big|_0^1 + \left[3x - \frac{3}{4}x^2\right]\Big|_1^2 = \frac{3}{2}$$

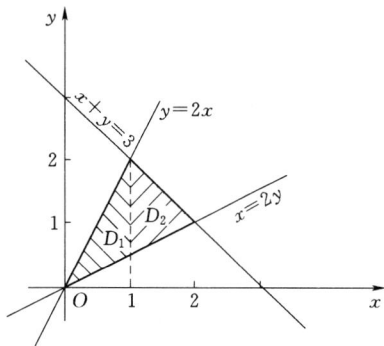

图 10 - 14

【**例 10 - 15**】　计算 $I = \iint_{D} \dfrac{1}{\sqrt{1-x^2-y^2}}\mathrm{d}\sigma$，其中 D 为圆域 $x^2+y^2 \leqslant 1$.

解　$\displaystyle\iint_{D} \frac{1}{\sqrt{1-x^2-y^2}}\mathrm{d}\sigma = \int_0^{2\pi}\mathrm{d}\theta \int_0^1 \frac{r}{\sqrt{1-r^2}}\mathrm{d}r = \int_0^{2\pi}\left[-\sqrt{1-r^2}\right]\Big|_0^1 \mathrm{d}\theta = \int_0^{2\pi}\mathrm{d}\theta = 2\pi.$

【**例 10 - 16**】　求球 $x^2+y^2+z^2=R^2$ 被圆柱面 $x^2+y^2=Rx$ 所割下部分的体积.

解　如图 10 - 15 所示，有 $V = 4\displaystyle\iint_{D}\sqrt{R^2-x^2-y^2}\mathrm{d}\sigma$，

其中 D 为 $\{(x,y) \mid y \geqslant 0, x^2+y^2 \leqslant Rx\}$，故

$$V = 4\int_0^{\frac{\pi}{2}}\mathrm{d}\theta \int_0^{R\cos\theta}\sqrt{R^2-r^2}\,r\mathrm{d}r = \frac{4}{3}R^3\int_0^{\frac{\pi}{2}}(1-\sin^3\theta)\mathrm{d}\theta$$

$$= \frac{4}{3}R^3\left(\frac{\pi}{2} - \frac{2}{3}\right)$$

【**例 10 - 17**】　计算 $I = \displaystyle\iint_{D}\mathrm{e}^{-(x^2+y^2)}\mathrm{d}\sigma$，其中 D 为圆域：$x^2+y^2 \leqslant R^2$.

解　$\qquad\qquad\qquad I = \displaystyle\int_0^{2\pi}\mathrm{d}\theta \int_0^R r\mathrm{e}^{-r^2}\mathrm{d}r = \pi(1-\mathrm{e}^{-R^2}).$

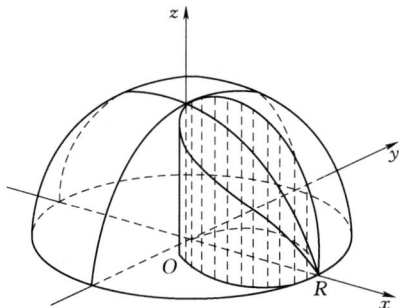

图 10 - 15

【例 10 - 18】 计算 $\iiint\limits_{V} \dfrac{1}{x^2+y^2}\mathrm{d}x\mathrm{d}y\mathrm{d}z$，其中 V 为由平面 $x=1$，$x=2$，$z=0$，$y=x$ 与 $z=y$ 所围的区域.

解 依题画出积分区域如图 10 - 16 所示，有

$$\iiint\limits_{V} \frac{1}{x^2+y^2}\mathrm{d}x\mathrm{d}y\mathrm{d}z = \int_1^2 \mathrm{d}x \int_0^x \mathrm{d}y \int_0^y \frac{1}{x^2+y^2}\mathrm{d}z$$

$$= \int_1^2 \mathrm{d}x \int_0^x \frac{y}{x^2+y^2}\mathrm{d}y = \int_1^2 \frac{1}{2}\ln 2 \mathrm{d}x = \frac{1}{2}\ln 2$$

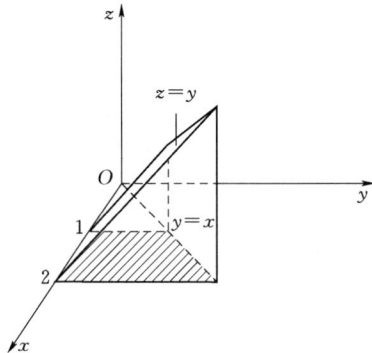

图 10 - 16

【例 10 - 19】 求 $\iiint\limits_{V} \left(\dfrac{x^2}{a^2} + \dfrac{y^2}{b^2} + \dfrac{z^2}{c^2} \right)\mathrm{d}x\mathrm{d}y\mathrm{d}z$，其中 V 为 $\dfrac{x^2}{a^2} + \dfrac{y^2}{b^2} + \dfrac{z^2}{c^2} \leqslant 1$.

解 $I = \iiint\limits_{V} \dfrac{x^2}{a^2}\mathrm{d}x\mathrm{d}y\mathrm{d}z + \iiint\limits_{V} \dfrac{y^2}{b^2}\mathrm{d}x\mathrm{d}y\mathrm{d}z + \iiint\limits_{V} \dfrac{z^2}{c^2}\mathrm{d}x\mathrm{d}y\mathrm{d}z.$

而 $\iiint\limits_{V} \dfrac{x^2}{a^2}\mathrm{d}x\mathrm{d}y\mathrm{d}z = \int_{-a}^{a} \dfrac{x^2}{a^2}\mathrm{d}x \iint\limits_{R_z}\mathrm{d}y\mathrm{d}z$，$R_x$ 为区域：$\dfrac{y^2}{b^2} + \dfrac{z^2}{c^2} \leqslant 1 - \dfrac{x^2}{a^2}$，即 $\dfrac{y^2}{b^2\left(1-\dfrac{x^2}{a^2}\right)} +$

$\dfrac{z^2}{c^2\left(1-\dfrac{x^2}{a^2}\right)} \leqslant 1$，其面积为 $\pi bc \left(1 - \dfrac{x^2}{a^2} \right)$

故 $\qquad \iiint\limits_{V} \dfrac{x^2}{a^2}\mathrm{d}x\mathrm{d}y\mathrm{d}z = \int_{-a}^{a} \dfrac{x^2}{a^2}\pi bc \left(1 - \dfrac{x^2}{a^2} \right)\mathrm{d}x = \dfrac{4}{15}\pi abc$

同样可得 $\qquad \iiint\limits_{V} \dfrac{y^2}{b^2}\mathrm{d}x\mathrm{d}y\mathrm{d}z = \iiint\limits_{V} \dfrac{z^2}{c^2}\mathrm{d}x\mathrm{d}y\mathrm{d}z = \dfrac{4}{15}\pi abc$

所以 $I = 3 \times \dfrac{4}{15}\pi abc = \dfrac{4}{5}\pi abc.$

【例 10 - 20】 计算三重积分 $\iiint\limits_{\Omega} xy^2z^3\mathrm{d}x\mathrm{d}y\mathrm{d}z$，其中 Ω 是由曲面 $z=xy$ 与平面 $y=x$，$x=1$ 及 $z=0$ 所围成的闭区域.

分析：由于积分区域和被积函数不具有利用"先二后一"、柱面坐标和球面坐标计算的特点，所以考虑利用直角坐标来计算本题.

解　(1) 求 Ω（图 10-17）在 xOy 平面上的投影域 D_{xy}：$0 \leqslant y \leqslant x$，$0 \leqslant x \leqslant 1$.

(2) 确定上顶曲面 $\sum_1$ 及下顶曲面 $\sum_2$. 因为当 $(x,y) \in D_{xy}$ 时，满足 $x \geqslant 0$，$y \geqslant 0$，$z = xy \geqslant 0$. 因此，$\sum_1$：$z = xy$；$\sum_2$：$z = 0$.

(3) 转化为先对 z 后对 x，y 的三次积分计算：

$$\iiint\limits_{\Omega} xy^2z^3 \mathrm{d}x\mathrm{d}y\mathrm{d}z = \iint\limits_{D_{xy}} \mathrm{d}x\mathrm{d}y \int_0^{xy} xy^2z^3 \mathrm{d}z$$

$$= \frac{1}{4} \iint\limits_{D_{xy}} x^5 y^6 \mathrm{d}x\mathrm{d}y = \frac{1}{4} \int_0^1 \mathrm{d}x \int_0^x x^5 y^6 \mathrm{d}y = \frac{1}{364}$$

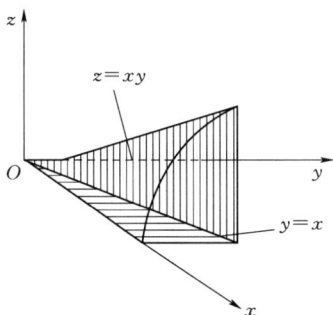

图 10-17

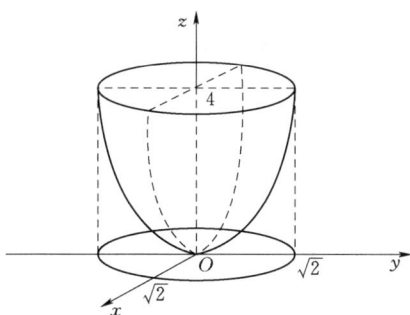

图 10-18

【例 10-21】　计算 $\iiint\limits_{V}(x^2+y^2)\mathrm{d}x\mathrm{d}y\mathrm{d}z$，其中 V 是由曲面 $2(x^2+y^2)=z$ 与 $z=4$ 为界面的区域.

解　如图 10-18 所示，V 在平面上的投影区域 D 为 $x^2+y^2 \leqslant 2$，

$$\iiint\limits_{V}(x^2+y^2)\mathrm{d}x\mathrm{d}y\mathrm{d}z = \iiint\limits_{V} r^3 \mathrm{d}r\mathrm{d}\theta\mathrm{d}z$$

$$= \int_0^{2\pi} \mathrm{d}\theta \int_0^{\sqrt{2}} \mathrm{d}r \int_{2r^2}^4 r^3 \mathrm{d}z = \frac{8\pi}{3}$$

【例 10-22】　计算三重积分 $\iiint\limits_{\Omega} z^2 \mathrm{d}x\mathrm{d}y\mathrm{d}z$，其中 Ω 是两个球体 $x^2+y^2+z^2 \leqslant R^2$ 及 $x^2+y^2+z^2 \leqslant 2Rz(R>0)$ 的公共部分.

分析： 由于 Ω 在 xOy 平面上的投影区域为圆域（图 10-19），且 Ω 的边界曲面是球面，故很容易联想到用球面坐标和柱面坐标计算方法. 但由于被积函数 $f(x,y,z)=z=g(z)$，而 Ω 的截面面积 $S(z)$ 又非常容易求得，因此亦可用"先二后一"法来求解.

解

解法一：利用球面坐标计算.

用圆锥面 $\varphi = \dfrac{\pi}{3}$ 将 Ω 分成两部分 $\Omega = \Omega_1 + \Omega_2$，

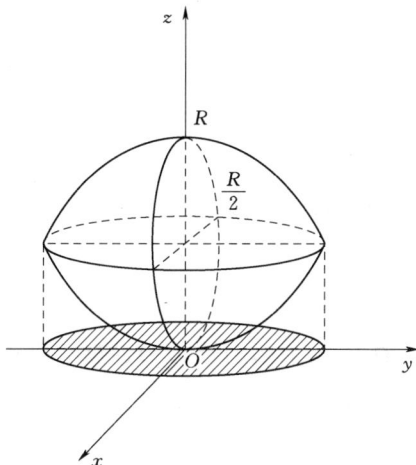

图 10-19

其中

Ω_1：$0 \leqslant r \leqslant 2R\cos\varphi$，$\dfrac{\pi}{3} \leqslant \varphi \leqslant \dfrac{\pi}{2}$，$0 \leqslant \theta \leqslant 2\pi$；

Ω_2：$0 \leqslant r \leqslant R$，$0 \leqslant \varphi \leqslant \dfrac{\pi}{3}$，$0 \leqslant \theta \leqslant 2\pi$.

于是，得

$$\iiint\limits_{\Omega} z^2 \mathrm{d}x\mathrm{d}y\mathrm{d}z = \iiint\limits_{\Omega_1} z^2 \mathrm{d}x\mathrm{d}y\mathrm{d}z + \iiint\limits_{\Omega_2} z^2 \mathrm{d}x\mathrm{d}y\mathrm{d}z$$

$$= \int_0^{2\pi} \mathrm{d}\theta \int_{\frac{\pi}{3}}^{\frac{\pi}{2}} \mathrm{d}\varphi \int_0^{2R\cos\varphi} r^2 \cos^2\varphi \cdot r^2 \sin\varphi \mathrm{d}r + \int_0^{2\pi} \mathrm{d}\theta \int_0^{\frac{\pi}{3}} \mathrm{d}\varphi \int_0^{R} r^2 \cos^2\varphi \cdot r^2 \sin\varphi \mathrm{d}r$$

$$= \frac{59}{480} \pi R^5$$

解法二：利用柱面坐标计算.

由于 Ω 在 xOy 平面的投影区域 D_{xy}：$x^2 + y^2 \leqslant \dfrac{3R^2}{4}$；故在柱面坐标下，

$$\Omega：\quad R - \sqrt{R^2 - \rho^2} \leqslant z \leqslant \sqrt{R^2 - \rho^2}，\quad 0 \leqslant \rho \leqslant \frac{\sqrt{3}R}{2}，\quad 0 \leqslant \theta \leqslant 2\pi.$$

于是有

$$\iiint\limits_{\Omega} z^2 \mathrm{d}x\mathrm{d}y\mathrm{d}z = \int_0^{2\pi} \mathrm{d}\theta \int_0^{\frac{\sqrt{3}}{2}R} \mathrm{d}\rho \int_{R-\sqrt{R^2-\rho^2}}^{\sqrt{R^2-\rho^2}} z^2 \cdot \rho \mathrm{d}z$$

$$= \frac{2\pi}{3} \int_0^{\frac{\sqrt{3}}{2}R} \rho \big[(R^2 - \rho^2)^{3/2} - (R - \sqrt{R^2 - \rho^2})^3 \big] \mathrm{d}\rho$$

$$= \frac{2\pi}{3} \int_0^{\frac{\sqrt{3}}{2}R} \rho \big[2(R^2 - \rho^2)^{3/2} + 3R^2 \sqrt{R^2 - \rho^2} + 3R\rho^2 - 4R^3 \big] \mathrm{d}\rho$$

$$= \frac{2\pi}{3} \int_0^{\frac{\sqrt{3}}{2}R} \rho \big[2(R^2 - \rho^2)^{3/2} + 3R^2 \sqrt{R^2 - \rho^2} \big] \mathrm{d}\rho + \frac{2\pi}{3} \int_0^{\frac{\sqrt{3}}{2}R} \rho (3R\rho^2 - 4R^3) \mathrm{d}\rho$$

$$= \frac{\pi}{3} \left[-\frac{4}{5}(R^2 - \rho^2)^{5/2} - \frac{3}{2}(R^2 - \rho^2)^{3/2} \right] \Big|_0^{\frac{\sqrt{3}}{2}R} + \frac{2\pi}{3} \left(\frac{3}{4}R\rho^4 - 2R^3\rho^2 \right) \Big|_0^{\frac{\sqrt{3}}{2}R} = \frac{59}{480}\pi R^5$$

解法三：用"先二后一"法计算.

用平面 $z = \dfrac{R}{2}$ 将积分区域 Ω 划分为两部分：$\Omega = \Omega_1 + \Omega_2$，其中

$$\Omega_1 = \left\{ (x,y,z) \mid (x,y) \in D_z'，0 \leqslant z \leqslant \frac{R}{2} \right\}，\quad D_z'：x^2 + y^2 \leqslant 2Rz - z^2；$$

$$\Omega_2 = \left\{ (x,y,z) \mid (x,y) \in D_z''，\frac{R}{2} \leqslant z \leqslant R \right\}，\quad D_z''：x^2 + y^2 \leqslant R^2 - z^2.$$

于是，得

$$\iiint\limits_{\Omega} z^2 \mathrm{d}x\mathrm{d}y\mathrm{d}z = \iiint\limits_{\Omega_1} z^2 \mathrm{d}x\mathrm{d}y\mathrm{d}z + \iiint\limits_{\Omega_2} z^2 \mathrm{d}x\mathrm{d}y\mathrm{d}z = \int_0^{\frac{R}{2}} z \mathrm{d}z \iint\limits_{D_z'} \mathrm{d}x\mathrm{d}y + \int_{\frac{R}{2}}^{R} z \mathrm{d}z \iint\limits_{D_z'} \mathrm{d}x\mathrm{d}y$$

$$= \int_0^{\frac{R}{2}} z^2 \cdot \pi(2Rz - z^2) \mathrm{d}z + \int_{\frac{R}{2}}^R z^2 \cdot \pi(R^2 - z^2) \mathrm{d}z = \frac{59}{480}\pi R^5$$

注意：从上面 3 种解法的计算过程中不难发现，虽然此题可用 3 种方法来求解，但其中的"先二后一"法最为简便.

【例 10-23】 求由圆锥体 $z \geqslant \sqrt{x^2+y^2}\cot\beta$ 和球体 $x^2+y^2+(z-a)^2 \leqslant a^2$ 所确定的立体体积，其中 $\beta \in \left(0, \frac{\pi}{2}\right)$ 和 $a>0$ 为常数.

解 如图 10-20 所示，球面方程 $x^2+y^2+(z-a)^2=a^2$ 在球坐标系下表示为 $r=2a\cos\varphi$，圆锥面 $z=\sqrt{x^2+y^2}\cot\beta$ 在球坐标系下表示为 $\varphi=\beta$，因此

$$\Omega = \{(r,\varphi,\theta) \,|\, 0 \leqslant r \leqslant 2a\cos\varphi, 0 \leqslant \varphi \leqslant \beta, 0 \leqslant \theta \leqslant 2\pi\}$$

$$V = \iiint\limits_\Omega \mathrm{d}v = \int_0^{2\pi} \mathrm{d}\theta \int_0^\beta \mathrm{d}\varphi \int_0^{2a\cos\phi} r^2 \sin\phi\, \mathrm{d}r$$

$$= \frac{4}{3}\pi a^3 (1 - \cos^4\beta)$$

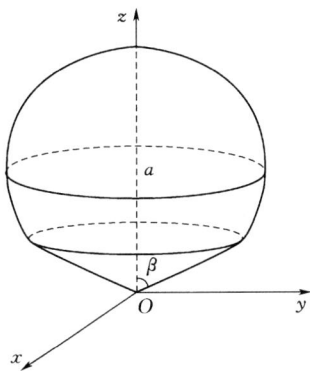

图 10-20

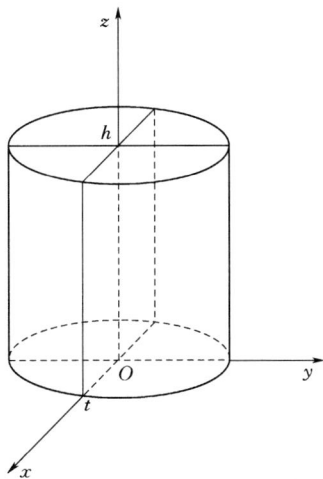

图 10-21

【例 10-24】 设 $f(x)$ 连续，$F(t) = \iiint\limits_\Omega [z^2 + f(x^2+y^2)] \mathrm{d}x\mathrm{d}y\mathrm{d}z$，其中 $\Omega: 0 \leqslant z \leqslant h$, $x^2+y^2 \leqslant t^2$. 求 $\dfrac{\mathrm{d}F}{\mathrm{d}t}$，$\lim\limits_{t \to 0^+} \dfrac{F(t)}{t^2}$.

分析：本题是三重积分的计算、变上限积分求导和求极限的综合题目. 由于积分区域 Ω 为圆柱体（图 10-21），故应首先利用柱面坐标将三重积分 $F(t)$ 转化成积分变上限的函数，然后求导，最后再利用洛必达法则求极限.

解 由柱面坐标得

$$F(t) = \int_0^{2\pi} \mathrm{d}\theta \int_0^t r\mathrm{d}r \int_0^h [z^2 + f(r^2)] \mathrm{d}z = 2\pi \int_0^t \left[\frac{h^3}{3} + h f(r^2)\right] r\mathrm{d}r$$

从而有 $\dfrac{\mathrm{d}F}{\mathrm{d}t}=2\pi t\left[\dfrac{h^3}{3}+hf(t^2)\right]$, 于是 $\lim\limits_{t\to0^+}\dfrac{F(t)}{t^2}=\lim\limits_{t\to0^+}\dfrac{2\pi t\left[\dfrac{h^3}{3}+hf(t^2)\right]}{2t}\left(\dfrac{0}{0}\text{型}\right)$

$$=\lim\limits_{t\to0^+}\pi\left[\dfrac{h^3}{3}+hf(t^2)\right]=\pi\left[\dfrac{h^3}{3}+hf(0)\right]=\dfrac{\pi}{3}h[h^2+3f(0)].$$

五、测试题

测　试　题　A

1. 填空题

(1) $\displaystyle\int_0^1\mathrm{d}x\int_{x^2}^x f(x,y)\mathrm{d}y$ 交换积分次序后为 _____.

(2) 用柱面坐标系化三重积分为三次积分 $\displaystyle\iiint\limits_{\Omega}f(x,y,z)\mathrm{d}v=$ _____, 其中 Ω: $x^2+y^2=1$, $z=1$, $z=2$ 围成.

(3)（化为柱面坐标中的三次积分）$I=\displaystyle\int_{-1}^1\mathrm{d}x\int_{-\sqrt{1-x^2}}^{\sqrt{1-x^2}}\mathrm{d}y\int_{1-\sqrt{1-x^2-y^2}}^{1+\sqrt{1-x^2-y^2}}f(x,y,z)\mathrm{d}z=$ _____.

2. 选择题

(1) $\displaystyle\int_0^1\mathrm{d}x\int_{\sqrt{3}x}^{\sqrt{4-x^2}}\sqrt{x^2+y^2}\,\mathrm{d}y=$ (　　).

A. $\displaystyle\int_0^{\frac{\pi}{3}}\mathrm{d}\theta\int_0^2 r\,\mathrm{d}r$　　　　　　　　B. $\displaystyle\int_{\frac{\pi}{3}}^{\frac{\pi}{2}}\mathrm{d}\theta\int_0^2 r\,\mathrm{d}r$

C. $\displaystyle\int_0^{\frac{\pi}{3}}\mathrm{d}\theta\int_0^2 r^2\,\mathrm{d}r$　　　　　　　　D. $\displaystyle\int_{\frac{\pi}{3}}^{\frac{\pi}{2}}\mathrm{d}\theta\int_0^2 r^2\,\mathrm{d}r$

(2) 若区域 D 由 $(x-1)^2+y^2=1$ 所围, 则 $\displaystyle\iint\limits_{D}f(x,y)\mathrm{d}x\mathrm{d}y$ 化成累次积分为(　　).

A. $\displaystyle\int_0^{\pi}\mathrm{d}\theta\int_0^{2\cos\theta}f(r\cos\theta,r\sin\theta)r\,\mathrm{d}r$　　B. $\displaystyle\int_{\pi}^{-\pi}\mathrm{d}\theta\int_0^{2\cos\theta}f(r\cos\theta,r\sin\theta)r\,\mathrm{d}r$

C. $2\displaystyle\int_0^{\frac{\pi}{2}}\mathrm{d}\theta\int_0^{2\cos\theta}f(r\cos\theta,r\sin\theta)r\,\mathrm{d}r$　　D. $\displaystyle\int_{-\frac{\pi}{2}}^{\frac{\pi}{2}}\mathrm{d}\theta\int_0^{2\cos\theta}f(r\cos\theta,r\sin\theta)r\,\mathrm{d}r$

3. 计算题

(1) 计算 $\displaystyle\int_0^a\int_x^{a+\sqrt{a^2-x^2}}\dfrac{1}{\sqrt{x^2+y^2}\cdot\sqrt{4a^2-(x^2+y^2)}}\mathrm{d}y$.

(2) 计算 $\displaystyle\iint\limits_{D}|x-y|\mathrm{d}x\mathrm{d}y$, 其中 D 是由 $x=0$, $x=1$, $y=0$, $y=2$ 所围成的区域.

(3) 求由 $y^2+z^2=\mathrm{e}^{-2x}$ 与平面 $x=0$, $x=1$ 所围立体体积.

(4) D 由直线 $x=4$, $y=2$, $y=x$ 所围成, 求 $\displaystyle\iint\limits_{D}\dfrac{\mathrm{e}^{2-x}}{2-x}\mathrm{d}x\mathrm{d}y$.

(5) 计算 $I=\displaystyle\iint\limits_{D}|x-y|\mathrm{d}\sigma$, 其中 D: $x^2+y^2\leqslant1$, $x\geqslant0$, $y\geqslant0$.

(6) 计算 $\iiint\limits_{\Omega} (x+z)\mathrm{d}V$，其中 Ω：$z=\sqrt{x^2+y^2}$，$z=\sqrt{1-x^2-y^2}$ 所围的空间区域.

4. 应用题

(1) 求球面 $x^2+y^2+z^2=1$ 含在圆柱面 $x^2+y^2=x$ 内部的那部分面积.

(2) 求由球面 $x^2+y^2+z^2=1$ 与锥面 $z=\sqrt{3\,(x^2+y^2)}$ 所围立体的体积.

5. 证明： $\iiint\limits_{\Omega} f(z)\mathrm{d}V = \pi \int_{-1}^{1} f(u)(1-u^2)\mathrm{d}u$，其中 Ω：$x^2+y^2+z^2\leqslant 1$

测　试　题　B

1. 选择题

(1) 设 $f(x)$ 为连续函数，$F(t)=\int_1^t \mathrm{d}y\int_y^t f(x)\mathrm{d}x$，则 $F'(2)$ 等于 (　　).

A. $2f(2)$ 　　　B. $f(2)$ 　　　C. $-f(2)$ 　　　D. 0

(2) 设函数 $f(u)$ 连续，区域 $D=\{(x,y)\mid x^2+y^2\leqslant 2y\}$，则 $\iint\limits_{D} f(xy)\mathrm{d}x\mathrm{d}y$ 等于
(　　).

A. $\int_{-1}^{1}\mathrm{d}x\int_{-\sqrt{1-x^2}}^{\sqrt{1-x^2}} f(xy)\mathrm{d}y$ 　　　B. $2\int_0^2\mathrm{d}y\int_0^{\sqrt{2y-y^2}} f(xy)\mathrm{d}x$

C. $\int_0^{\pi}\mathrm{d}\theta\int_0^{2\sin\theta} f(r^2\sin\theta\cos\theta)\mathrm{d}r$ 　　　D. $\int_0^{\pi}\mathrm{d}\theta\int_0^{2\sin\theta} f(r^2\sin\theta\cos\theta)r\mathrm{d}r$

(3) 设区域 $D=\{(x,y)\mid x^2+y^2\leqslant 4, x\geqslant 0, y\geqslant 0\}$，$f(x)$ 为 D 上的正值连续函数，a，
b 为常数，则 $\iint\limits_{D} \dfrac{a\sqrt{f(x)}+b\sqrt{f(y)}}{\sqrt{f(x)}+\sqrt{f(y)}}\mathrm{d}\sigma = $ (　　).

A. $ab\pi$ 　　　B. $\dfrac{1}{2}ab\pi$ 　　　C. $(a+b)\pi$ 　　　D. $\dfrac{1}{2}(a+b)\pi$

2. 计算题

(1) 计算二重积分 $I = \iint\limits_{D} \dfrac{1+xy}{1+x^2+y^2}\mathrm{d}\sigma$，其中区域 $D=\{(x,y)\mid x^2+y^2\leqslant 1, x\geqslant 0\}$.

(2) 设二元函数 $f(x,y)=\begin{cases} x^2, & |x|+|y|\leqslant 1 \\ \dfrac{1}{\sqrt{x^2+y^2}}, & 1<|x|+|y|\leqslant 2 \end{cases}$，计算二重积分 $\iint\limits_{D} f(x,$
$y)\mathrm{d}\sigma$，其中 $D=\{(x,y)\mid |x|+|y|\leqslant 2\}$.

(3) 设函数 $f(x)$ 连续且恒大于 0，

$$F(t)=\dfrac{\iiint\limits_{\Omega(t)} f(x^2+y^2+z^2)\mathrm{d}v}{\iint\limits_{D(t)} f(x^2+y^2)\mathrm{d}\sigma},\quad G(t)=\dfrac{\iint\limits_{D(t)} f(x^2+y^2)\mathrm{d}\sigma}{\int_{-t}^{t} f(x^2)\mathrm{d}x},$$

其中 $\Omega(t)=\{(x,y,z)\mid x^2+y^2+$
$z^2\leqslant t^2\}$，$D(t)=\{(x,y)\mid x^2+y^2\leqslant t^2\}$.

①讨论 $F(t)$ 在区间 $(0,+\infty)$ 内的单调性；

②证明：当 $t>0$ 时，$F(t)>\dfrac{2}{\pi}G(t)$.

测试题 A 答案

1.

(1) $\displaystyle\int_0^1\int_y^{\sqrt{x}}f(x,y)\mathrm{d}x$.

(2) $\displaystyle\int_1^2\mathrm{d}z\int_0^{2\pi}\mathrm{d}\theta\int_0^1 f(r\cos\theta,r\sin\theta,z)r\mathrm{d}r$ 或 $\displaystyle\int_0^{2\pi}\mathrm{d}\theta\int_0^1 r\mathrm{d}r\int_1^2 f(r\cos\theta,r\sin\theta,z)\mathrm{d}z$.

(3) $\displaystyle\int_0^{2\pi}\mathrm{d}\theta\int_0^1 r\mathrm{d}r\int_{1-\sqrt{1-r^2}}^{1+\sqrt{1-r^2}}f(r\cos\theta,r\sin\theta,z)\mathrm{d}z$.

2. (1) D；(2) D.

3.

(1) 积分区域：$0\leqslant x\leqslant a$；$x\leqslant y\leqslant a+\sqrt{a^2-x^2}$；$x^2+y^2\leqslant 2ay$.

化为极坐标系：$\dfrac{\pi}{4}\leqslant\theta\leqslant\dfrac{\pi}{2}$；$0\leqslant r\leqslant 2a\sin\theta$.

$$\int_{\frac{\pi}{4}}^{\frac{\pi}{2}}\mathrm{d}\theta\int_0^{2a\sin\theta}\frac{1}{r\sqrt{4a^2-r^2}}r\mathrm{d}r=\int_{\frac{\pi}{4}}^{\frac{\pi}{2}}\mathrm{d}\theta\int_0^{2a\sin\theta}\frac{1}{2a\sqrt{1-\left(\dfrac{r}{2a}\right)^2}}\mathrm{d}r$$

$$=\int_{\frac{\pi}{4}}^{\frac{\pi}{2}}\arcsin\frac{r}{2a}\,\Big|_0^{2a\sin\theta}\mathrm{d}\theta=\int_{\frac{\pi}{4}}^{\frac{\pi}{2}}\theta\mathrm{d}\theta=\frac{\theta^2}{2}\,\Big|_{\frac{\pi}{4}}^{\frac{\pi}{2}}$$

$$=\frac{\pi^2}{2}\times\frac{3}{16}=\frac{3}{32}\pi^2$$

(2) $\displaystyle\iint\limits_{D}|x-y|\mathrm{d}\sigma=\int_0^1\mathrm{d}x\int_0^x(x-y)\mathrm{d}y+\int_0^1\mathrm{d}x\int_x^2(y-x)\mathrm{d}y=\int_0^1(2-2x+x^2)\mathrm{d}x=\frac{4}{3}$.

(3) $V=\displaystyle\iiint\limits_{\Omega}\mathrm{d}v$，$y^2+z^2=\mathrm{e}^{-2x_0}$（圆）.

用切片法（每片为圆）：片面积：$\pi\mathrm{e}^{-2x}$；$0\leqslant x\leqslant 1$.

$$V=\iiint\limits_{\Omega}\mathrm{d}v=\int_0^1\mathrm{d}x\iint\limits_{\sigma_x}\mathrm{d}y\mathrm{d}z=\int_0^1\sigma_x\mathrm{d}x=\int_0^1\pi\mathrm{e}^{-2x}\mathrm{d}x=\frac{\pi}{2}(1-\mathrm{e}^{-2})\,.$$

(4) $\displaystyle\iint\limits_{D}\frac{\mathrm{e}^{2-x}}{2-x}\mathrm{d}x\mathrm{d}y=\int_2^4\mathrm{d}x\int_2^x\frac{\mathrm{e}^{2-x}}{2-x}\mathrm{d}y=-\int_2^4\mathrm{e}^{2-x}\mathrm{d}x=\mathrm{e}^{-2}-1$.

(5) $I=\displaystyle\iint\limits_{D_1}(x-y)\mathrm{d}\sigma+\iint\limits_{D_2}(y-x)\mathrm{d}\sigma=\frac{2}{3}(\sqrt{2}-1)$.

(6) $\displaystyle\iiint\limits_{\Omega}(x+z)\mathrm{d}V=\iiint\limits_{\Omega}x\mathrm{d}V+\iiint\limits_{\Omega}z\mathrm{d}V$. 立体是关于 $x=0$ 坐标平面对称的，所以：$\displaystyle\iiint\limits_{\Omega}x\mathrm{d}V=0$（奇函数）.

用切片 $\displaystyle\iiint\limits_{\Omega}z\mathrm{d}V=\int_0^{\frac{\sqrt{2}}{2}}z\mathrm{d}z\iint\limits_{D_1}\mathrm{d}\sigma+\int_{\frac{\sqrt{2}}{2}}^1 z\mathrm{d}z\iint\limits_{D_2}\mathrm{d}\sigma.$

其中 D_1：$x^2+y^2\leqslant z^2$，$(z\geqslant 0)$，$\displaystyle\iint\limits_{D_1}\mathrm{d}\sigma=\pi\cdot z^2$.

D_2：$x^2+y^2\leqslant 1-z^2$，$(z\geqslant 0)$，$\iint\limits_{D_2}\mathrm{d}\sigma=\pi\cdot(1-z^2)$.

$$\iiint\limits_{\Omega}z\,\mathrm{d}V=\pi\int_0^{\frac{\sqrt2}{2}}z^3\,\mathrm{d}z+\pi\int_{\frac{\sqrt2}{2}}^1 z(1-z^2)\,\mathrm{d}z=\frac{\pi}{8}$$

4.

(1) 利用曲面的面积计算公式 $s=\iint\limits_{D}\sqrt{1+z'^2_x+z'^2_y}\,\mathrm{d}\sigma$.

由 $x^2+y^2+z^2=1\Rightarrow z'_x=-\dfrac{x}{z}$；$z'_y=-\dfrac{y}{z}$.

$$\sqrt{1+z'^2_x+z'^2_y}=\sqrt{1+\frac{x^2}{z^2}+\frac{y^2}{z^2}}=\frac{1}{\sqrt{z^2}}=\frac{1}{\sqrt{1-x^2-y^2}}.$$

积分区域（柱面的投影）：$x^2+y^2\leqslant x$. 需计算的曲面面积有两块（上球面、下球面）.

$$s=2\iint\limits_{D}\frac{1}{\sqrt{1-x^2-y^2}}\mathrm{d}\sigma=2\iint\limits_{D}\frac{1}{\sqrt{1-r^2}}r\,\mathrm{d}r\,\mathrm{d}\theta=4\int_0^{\frac{\pi}{2}}\mathrm{d}\theta\int_0^{\cos\theta}\frac{1}{\sqrt{1-r^2}}r\,\mathrm{d}r$$

$$=-4\int_0^{\frac{\pi}{2}}(\sin\theta-1)\mathrm{d}\theta=2(\pi-2)$$

(2) $V=\iiint\limits_{\Omega}\mathrm{d}v=\iint\limits_{D}[\sqrt{1-x^2-y^2}-\sqrt{3(x^2+y^2)}]\mathrm{d}\sigma$

$$=\int_0^{2\pi}\mathrm{d}\theta\int_0^{\frac12}[\sqrt{1-r^2}-\sqrt3 r]r\,\mathrm{d}r=\frac{2-\sqrt3}{3}\pi.$$

5. 用切片法 $\int_{-1}^1\mathrm{d}z\iint\limits_{D_z}f(z)\mathrm{d}x\mathrm{d}y$. 其中 D_z：$x^2+y^2\leqslant 1-z^2$. 面积：$\pi(1-z^2)$.

$$\int_{-1}^1\mathrm{d}z\iint\limits_{D_z}f(z)\mathrm{d}x\mathrm{d}y=\int_{-1}^1 f(z)\mathrm{d}z\iint\limits_{D_z}f(z)\mathrm{d}x\mathrm{d}y=\pi\int_{-1}^1 f(z)(1-z^2)\mathrm{d}z$$

$$=\pi\int_{-1}^1 f(u)(1-u^2)\mathrm{d}u$$

测试题 B 答案

1. (1) B；

解析：交换积分次序 $F(t)=\int_1^t\mathrm{d}x\int_1^x f(x)\mathrm{d}y=\int_1^t f(x)(x-1)\mathrm{d}x$ 应用变上限积分的求导公式有 $F'(t)=f(t)(t-1)$，所以 $F'(2)=f(2)$.

(2) D；

解析：①将二重积分化为先对 x 后对 y 的二次积分为 $\int_0^2\mathrm{d}y\int_{-\sqrt{2y-y^2}}^{\sqrt{2y-y^2}}f(xy)\mathrm{d}x$，

若 $f(u)$ 为奇函数，则原式 $=\int_0^2\mathrm{d}y\int_{-\sqrt{2y-y^2}}^{\sqrt{2y-y^2}}f(xy)\mathrm{d}x=0$.

若 $f(u)$ 为偶函数，则原式 $=2\int_0^2\mathrm{d}y\int_0^{\sqrt{2y-y^2}}f(xy)\mathrm{d}x$.

②将二重积分化为先对 y 后对 x 的二次积分为 $\int_{-1}^1\mathrm{d}x\int_{1-\sqrt{1-x^2}}^{1+\sqrt{1-x^2}}f(xy)\mathrm{d}y$.

③将二重积分化为极坐标下的二次积分为 $\int_0^\pi \mathrm{d}\theta \int_0^{2\sin\theta} f(r^2\sin\theta\cos\theta)r\mathrm{d}r$，这里的 $r\mathrm{d}r\mathrm{d}\theta$ 为极坐标系下的面积元素，积分区域 $x^2+y^2\leqslant 2y$ 用极坐标形式表示为

$$D=\{(r,\theta)\mid 0\leqslant\theta\leqslant\pi,\ 0\leqslant r\leqslant 2\sin\theta\}.$$

（3）D.

解析：由轮换对称性有所求 $=\displaystyle\iint_D \frac{a\sqrt{f(y)}+b\sqrt{f(x)}}{\sqrt{f(y)}+\sqrt{f(x)}}\mathrm{d}\sigma$

$$=\frac{1}{2}\iint_D\left[\frac{a\sqrt{f(x)}+b\sqrt{f(y)}}{\sqrt{f(x)}+\sqrt{f(y)}}+\frac{a\sqrt{f(y)}+b\sqrt{f(x)}}{\sqrt{f(y)}+\sqrt{f(x)}}\right]\mathrm{d}\sigma$$

$$=\frac{a+b}{2}\iint_D\mathrm{d}\sigma=\frac{a+b}{2}\cdot\frac{\pi}{4}\cdot 2^2=\frac{1}{2}(a+b)\pi.$$

2.

（1）解法一：$I_1=\displaystyle\iint_D\frac{1}{1+x^2+y^2}\mathrm{d}\sigma=\int_{-\frac{\pi}{2}}^{\frac{\pi}{2}}\mathrm{d}\theta\int_0^1\frac{1}{1+r^2}r\mathrm{d}r=\frac{\pi}{2}\ln(1+r^2)\Big|_0^1=\frac{\pi}{2}\ln2.$

$I_2=\displaystyle\iint_D\frac{xy}{1+x^2+y^2}\mathrm{d}\sigma=\int_{-\frac{\pi}{2}}^{\frac{\pi}{2}}\mathrm{d}\theta\int_0^1\frac{r^3\cos\theta\sin\theta}{1+r^2}\mathrm{d}r=\int_{-\frac{\pi}{2}}^{\frac{\pi}{2}}\cos\theta\sin\theta\mathrm{d}\theta\int_0^1\frac{r^3}{1+r^2}\mathrm{d}r=0.$

故 $I=I_1+I_2=\dfrac{\pi}{2}\ln2.$

解法二：I_1 的计算同上，由于 D 关于 x 轴对称，且被积函数是 y 的奇函数，所以

$$I_2=\iint_D\frac{xy}{1+x^2+y^2}\mathrm{d}\sigma=0,\quad 故\ I=I_1+I_2=\frac{\pi}{2}\ln2.$$

（2）由积分区域的对称性和被积函数的奇偶性，有 $\displaystyle\iint_D f(x,y)\mathrm{d}\sigma=4\iint_{D_1}f(x,y)\mathrm{d}\sigma$，其中

D_1 为 D 在第一象限的部分，而 $\displaystyle\iint_{D_1}f(x,y)\mathrm{d}\sigma=\iint_{D_{11}}f(x,y)\mathrm{d}\sigma+\iint_{D_{12}}f(x,y)\mathrm{d}\sigma$，其中

$$D_{11}=\{(x,y)\mid 0\leqslant y\leqslant 1-x,0\leqslant x\leqslant 1\},D_{12}=\{(x,y)\mid 1\leqslant x+y\leqslant 2,x\geqslant 0,y\geqslant 0\}$$

$$\iint_{D_{11}}f(x,y)\mathrm{d}\sigma=\iint_{D_{11}}x^2\mathrm{d}\sigma=\int_0^1\mathrm{d}x\int_0^{1-x}x^2\mathrm{d}y=\int_0^1 x^2(1-x)\mathrm{d}x=\frac{1}{12}$$

$$\iint_{D_{12}}f(x,y)\mathrm{d}\sigma=\iint_{D_{12}}\frac{1}{\sqrt{x^2+y^2}}\mathrm{d}\sigma=\int_0^{\frac{\pi}{2}}\mathrm{d}\theta\int_{\frac{1}{\sin\theta+\cos\theta}}^{\frac{2}{\sin\theta+\cos\theta}}\mathrm{d}r=\int_0^{\frac{\pi}{2}}\frac{1}{\sin\theta+\cos\theta}\mathrm{d}\theta$$

$$=\sqrt{2}\ln(\sqrt{2}+1)$$

故原式 $=4\left[\dfrac{1}{12}+\sqrt{2}\ln(\sqrt{2}+1)\right]=\dfrac{1}{3}+4\sqrt{2}\ln(\sqrt{2}+1).$

（3）

①$F(t)=\dfrac{\displaystyle\int_0^{2\pi}\mathrm{d}\theta\int_0^\pi\mathrm{d}\varphi\int_0^t f(r^2)r^2\sin\varphi\mathrm{d}r}{\displaystyle\int_0^{2\pi}\mathrm{d}\theta\int_0^t f(r^2)r\mathrm{d}r}=\dfrac{2\displaystyle\int_0^t f(r^2)r^2\mathrm{d}r}{\displaystyle\int_0^t f(r^2)r\mathrm{d}r}.$

$$F'(t) = \frac{2tf(t^2)\int_0^t f(r^2)r(t-r)\mathrm{d}r}{\left[\int_0^t f(r^2)r\mathrm{d}r\right]^2} , \text{ 显然在}(0,+\infty)\text{上 } F'(x)>0, F(t)\text{在}(0,+\infty)$$

内单调增加.

② $G(t) = \dfrac{\pi\int_0^t f(r^2)r\mathrm{d}r}{\int_0^t f(r^2)\mathrm{d}r}$，要证当 $t>0$ 时，$F(t)>\dfrac{2}{\pi}G(t)$，只要证明当 $t>0$ 时，$F(t)$

$-\dfrac{2}{\pi}G(t)>0$，即 $\int_0^t f(r^2)r^2\mathrm{d}r\int_0^t f(r^2)\mathrm{d}r - \left(\int_0^t f(r^2)r\mathrm{d}r\right)^2 > 0$.

令 $g(t) = \int_0^t f(r^2)r^2\mathrm{d}r\int_0^t f(r^2)\mathrm{d}r - \left(\int_0^t f(r^2)r\mathrm{d}r\right)^2$.

则 $g'(t) = f(t^2)\int_0^t f(r^2)(t-r)^2\mathrm{d}r>0$，故 $g(t)$ 在$(0,+\infty)$ 内单调增加；又因为 $g(t)$ 在 $t=0$ 处连续，所以，当 $t>0$ 时，$g(t)>g(0)$，而 $g(0)=0$，故当 $t>0$ 时，$g(t)>0$，因此当 $t>0$ 时，$F(t)>\dfrac{2}{\pi}G(t)$.

第十一章　曲线积分与曲面积分

一、基本要求

（1）理解二类曲线积分的概念，了解两类曲线积分的性质及两类曲线积分的关系.

（2）会计算两类曲线积分.

（3）掌握格林（Green）公式，会使用平面曲线积分与路径无关的条件.

（4）了解两类曲面积分的概念及高斯（Gauss）公式和斯托克斯（Stokes）公式并会计算两类曲面积分.

（5）了解通量、散度、旋度的概念及其计算方法.

（6）会用曲线积分及曲面积分求一些几何量与物理量（如曲面面积、弧长、质量、重心、转动惯量、功和流量等）.

二、知识结构

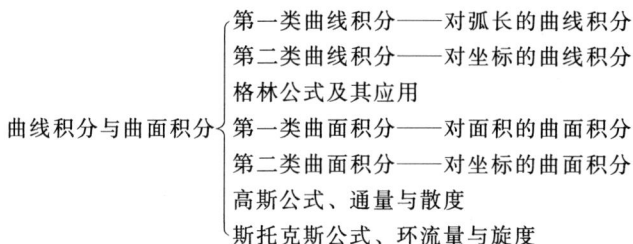

$$
曲线积分与曲面积分
\begin{cases}
第一类曲线积分——对弧长的曲线积分 \\
第二类曲线积分——对坐标的曲线积分 \\
格林公式及其应用 \\
第一类曲面积分——对面积的曲面积分 \\
第二类曲面积分——对坐标的曲面积分 \\
高斯公式、通量与散度 \\
斯托克斯公式、环流量与旋度
\end{cases}
$$

三、内容小结

1. 对弧长的曲线积分

（1）第一类曲线积分（对弧长的曲线积分）的定义.

定义：设 L 为 xOy 平面内的曲线弧，$f(x,y)$ 是 L 上的有界函数，把 L 分成 n 个小弧段：$\Delta S_1, \Delta S_2, \cdots, \Delta S_n$，其中 $\Delta S_i (i=1,2,\cdots,n)$ 也表示第 i 个小弧段的弧长．记 $\lambda = \max\limits_{1\leqslant i\leqslant n}\{\Delta S_i\}$，在每个小弧段 ΔS_i 上任取一点 (ξ_i, η_i)，作和式 $\sum\limits_{i=1}^{n} f(\xi_i, \eta_i)\Delta S_i$，如和式极限 $\lim\limits_{\lambda \to 0} \sum\limits_{i=1}^{n} f(\xi_i, \eta_i)\Delta S_i$ 存在，且极限值与 L 的分法和点 (ξ_i, η_i) 在 ΔS_i 上的取法无关，则称此极限值为函数 $f(x,y)$ 在曲线 L 上的第一类曲线积分或称为对弧长的线积分，记 $\int_L f(x,y)\mathrm{d}s$，即 $\int_L f(\xi_i, \eta_i)\mathrm{d}s = \lim\limits_{\lambda \to 0} \sum\limits_{i=1}^{n} f(\xi_i, \eta_i)\Delta S_i$，称 $f(x,y)$ 为被积函数，L 为积分

曲线弧.

（2）第一类曲线积分的性质.

性质 1　若 $\int_L f_i(x,y)\mathrm{d}s$（$i=1,2,\cdots,n$）存在，$C_i(i=1,2,\cdots,n)$ 为常数，则

$$\int_L \sum_{i=1}^n c_i f_i(x,y)\mathrm{d}s = \sum_{i=1}^n c_i \int_L f_i(x,y)\mathrm{d}s.$$

性质 2　如按段光滑曲线 L 由曲线 $L_1,L_2,\cdots,L_n$ 首尾相接而成，且 $\int_{L_i} f(x,y)\mathrm{d}s(i=1,$ $2,\cdots,n)$ 都存在，则 $\int_L f(x,y)\mathrm{d}s = \sum_{i=1}^n \int_{L_i} f(x,y)\mathrm{d}s.$

性质 3　若 $\int_L f(x,y)\mathrm{d}s$，$\int_L g(x,y)\mathrm{d}s$ 都存在，且在 L 上 $f(x,y)\leqslant g(x,y)$，则 $\int_L f(x,y)\mathrm{d}s \leqslant \int_L g(x,y)\mathrm{d}s.$

性质 4　若 $\int_L f(x,y)\mathrm{d}s$ 存在，则 $\int_L |f(x,y)|\mathrm{d}s$ 也存在，且 $\left|\int_L f(x,y)\mathrm{d}s\right| \leqslant$ $\int_L |f(x,y)|\mathrm{d}s.$

性质 5　若 $\int_L f(x,y)\mathrm{d}s$ 存在，L 的弧长为 S，则存在常数 C，使得 $\int_L f(x,y)\mathrm{d}s = CS.$

（3）第一类曲线积分的计算.

设曲线 L 的方程为：$x=\varphi(t)$，$y=\phi(t)$，$\alpha\leqslant t\leqslant\beta$，其中 $\varphi(t)$，$\phi(t)$ 在 $[\alpha,\beta]$ 上具有连续的一阶导数，$f(x,y)$ 为 L 上的连续函数，则 $\int_L f(x,y)\mathrm{d}s = \int_\alpha^\beta f[\phi(t),\varphi(t)]$ $\sqrt{[\phi'(t)]^2+[\varphi'(t)]^2}\mathrm{d}t.$

注意：

1）若 L 的方程为 $y=\varphi(x),x\in[a,b]$，则 $\int_L f(x,y)\mathrm{d}s = \int_a^b f[x,\phi(x)]\sqrt{1+[\phi'(x)]^2}\mathrm{d}x.$

2）若 L 的方程为 $x=\phi(y)$，$y\in[c,d]$，则 $\int_L f(x,y)\mathrm{d}s = \int_c^d f[\phi(y),y]\sqrt{1+[\phi'(y)]^2}\mathrm{d}y.$

3）若空间曲线 Γ 的方程为：$x=\varphi(t),y=\phi(t),z=\omega(t),t\in[\alpha,\beta]$. 则有

$$\int_L f(x,y,z)\mathrm{d}s = \int_\alpha^\beta f[\phi(t),\phi(t),\omega(t)]\sqrt{[\varphi'(t)]^2+[\phi'(t)]^2+[\omega'(t)]^2}\mathrm{d}t.$$

1）和 2）中的定积分的上限、下限一定满足：下限$\leqslant$上限. 这是因为，在这里的 L（或 Γ）是无向曲线弧段，因而单从 L 的端点看不出上下限究竟是什么. 这就要从 L（或 Γ）的方程的形式来考虑. 又 $s'(t)>0 \Rightarrow \lim\limits_{\Delta t\to 0}\dfrac{\Delta s}{\Delta t}>0$，从而当 Δt 很小时，$\dfrac{\Delta s}{\Delta t}>0$. 此时若视 Δs 为 L 上某一段弧的弧长，应有 $\Delta s>0 \Rightarrow \Delta t>0$. 这说明此时 t 的变化是由小到大的. 而这里 Δs 正是 Δs_i 的一般形状，故下限$\leqslant$上限.

2. 对坐标的曲线积分

（1）第二类曲线积分（对坐标的曲线积分）的定义.

定义：设 L 是 xOy 面上从点 A 到点 B 的有向光滑曲线，$P(x,y)$，$Q(x,y)$ 在 L 上

有界，把 L 分成 n 个小弧段 $\Delta S_1, \Delta S_2, \cdots, \Delta S_n$，其中 $\Delta S_i (i=1,2,\cdots,n)$ 也表示第 i 个小弧段的弧长. 在 $\Delta S_i (i=1,2,\cdots,n)$ 上任取一点 (ξ_i, η_i)，做和式 $\sum\limits_{i=1}^{n} [P(\xi_i, \eta_i)\Delta x_i + Q(\xi_i, \eta_i)\Delta y_i]$，其中 Δx_i 和 Δy_i 是 $\overrightarrow{\Delta S_i}$ 分别在 x 轴和 y 轴上的投影. 记 $\lambda = \max\limits_{1 \leqslant i \leqslant n} \{\Delta S_i\}$，如果极限 $\lim\limits_{\lambda \to 0} \sum\limits_{i=1}^{n} [P(\xi_i, \eta_i)\Delta x_i + Q(\xi_i, \eta_i)\Delta y_i]$ 存在，且极限值与 L 的分法及点 (ξ_i, η_i) 在 ΔS_i 上的取法无关，则称此极限值为函数 $P(x,y)$，$Q(x,y)$ 在有向曲线弧 L 上的第二类曲线积分或对坐标的曲面积分，记作 $\int_L P(x,y)\mathrm{d}x + Q(x,y)\mathrm{d}y$. 即有

$$\int_L P(x,y)\mathrm{d}x + Q(x,y)\mathrm{d}y = P(x,y), Q(x,y)$$

其中，$P(x,y)$，$Q(x,y)$ 称为被积函数，L 称为积分曲线弧. 同理，当 $P(x,y)$，$Q(x,y)$ 都在 L 上连续时，上述积分才存在. 故今后总假定 $P(x,y)$，$Q(x,y)$ 在 L 上连续.

注意：

1）完全可以类似地扩到空间曲线 Γ 上，得

$$\int_\Gamma P(x,y,z)\mathrm{d}x + Q(x,y,z)\mathrm{d}y + R(x,y,z)\mathrm{d}z$$

2）当 L 为封闭曲线时，常记为 $\oint_L P(x,y)\mathrm{d}x + Q(x,y)\mathrm{d}y$.

3）这两类线积分，除了形式上不同之外，还有一关键性区别在于：第一类线积分与 L 的方向无关，而第二类线积分与 L 的方向有关.（见下述性质2）

（2）第二类曲线积分的性质.

性质 1 若 L 由有限有向曲线弧组成，例如 $L = L_1 + L_2$，则

$$\int_L P(x,y)\mathrm{d}x + Q(x,y)\mathrm{d}y = \int_{L_1} P(x,y)\mathrm{d}x + Q(x,y)\mathrm{d}y + \int_{L_2} P(x,y)\mathrm{d}x + Q(x,y)\mathrm{d}y$$

性质 2 设 $-L$ 是 L 的反向曲线弧，则

$$\int_{-L} P(x,y)\mathrm{d}x + Q(x,y)\mathrm{d}y = -\int_L P(x,y)\mathrm{d}x + Q(x,y)\mathrm{d}y$$

（3）第二类曲线积分的计算法.

设 $P(x,y)$，$Q(x,y)$ 在有向曲线弧 L 上连续，L 的方程为 $x = \varphi(t)$，$y = \phi(t)$. 当 t 由 α 变动到 β 时，对应 L 上的动点 $M(x,y)$ 从 L 的起点 A 变到终点 B，$\varphi'(t)$，$\phi'(t)$ 在 $[\alpha, \beta]$ 上连续且不全为零，则

$$\int_L P(x,y)\mathrm{d}x + Q(x,y)\mathrm{d}y = \int_\alpha^\beta \{P[\varphi(t), \phi(t)]\varphi'(t) + Q[\varphi(t), \phi(t)]\phi'(t)\}\mathrm{d}t \quad （证明略）$$

注意：

1）若 L 的方程为 $y = \varphi(x)$，x 在 a，b 之间. 且 $x = a$ 且 $x = b$ 分别为 L 的起点和终点，则有

$$\int_L P(x,y)\mathrm{d}x + Q(x,y)\mathrm{d}y = \int_a^b [P(x, \varphi(x)) + Q(x, \varphi(x))]\varphi'(x)\mathrm{d}x$$

同理，若 L 的方程为 $x = \varphi(y)$，也有类似的结果.

2）设空间曲线 Γ 的方程为：$x=\varphi(t),y=\varphi(t),z=\omega(t),t\in[\alpha,\beta]$，且 $t=\alpha$，$t=\beta$ 分别对应于 Γ 的起点和终点，则有

$$\int_\Gamma P(x,y,z)\mathrm{d}x+Q(x,y,z)\mathrm{d}y+R(x,y,z)\mathrm{d}z$$
$$=\int_\alpha^\beta\{P[\phi(t),\varphi(t),\omega(t)]\phi'(t)+Q[\phi(t),\varphi(t),\omega(t)]\varphi'(t)+R[\phi(t),\varphi(t),\omega(t)]\omega'(t)\}\mathrm{d}t$$

3）1）与2）中的定积分的上限、下限分别为参数所对应的参数值，起点对应的值为下限，终点对应的值为上限．

（4）两类曲线积分之间的关系．

设有向曲线弧 L 表示成以弧长 s 为参数的参数方程：$x=x(s)$，$y=y(s)$，$0\leqslant s\leqslant l$，这里 L 由点 A 到点 B 的方向就是 s 增大的方向．又设 α，β 依次为从 x 轴正向，y 轴正向到曲线 L 的切线的正向的夹角，则 $\dfrac{\mathrm{d}x}{\mathrm{d}s}=\cos\alpha$，$\dfrac{\mathrm{d}y}{\mathrm{d}s}=\sin\alpha=\cos\beta$（$\cos\alpha$，$\cos\beta$ 也称为有向曲线 L 上点 (x,y) 处的切向量的方向余弦，切向量的指向与曲线 L 的方向一致）．因此，得

$$\int_L P(x,y)\mathrm{d}x+Q(x,y)\mathrm{d}y=\int_0^l\{P[x(s),y(s)]\cos\alpha+Q[x(s),y(s)]\cos\beta\}\mathrm{d}s$$
$$=\int_L P(x,y)\mathrm{d}x+Q(x,y)\mathrm{d}y$$
$$=\int_L[P(x,y)\cos\alpha+Q(x,y)\cos\beta]\mathrm{d}s$$

注意：上式可推广到空间曲线的曲线积分上去，有

$$\int_L P(x,y,z)\mathrm{d}x+Q(x,y,z)\mathrm{d}y+R(x,y,z)\mathrm{d}z$$
$$=\int_L[P(x,y,z)\cos\alpha+Q(x,y,z)\cos\beta+R(x,y,z)\cos\gamma]\mathrm{d}s$$

其中 $\cos\alpha$，$\cos\beta$，$\cos\gamma$ 是 L 上点 (x,y,z) 处的切向量的方向余弦．

3．格林公式

格林（Green）公式指出了沿闭曲线的第二类曲线积分与二重积分的关系．

（1）曲线 L 正向的规定．

设区域 D 是由一条或几条光滑曲线所围成．边界曲线 L 的正向规定为：当人沿着 L 行走时，区域 D 总在他的左边．若与 L 的正向相反，就称为负方向，记作 $-L$．

（2）格林公式．

设闭区域 D 由分段光滑的闭曲线 L 围成，函数 $P(x,y)$，$Q(x,y)$ 在 D 上具有一阶连续偏导数，则 $\oint_L P\mathrm{d}x+Q\mathrm{d}y=\iint_D\left(\dfrac{\partial Q}{\partial x}-\dfrac{\partial P}{\partial y}\right)\mathrm{d}x\mathrm{d}y$，其中左端的闭曲线积分是沿边界曲线 L 的正方向．

（3）曲线积分与路径无关．

设 G 是一个单连通的开区域，函数 $P(x,y)$，$Q(x,y)$ 在 G 内具有一阶连续偏导数，则下述命题是等价的：

1）$\dfrac{\partial Q}{\partial x}=\dfrac{\partial P}{\partial y}$ 在 D 内恒成立．

2) $\oint_L P\mathrm{d}x + Q\mathrm{d}y = 0$ 对 G 内任意闭曲线 L 成立.

3) $\displaystyle\int_L P\mathrm{d}x + Q\mathrm{d}y$ 在 G 内与积分路径无关.

4) 存在可微函数 $u = u(x,y)$，使得 $\mathrm{d}u = P\mathrm{d}x + Q\mathrm{d}y$ 在 G 内恒成立.

4. 对面积的曲面积分

(1) 第一类曲面积分的定义.

设函数 $f(x,y,z)$ 在曲面 Σ 上有界，把 Σ 分成 n 个小片 $\Delta S_1, \Delta S_2, \cdots, \Delta S_n$，其中 ΔS_i $(i=1,2,\cdots,n)$ 也表示第 i 小片的面积，在 ΔS_i 上任取一点 (ξ_i, η_i, ζ_i)，作和式 $\displaystyle\sum_{i=n}^{n} f(\xi_i, \eta_i, \zeta_i) \cdot \Delta S_i$，若当此 n 个小曲面片的直径的最大值 $\lambda \to 0$ 时，上述和式极限存在，且此极限值与 Σ 的分法及点 (ξ_i, η_i, ζ_i) 在 ΔS_i 上的取法无关，则称此极限值为函数 $f(x,y,z)$ 在曲面 Σ 上的第一类曲面积分或称为对面积的曲面积分，记作 $\displaystyle\iint_{\Sigma} f(x,y,z)\mathrm{d}S$，即 $\displaystyle\iint_{\Sigma} f(x,y,z)\mathrm{d}S = \lim_{\lambda \to 0} \sum_{i=n}^{n} f(\xi_i, \eta_i, \zeta_i) \cdot \Delta S_i$，其中 $f(x,y,z)$ 称为被积函数，Σ 称为积分曲面.

注意：

1) 同以前一样，今后总假定 $f(x,y,z)$ 在曲面 Σ 上连续.

2) 由定义知，物体的质量 $M = \displaystyle\iint_{\Sigma} \rho(x,y,z)\mathrm{d}S$，其中 $\rho(x,y,z)$ 为面密度函数.

3) 对面积的曲面积分，同样具有被积函数的可加性与积分曲面的可加性，即

$$\iint_{\Sigma} [af(x,y,z) + bg(x,y,z)]\mathrm{d}S = a\iint_{\Sigma} f(x,y,z)\mathrm{d}S + b\iint_{\Sigma} g(x,y,z)\mathrm{d}S$$

$$\iint_{\Sigma_1 + \Sigma_2} f(x,y,z)\mathrm{d}S = \iint_{\Sigma_1} f(x,y,z)\mathrm{d}S + \iint_{\Sigma_2} f(x,y,z)\mathrm{d}S$$

(2) 第一类曲面积分的计算.

设曲面 Σ 的方程为 $z = z(x,y)$，Σ 在 xOy 平面上的投影区域为 D_{xy}，$z = z(x,y)$ 在 D_{xy} 上具有连续的偏导数，$f(x,y,z)$ 在 Σ 上连续，则

$$\iint_{\Sigma} f(x,y,z)\mathrm{d}S = \iint_{D_{xy}} f[x,y,z(x,y)] \sqrt{1 + z_x^2(x,y) + z_y^2(x,y)}\,\mathrm{d}x\mathrm{d}y$$

5. 对坐标的曲面积分

(1) 第二类曲面积分的定义.

设 Σ 为光滑的有向曲面，函数 $R(x,y,z)$ 在 Σ 上有界. 将 Σ 分成若干个小块 ΔS_i $(\Delta S_i$ 也表示其面积$)$，$i = 1,2,\cdots,n$. ΔS_i 在 xOy 面的投影为 $(\Delta S_i)_{xy}$，又在 ΔS_i 上任取一点 (ξ_i, η_i, ζ_i)，如果当小曲面的直径的最大值 $\lambda \to 0$ 时，极限 $\displaystyle\lim_{\lambda \to 0} \sum_{i=1}^{n} R(\xi_i, \eta_i, \zeta_i)(\Delta S_i)_{xy}$ 存在，则称该极限值为函数 $R(x,y,z)$ 在有向曲面 Σ 上对坐标 x，y 的曲面积分，记作 $\displaystyle\iint_{\Sigma} R(x,y,z)\mathrm{d}x\mathrm{d}y$，即

$$\iint\limits_{\Sigma}R(x,y,z)\mathrm{d}x\mathrm{d}y = \lim_{\lambda\to 0}\sum_{i=1}^{n}R(\xi_i,\eta_i,\zeta_i)(\Delta S_i)_{xy}$$

其中，$R(x,y,z)$ 称为被积函数，Σ 称为积分曲面.

类似地，可定义 $P(x,y,z)$ 在有向曲面 Σ 上对 y，z 的曲面积分：$\iint\limits_{\Sigma}P(x,y,z)\mathrm{d}y\mathrm{d}z$；$Q(x,y,z)$ 在有向曲面 Σ 上对 z，x 的曲面积分：$\iint\limits_{\Sigma}Q(x,y,z)\mathrm{d}z\mathrm{d}x$. 即

$$\iint\limits_{\Sigma}P(x,y,z)\mathrm{d}y\mathrm{d}z = \lim_{\lambda\to 0}\sum_{i=1}^{n}P(\xi_i,\eta_i,\zeta_i)(\Delta S_i)_{yz}$$

$$\iint\limits_{\Sigma}Q(x,y,z)\mathrm{d}z\mathrm{d}x = \lim_{\lambda\to 0}\sum_{i=1}^{n}Q(\xi_i,\eta_i,\zeta_i)(\Delta S_i)_{zx}$$

注意：

1）前面所规定的 Σ 的正侧时就 $\iint\limits_{\Sigma}R(x,y,z)\mathrm{d}x\mathrm{d}y$ 而言的，对于 $\iint\limits_{\Sigma}P(x,y,z)\mathrm{d}y\mathrm{d}z$，$\iint\limits_{\Sigma}Q(x,y,z)\mathrm{d}z\mathrm{d}x$ 中 Σ 的正侧，分别规定：前正后负，右正左负. 事实上，是分别用与 x 轴正向，y 正向夹角为锐角的法向量的指向为正侧.

2）$\iint\limits_{\Sigma}R(x,y,z)\mathrm{d}x\mathrm{d}y$ 中的 $\mathrm{d}x\mathrm{d}y$ 与 $\iint\limits_{D}f(x,y)\mathrm{d}x\mathrm{d}y$ 中的 $\mathrm{d}x\mathrm{d}y$ 不同. 前者可正可负，是 $(\Delta S_i)_{xy}$ 的象征，后者恒正，是 $\Delta\sigma_i$ 的象征.

3）一般地都假定 $P(x,y,z)$，$Q(x,y,z)$，$R(x,y,z)$ 在 Σ 上都连续，使得积分存在. 这时可定义 $\iint\limits_{\Sigma}P\mathrm{d}y\mathrm{d}z + Q\mathrm{d}z\mathrm{d}x + R\mathrm{d}x\mathrm{d}y = \iint\limits_{\Sigma}P\mathrm{d}y\mathrm{d}z + \iint\limits_{\Sigma}Q\mathrm{d}z\mathrm{d}x + \iint\limits_{\Sigma}R\mathrm{d}x\mathrm{d}y$ 为一般的第二类曲面积分或对坐标的曲面积分. 其中左边的 Σ 为指定的一侧，而右边的 3 个 Σ 的正向视情况不同而依各自的规定设定，此条须特别注意.

4）物理意义为某物体的速度 $\vec{v}=\{P,Q,R\}$ 从曲面 Σ 的一侧流向另一侧时的总流量：

$$E = \iint\limits_{\Sigma}P(x,y,z)\mathrm{d}y\mathrm{d}z + Q(x,y,z)\mathrm{d}z\mathrm{d}x + R(x,y,z)\mathrm{d}x\mathrm{d}y$$

（2）第二类曲面积分的性质.

性质 1 若曲面 $\Sigma=\Sigma_1+\Sigma_2$，则 $\iint\limits_{\Sigma} = \iint\limits_{\Sigma_1} + \iint\limits_{\Sigma_2}$.

性质 2 若 Σ^- 表示 Σ 的负侧曲面，则 $\iint\limits_{\Sigma^-} = -\iint\limits_{\Sigma}$.

（3）第二类曲线积分的计算法.

设积分曲面 Σ 是由 $z=z(x,y)$ 所决定的曲面的上侧，Σ 在 xOy 平面上的投影区域为 D_{xy}. $z=z(x,y)$ 在 D_{xy} 上具有连续的一阶偏导数，被积函数 $R(x,y,z)$ 在 Σ 上连续. 则

$$\iint\limits_{\Sigma}R(x,y,z)\mathrm{d}x\mathrm{d}y = \iint\limits_{D_{xy}}R[x,y,z(x,y)]\mathrm{d}x\mathrm{d}y$$

若 Σ 取下侧，则有 $\cos\gamma<0$，故有 $(\Delta S_i)_{xy}=-(\Delta\sigma_i)_{xy}$.

则有
$$\iint\limits_{\Sigma} R(x,y,z)\mathrm{d}x\mathrm{d}y = -\iint\limits_{D_{xy}} R[x,y,z(x,y)]\mathrm{d}x\mathrm{d}y$$

同理，若 Σ 的方程为 $x = x(y,z)$，则有
$$\iint\limits_{\Sigma} P(x,y,z)\mathrm{d}y\mathrm{d}z = \pm\iint\limits_{D_{yz}} P[x(y,z),y,z]\mathrm{d}y\mathrm{d}z$$

当 Σ 取前侧时，右边取 "+"，当 Σ 取后侧时，右边取 "−". 其中 D_{yz} 为 Σ 在 yOz 平面上的投影区域.

若 Σ 为 $y = y(x,z)$，则有 $\displaystyle\iint\limits_{\Sigma} Q(x,y,z)\mathrm{d}x\mathrm{d}z = \pm\iint\limits_{D_{xz}} Q[x,y(x,z),z]\mathrm{d}x\mathrm{d}z$.

其中，D_{xz} 为 Σ 在 xOz 平面上的投影区域. 当 Σ 取右侧时，右边取 "+"，当 Σ 取左侧时，右边取 "−".

（4）两类曲面积分之间的联系.

设 Σ 为有向曲面，方程为 $z = z(x,y)$. Σ 在 xOy 平面上的投影区域为 D_{xy}，$z = z(x,y)$ 在 D_{xy} 上具有连续的一阶偏导数. $R(x,y,z)$ 在 Σ 上连续. 则
$$\iint\limits_{\Sigma} P\mathrm{d}y\mathrm{d}z + Q\mathrm{d}z\mathrm{d}x + R\mathrm{d}x\mathrm{d}y = \iint\limits_{\Sigma}(P\cos\alpha + Q\cos\beta + R\cos\gamma)\mathrm{d}S$$

其中，$\cos\alpha$，$\cos\beta$，$\cos\gamma$ 为 Σ 上任一点处的指向 Σ 的侧的法线向量的方向余弦.

6. 高斯公式和斯托克斯公式

（1）高斯公式.

高斯（Gauss）公式表达的是空间区域上的三重积分与其边界曲面上的曲面积分之间的关系，是格林公式的推广.

设空间有界闭曲面 V 是由分片光滑的闭曲面 Σ 所围成，函数 $P(x,y,z)$，$Q(x,y,z)$，$R(x,y,z)$ 在 V 上具有连续偏导数，则有
$$\oiint\limits_{\Sigma} P\mathrm{d}y\mathrm{d}z + Q\mathrm{d}z\mathrm{d}x + R\mathrm{d}x\mathrm{d}y = \iiint\limits_{V}\left(\frac{\partial P}{\partial x} + \frac{\partial Q}{\partial y} + \frac{\partial R}{\partial z}\right)\mathrm{d}V$$

其中，左端的曲面积分是沿边界曲面 Σ 的外侧.

注意：

1）由上一节的内容，高斯公式也可以表示成：
$$\iint\limits_{\Sigma} P\mathrm{d}y\mathrm{d}z + Q\mathrm{d}z\mathrm{d}x + R\mathrm{d}x\mathrm{d}y = \iint\limits_{\Sigma}(P\cos\alpha + Q\cos\beta + R\cos\gamma)\mathrm{d}S$$
$$= \iiint\limits_{V}\left(\frac{\partial P}{\partial x} + \frac{\partial Q}{\partial y} + \frac{\partial R}{\partial z}\right)\mathrm{d}V$$

2）利用三重积分计算曲面积分，利用二重积分计算曲线积分.

3）设空间开区域 G 是一个单连通区域，$P(x,y,z)$，$Q(x,y,z)$，$R(x,y,z)$ 在 G 内具有连续的一阶偏导数，下面三条命题等价：

①若 Σ 为 G 内的一个封闭曲面，则 $\displaystyle\oiint\limits_{\Sigma} P\mathrm{d}y\mathrm{d}z + Q\mathrm{d}z\mathrm{d}x + R\mathrm{d}x\mathrm{d}y = 0$.

②若 Σ 为 G 内的一个曲面，曲面积分 $\displaystyle\iint\limits_{\Sigma} P\mathrm{d}y\mathrm{d}z + Q\mathrm{d}z\mathrm{d}x + R\mathrm{d}x\mathrm{d}y$ 与 Σ 无关，只与 Σ 的

边界曲线有关.

③在 G 内恒有：$\dfrac{\partial P}{\partial x} + \dfrac{\partial Q}{\partial y} + \dfrac{\partial R}{\partial z} = 0$.

（2）斯托克斯公式.

斯托克斯（Stokes）公式介绍的是曲面 Σ 上的曲面积分与沿着 Σ 的边界曲线 L 的曲线积分之间的联系.

设 L 为分段光滑的空间有向闭曲线，Σ 是以 L 为边界的分片光滑的有向曲面. L 的正向与 Σ 的侧符合右手规则，$P(x,y,z)$，$Q(x,y,z)$，$R(x,y,z)$ 在包含 L 的曲面 Σ 上连续，且具有一阶连续的偏导数，则有

$$\iint_{\Sigma}\left(\frac{\partial R}{\partial y} - \frac{\partial Q}{\partial z}\right)\mathrm{d}y\mathrm{d}z + \left(\frac{\partial P}{\partial z} - \frac{\partial R}{\partial x}\right)\mathrm{d}z\mathrm{d}x + \left(\frac{\partial Q}{\partial x} - \frac{\partial P}{\partial y}\right)\mathrm{d}x\mathrm{d}y$$

$$= \oint_{L} P\,\mathrm{d}x + Q\,\mathrm{d}y + R\,\mathrm{d}z$$

注意：为便于记忆，常把斯托克斯公式写成

$$\oint_{L} P\,\mathrm{d}x + Q\,\mathrm{d}y + R\,\mathrm{d}z = \iint_{\Sigma} \begin{vmatrix} \mathrm{d}y\mathrm{d}z & \mathrm{d}z\mathrm{d}x & \mathrm{d}x\mathrm{d}y \\ \dfrac{\partial}{\partial x} & \dfrac{\partial}{\partial y} & \dfrac{\partial}{\partial z} \\ P & Q & R \end{vmatrix} = \iint_{\Sigma} \begin{vmatrix} \cos\alpha & \cos\beta & \cos\gamma \\ \dfrac{\partial}{\partial x} & \dfrac{\partial}{\partial y} & \dfrac{\partial}{\partial z} \\ P & Q & R \end{vmatrix} \mathrm{d}S$$

设空间开区域 G 是单连通区域，函数 $P(x,y,z)$，$Q(x,y,z)$，$R(x,y,z)$ 在 G 内具有一阶连续偏导数，则下列各命题是等价的：

1）$\dfrac{\partial P}{\partial y} = \dfrac{\partial Q}{\partial x}$，$\dfrac{\partial Q}{\partial z} = \dfrac{\partial R}{\partial y}$，$\dfrac{\partial R}{\partial x} = \dfrac{\partial P}{\partial z}$ 在 G 内恒成立.

2）$\oint_{L} P\,\mathrm{d}x + Q\,\mathrm{d}y + R\,\mathrm{d}z = 0$ 对 G 内任意闭曲线 L 成立.

3）$\int_{L} P\,\mathrm{d}x + Q\,\mathrm{d}y + R\,\mathrm{d}z$ 在 G 内与路径无关.

4）在 G 内存在可微函数 $u = u(x,y,z)$，使 $\mathrm{d}u = P\mathrm{d}x + Q\mathrm{d}y + R\mathrm{d}z$.

四、例题解析

【例 11-1】 设 L 是半圆周：$\begin{cases} x = a\cos t \\ y = a\sin t \end{cases}$，$0 \leqslant t \leqslant \pi$. 计算 $\int_{L}(x^2 + y^2)\mathrm{d}s$.

解 $\int_{L}(x^2 + y^2)\mathrm{d}s = \int_{0}^{\pi} a^2\sqrt{(-a\sin t)^2 + (a\cos t)^2}\,\mathrm{d}t = a^3\int_{0}^{\pi}\mathrm{d}t = a^3\pi$.

【例 11-2】 计算 $\int_{\Gamma}(x^2 + y^2 + z^2)\mathrm{d}s$，其中 Γ：$x = \cos t$，$y = \sin t$，$z = t$，$0 \leqslant t \leqslant 2\pi$.

解 因为 $x^2 + y^2 + z^2 = \cos^2 t + \sin^2 t + t^2 = 1 + t^2$，$\mathrm{d}s = \sqrt{(-\sin t)^2 + (\cos t)^2 + 1}\,\mathrm{d}t = \sqrt{2}\,\mathrm{d}t$，

所以 $\int_{\Gamma}(x^2 + y^2 + z^2)\mathrm{d}s = \int_{0}^{2\pi}(1 + t^2)\sqrt{2}\,\mathrm{d}t = \sqrt{2}\left(2\pi + \dfrac{8\pi^3}{3}\right)$.

【例 11-3】 计算 $\oint_{\Gamma}|y|\,\mathrm{d}s$，其中 Γ 为球面 $x^2 + y^2 + z^2 = 2$ 与平面 $x = y$ 的交线.

解 Γ 的参数方程为 $x=y=\cos t$，$z=\sqrt{2}\sin t$，$0\leqslant t\leqslant 2\pi$，$\mathrm{d}s=\sqrt{x'^2+y'^2+z'^2}\,\mathrm{d}t=\sqrt{2}\,\mathrm{d}t$，根据对称性得到 $\int_L |y|\,\mathrm{d}s = 4\sqrt{2}\int_0^{\frac{\pi}{2}}\cos t\,\mathrm{d}t = 4\sqrt{2}$．

【例 11-4】 计算 $\int_\Gamma (x^2+y^2+z^2)\,\mathrm{d}s$，其中 Γ：$\begin{cases} x^2+y^2=a^2 \\ z=1 \end{cases}$ $(a>0)$．

解 Γ：$\begin{cases} x=a\cos t \\ y=a\sin t \\ z=1 \end{cases}$，$0\leqslant t\leqslant 2\pi$，$\mathrm{d}s=\sqrt{[x'(t)]^2+[y'(t)]^2+[z'(t)]^2}\,\mathrm{d}t=\sqrt{a^2(\sin^2 t+\cos^2 t)}\,\mathrm{d}t=a\,\mathrm{d}t$．

所以 $\int_\Gamma (x^2+y^2+z^2)\,\mathrm{d}s = \int_0^{2\pi}(a^2+1)a\,\mathrm{d}t = 2\pi a(a^2+1)$．

【例 11-5】 计算 $\int_L xy\,\mathrm{d}x$，其中 L 为抛物线 $y^2=x$ 上的点 $A(-1,1)$ 到 $B(4,-2)$ 的一段．

解

解法一：由题知 L 的方程为 $x=y^2$，y 从 -1 到 -2，故

$$\int_L xy\,\mathrm{d}x = \int_{-1}^{-2} y^2 \cdot y \cdot 2y\,\mathrm{d}y = 2\int_{-1}^{-2} y^4\,\mathrm{d}y = \frac{2}{5}y^5\Big|_{-1}^{-2} = -\frac{62}{5}$$

解法二：L 的方程可写为 $y=-\sqrt{x}$，x 从 1 到 4，故

$$\int_L xy\,\mathrm{d}x = \int_1^4 x\cdot(-\sqrt{x})\,\mathrm{d}x = -\int_1^4 x^{\frac{3}{2}}\,\mathrm{d}x = -\frac{2}{5}x^{\frac{5}{2}}\Big|_1^4 = -\frac{62}{5}$$

【例 11-6】 求在力 $\vec{F}(y,-x,x+y+z)$ 的作用下，

(1) 质点由点 $A(a,0,0)$ 沿螺旋线 L_1 到点 $B(0,0,2\pi b)$ 所做的功．其中 L_1：$x=a\cos t$，$y=a\sin t$，$z=bt$ $(0\leqslant t\leqslant 2\pi)$；

(2) 质点由 $A(a,0,0)$ 沿直线 L_2 到点 $B(0,0,2\pi b)$ 所做的功．

解 (1) $W = \int_0^{2\pi}\vec{F}\,\mathrm{d}s = \int_L y\,\mathrm{d}x - x\,\mathrm{d}y + (x+y+z)\,\mathrm{d}z$．

$$W = \int_0^{2\pi}[a\sin t\cdot(-a\sin t)-a\cos t\cdot a\cos t+(a\cos t+a\sin t+bt)b]\,\mathrm{d}t$$

$$= \int_0^{2\pi}[-a^2+ab(\sin t+\cos t)+b^2 t]\,\mathrm{d}t = 2\pi(\pi b^2-a^2)$$

(2) L_2：$x=a$，$y=0$，$z=t$ $(0\leqslant t\leqslant 2\pi b)$，则

$$W = \int_0^{2\pi b}[0\cdot 0-a\cdot 0+(a+0+t)]\,\mathrm{d}t = \int_0^{2\pi b}(a+t)\,\mathrm{d}t = 2\pi b(a+\pi b)$$

【例 11-7】 把第二类曲线积分 $\int_\Gamma P(x,y,z)\,\mathrm{d}x+Q(x,y,z)\,\mathrm{d}y+R(x,y,z)\,\mathrm{d}z$ 化成第一类曲线积分，其中 Γ 为从点 $(0,0,0)$ 到点 $\left(\frac{\sqrt{2}}{2},\frac{\sqrt{2}}{2},1\right)$ 的直线段．

解　方向向量 $\vec{\tau}=\left(\dfrac{\sqrt{2}}{2},\dfrac{\sqrt{2}}{2},1\right)$，其方向余弦 $\cos\alpha=\dfrac{1}{2}$，$\cos\beta=\dfrac{1}{2}$，$\cos\gamma=\dfrac{\sqrt{2}}{2}$.

$$\int_\Gamma P(x,y,z)\mathrm{d}x+Q(x,y,z)\mathrm{d}y+R(x,y,z)\mathrm{d}z$$

$$=\int_\Gamma\left[P(x,y,z)\cos\alpha+Q(x,y,z)\cos\beta+R(x,y,z)\cos\gamma\right]\mathrm{d}s$$

$$=\int_\Gamma\frac{P(x,y,z)+Q(x,y,z)+\sqrt{2}R(x,y,z)}{2}\mathrm{d}s$$

【例 11-8】　把第二类曲线积分 $\displaystyle\int_L P(x,y)\mathrm{d}x+Q(x,y)\mathrm{d}y$ 化成第一类曲线积分，其中 L 为从点 $(0,0)$ 沿上半圆周 $x^2+y^2=2x$ 到点 $(1,1)$.

解　L 的参数方程为 $\begin{cases}x=x\\y=\sqrt{2x-x^2}\end{cases}$，$x:0\to1$，切向量 $\vec{\tau}=(x',y')=\left(1,\dfrac{1-x}{\sqrt{2x-x^2}}\right)$，

其方向余弦 $\cos\alpha=\sqrt{2x-x^2}$，$\cos\beta=1-x$.

$$\int_L P(x,y)\mathrm{d}x+Q(x,y)\mathrm{d}y=\int_L\left[P(x,y)\cos\alpha+Q(x,y)\cos\beta\right]\mathrm{d}s$$

$$=\int_L\left[\sqrt{2x-x^2}P(x,y)+(1-x)Q(x,y)\right]\mathrm{d}s$$

【例 11-9】　计算曲线积分 $\displaystyle\oint_c(z-y)\mathrm{d}x+(x-z)\mathrm{d}y+(x-y)\mathrm{d}z$，其中 C 是曲线 $\begin{cases}x^2+y^2=1\\x-y+z=2\end{cases}$ 从 z 轴正向看去，C 取顺时针方向.

分析：先写出曲线 C 的参数方程，可令 $x=\cos\theta$，$y=\sin\theta$，则 $z=2-\cos\theta+\sin\theta$，$\theta$ 为参数. 由题设，C 的起点、终点对应的参数值分别为 2π 和 0；再代入计算公式.

解　曲线 C 的参数方程为 $x=\cos\theta$，$y=\sin\theta$，$z=2-\cos\theta+\sin\theta$，$\theta:2\pi\to0$，于是

$$原式=\int_{2\pi}^0\left[(2-\cos\theta)(-\sin\theta)+(2\cos\theta-2-\sin\theta)\cos\theta+(\cos\theta-\sin\theta)(\cos\theta+\sin\theta)\right]\mathrm{d}\theta$$

$$=\int_0^{2\pi}(2\sin\theta+2\cos\theta-2\cos2\theta-1)\mathrm{d}\theta=0-\int_0^{2\pi}\mathrm{d}\theta=-2\pi.$$

【例 11-10】　计算椭圆 $\dfrac{x^2}{a^2}+\dfrac{y^2}{b^2}=1$ 围成的面积.

解　椭圆的参数方程为 $x=a\cos t$，$y=a\sin t$，$0\leqslant t\leqslant2\pi$.

$$A=\int_0^{2\pi}\left[a\cos t\cdot b\sin t-b\sin t(-a\sin t)\right]\mathrm{d}t$$

$$=\frac{ab}{2}\int_0^{2\pi}(\cos^2 t+\sin^2 t)\mathrm{d}t=\pi ab$$

【例 11-11】　求 $I=\displaystyle\oint_L\frac{x\mathrm{d}y-y\mathrm{d}x}{x^2+y^2}$，其中 L 为任一不含原点的闭区域 D 的边界.

解　$P=-\dfrac{y}{x^2+y^2}$，$Q=\dfrac{x}{x^2+y^2}$. 不难验证 $\dfrac{\partial Q}{\partial x}=\dfrac{\partial P}{\partial y}=\dfrac{y^2-x^2}{(x^2+y^2)^2}$，且 P，Q 在 D 上连

续，故由格式公式，得

$$I = \iint\limits_{D}\left(\frac{\partial Q}{\partial x}-\frac{\partial P}{\partial y}\right)\mathrm{d}x\mathrm{d}y = \iint\limits_{D}0\mathrm{d}x\mathrm{d}y = 0$$

【例 11-12】 证明：$\int_{(0,0)}^{(1,1)}(x-y)(\mathrm{d}x-\mathrm{d}y)$ 与路径无关．

证明：如图 11-1 所示，有

$$\int_{(0,0)}^{(1,1)}(x-y)(\mathrm{d}x-\mathrm{d}y) = \int_{(0,0)}^{(1,1)}(x-y)\mathrm{d}x - (x-y)\mathrm{d}y$$

$$P=x-y,\ Q=y-x,\ \frac{\partial Q}{\partial x}=-1$$

$\frac{\partial P}{\partial y}=-1$ 在整个平面上连续，且 $\frac{\partial Q}{\partial x}=\frac{\partial P}{\partial y}$，由格林公式，得 $\int_{(0,0)}^{(1,1)}(x-y)(\mathrm{d}x-\mathrm{d}y)$ 与路径无关．

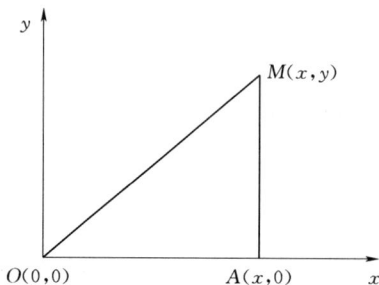

图 11-1

【例 11-13】 讨论 $(2x+\sin y)\mathrm{d}x+(x\cos y)\mathrm{d}y$ 的原函数．

解　$P=2x+\sin y,\ Q=x\cos y,\ \frac{\partial P}{\partial y}=\cos y,\ \frac{\partial Q}{\partial x}=\cos y$ 在整个平面上连续，且有

$$\int_0^x 2x\mathrm{d}x + \int_0^y x\cos y\mathrm{d}y = x^2 + x\sin y + C$$

所以，所求原函数为 $x^2+x\sin y=C$（C 为任意常数）．

【例 11-14】 设 Σ 为圆锥面 $z^2=x^2+y^2$ 介于 $z=0$ 与 $z=1$ 之间的部分，求 $I=\iint\limits_{\Sigma}(x^2+y^2)\mathrm{d}S$．

解　$z=\sqrt{x^2+y^2},\ \frac{\partial z}{\partial x}=\frac{x}{\sqrt{x^2+y^2}},\ \frac{\partial z}{\partial y}=\frac{y}{\sqrt{x^2+y^2}}$．

又 Σ 在 xy 平面上的投影区域为 $D=\{(x,y)\,|\,x^2+y^2\leqslant1\}$，所以

$$I = \iint\limits_{D}(x^2+y^2)\cdot\sqrt{1+\left(\frac{\partial z}{\partial x}\right)^2+\left(\frac{\partial z}{\partial y}\right)^2}\mathrm{d}x\mathrm{d}y = \sqrt{2}\iint\limits_{D}(x^2+y^2)\mathrm{d}x\mathrm{d}y$$

$$= \sqrt{2}\int_0^{2\pi}\mathrm{d}\theta\int_0^1 r^3\mathrm{d}r = \sqrt{2}\times2\pi\times\frac{1}{4} = \frac{\sqrt{2}}{2}\pi$$

【例 11-15】 求 $\oiint\limits_{\Sigma}(x^2+y^2)\mathrm{d}s$，$\Sigma$ 是 $z=\sqrt{x^2+y^2}$ 与 $z=1$ 围成的闭曲面．

解 Σ 在 xOy 面的投影区域如图 $11-2$ 所示.

$$D_{xy}:\{(x,y)\mid x^2+y^2\leqslant 1\}$$

$$
\begin{aligned}
\oiint_{\Sigma}(x^2+y^2)\mathrm{d}s &= \iint_{\Sigma_1}(x^2+y^2)\mathrm{d}S+\iint_{\Sigma_2}(x^2+y^2)\mathrm{d}S \\
&= \iint_{D_{xy}}(x^2+y^2)\sqrt{1+z_x^2+z_y^2}\mathrm{d}x\mathrm{d}y+\iint_{D_{xy}}(x^2+y^2)\sqrt{1+0^2+0^2}\mathrm{d}x\mathrm{d}y \\
&= \sqrt{2}\iint_{D_{xy}}(x^2+y^2)\mathrm{d}x\mathrm{d}y+\iint_{D_{xy}}(x^2+y^2)\mathrm{d}x\mathrm{d}y \\
&= (\sqrt{2}+1)\int_0^{2\pi}\mathrm{d}\theta\int_0^1 r^3\mathrm{d}r=\frac{\pi}{2}(\sqrt{2}+1)
\end{aligned}
$$

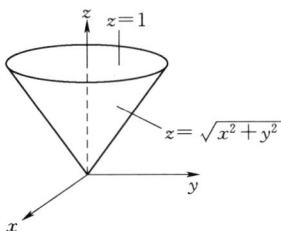

图 $11-2$

【**例 11-16**】 求 $\displaystyle\iint_{\Sigma}(xy+yz+zx)\mathrm{d}S$，$\Sigma$ 是 $z=\sqrt{x^2+y^2}$ 被 $x^2+y^2=2x$ 所截下的一块曲面.

解 由于 Σ 关于 xOz 面对称，而 $(x+z)y$ 是 y 的奇函数，故 $\displaystyle\iint_{\Sigma}(x+z)y\mathrm{d}S=0$.

从而原式 $=\displaystyle\iint_{\Sigma}zx\mathrm{d}S$，$\Sigma$ 在 xOz 面的投影区域为 $D_{xy}:\{(x,y)\mid x^2+y^2\leqslant 2x\}$，$D_{xy}$ 关于 x 轴对称.

$$
\begin{aligned}
\text{原式} &= \iint_{D_{xy}}x\sqrt{x^2+y^2}\cdot\sqrt{1+\left(\frac{\partial z}{\partial x}\right)^2+\left(\frac{\partial z}{\partial y}\right)^2}\mathrm{d}x\mathrm{d}y=\iint_{D_{xy}}x\sqrt{x^2+y^2}\cdot\sqrt{1+\frac{x^2+y^2}{x^2+y^2}}\mathrm{d}x\mathrm{d}y \\
&= \sqrt{2}\iint_{D_{xy}}x\sqrt{x^2+y^2}\mathrm{d}x\mathrm{d}y\text{（被积函数是关于 }y\text{ 的偶函数，且 }D_{xy}\text{ 关于 }x\text{ 轴对称）} \\
&= \sqrt{2}\cdot 2\iint_{D}x\sqrt{x^2+y^2}\mathrm{d}x\mathrm{d}y\text{（}D\text{ 为 }D_{xy}\text{ 对称区域的一半）} \\
&= 2\sqrt{2}\int_0^{\frac{\pi}{2}}\mathrm{d}\theta\int_0^{2\cos\theta}r\cos\theta\cdot r\cdot r\mathrm{d}r=2\sqrt{2}\int_0^{\frac{\pi}{2}}4\cos^5\theta\mathrm{d}\theta=\frac{64}{15}\sqrt{2}.
\end{aligned}
$$

【**例 11-17**】 计算 $\displaystyle\iint_{\Sigma}xyz\mathrm{d}x\mathrm{d}y$，其中 Σ 由球面 $x^2+y^2+z^2=1$ 在 $x\geqslant 0$，$y\geqslant 0$ 部分的外侧.

解 Σ 在 xOy 面的投影为 $D_{xy}:\{(x,y)\mid x^2+y^2\leqslant 1\}$，又曲面 Σ 为 $z=\sqrt{1-(x^2+y^2)}$.

由公式得

$$\iint\limits_{\Sigma} xyz \, dxdy = \iint\limits_{D_{xy}} xy \sqrt{1-(x^2+y^2)} \, dxdy = \int_0^{2\pi} d\theta \int_0^1 r\cos\theta \cdot r\sin\theta \sqrt{1-r^2} \cdot r \, dr = \frac{2}{15}.$$

【例 11-18】 求 $I = \iint\limits_{\Sigma} xy \, dydz + yz \, dzdx + zx \, dxdy$，其中 Σ 由平面 $x+y+z=1$ 与 3 个坐标面所围成的四面体的表面，取其外侧.

解 由 Σ 可分为 Σ_1，Σ_2，Σ_3，Σ_4 4 个小块（图 11-3），它们的方程分别为

$$\Sigma_1 : z=0, \Sigma_2 : x=0, \Sigma_3 : y=0, \Sigma_4 : x+y+z=1$$

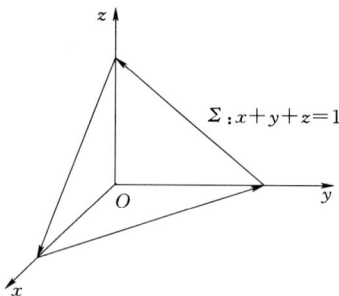

图 11-3

当 Σ 取外侧时，Σ_1 取下侧，Σ_2 取后侧，Σ_3 取左侧，Σ_4 取正侧.

不难验证 $\iint\limits_{\Sigma_1} xy \, dydz + yz \, dzdx + zx \, dxdy = 0$，同理 $\iint\limits_{\Sigma_2} = \iint\limits_{\Sigma_3} = 0$.

下面求 Σ_4 上的积分. 此时

$$I = \iint\limits_{\Sigma_4} xy \, dydz + yz \, dzdx + zx \, dxdy$$

$$= \iint\limits_{\Sigma_4} xy \, dydz + \iint\limits_{\Sigma_4} yz \, dzdx + \iint\limits_{\Sigma_4} zx \, dxdy$$

$$= \iint\limits_{D_{yz}} (1-y-z)y \, dydz + \iint\limits_{D_{zx}} (1-z-x)z \, dzdx + \iint\limits_{D_{xy}} (1-y-x)x \, dxdy$$

$$= \int_0^1 dy \int_0^{1-y} (1-y-z)y \, dz + \int_0^1 dz \int_0^{1-z} (1-y-z)z \, dx$$

$$+ \int_0^1 dx \int_0^{1-x} (1-y-x)x \, dy$$

$$= \frac{1}{24} + \frac{1}{24} + \frac{1}{24} = \frac{1}{8}$$

【例 11-19】 计算 $\oiint\limits_{\Sigma} z \, dxdy + y \, dxdz + x \, dydz$，$\Sigma$ 如图 11-4 所示，取外侧.

解 $P=x$，$Q=y$，$R=z \Rightarrow \dfrac{\partial P}{\partial x}=1, \dfrac{\partial Q}{\partial y}=1, \dfrac{\partial R}{\partial z}=1.$

由高斯公式，得

$$原式 = \iiint\limits_{V}(1+1+1)\mathrm{d}v = 3\iiint\limits_{V}\mathrm{d}v = 3a^3$$

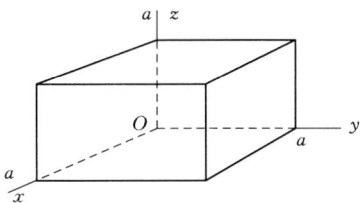

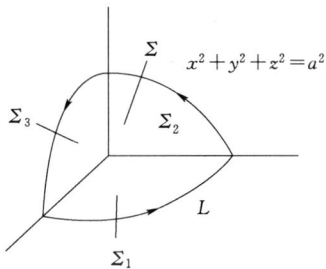

图 11-4　　　　　　　　　图 11-5

【**例 11-20**】　计算 $I = \oint_{L}(y^2-z^2)\mathrm{d}x + (z^2-x^2)\mathrm{d}y + (x^2-y^2)\mathrm{d}z$，其中 L 为球 $x^2 + y^2 + z^2 = a^2$ 在第一象限内的边界曲线（图 11-5）．

解　取 Σ：$x^2 + y^2 + z^2 = a^2$ 的上侧，补充 Σ_1：$z=0$，取下侧，Σ_2：$x=0$，取其后侧，Σ_3：$y=0$ 取其左侧，则由斯托克斯公式，得

$$I = \iint\limits_{\Sigma}(-2y-2z)\mathrm{d}y\mathrm{d}z + (-2z-2x)\mathrm{d}z\mathrm{d}x + (-2x-2y)\mathrm{d}x\mathrm{d}y = \oiint\limits_{\Sigma+\Sigma_1+\Sigma_2+\Sigma_3} - \iint\limits_{\Sigma_1+\Sigma_2+\Sigma_3}$$

$$= \iiint\limits_{V}0\mathrm{d}v + \iint\limits_{\Sigma_1}(2x+2y)\mathrm{d}x\mathrm{d}y + \iint\limits_{\Sigma_2}(2y+2z)\mathrm{d}y\mathrm{d}z + \iint\limits_{\Sigma_3}(2z+2x)\mathrm{d}x\mathrm{d}z$$

$$= -3\iint\limits_{D_{xy}}(2x+2y)\mathrm{d}x\mathrm{d}y = -4a^3$$

五、测试题

测　试　题　A

1. 选择题

(1) 设 L 是连接 $A(-1,0)$，$B(0,1)$，$C(1,0)$ 的折线，则 $\int_{L}(x+y)\mathrm{d}s = (\quad)$．

A. 0　　　　B. $\sqrt{2}$　　　C. $2\sqrt{2}$　　　D. 2

(2) 设 L 为椭圆 $\dfrac{x^2}{4} + \dfrac{y^2}{3} = 1$，并且其周长为 S，则 $\oint(3x^2+4y^2+12)\mathrm{d}S = (\quad)$．

A. S　　B. $6S$　　C. $12S$　　D. $24S$

2. 填空题

(1) 设平面曲线 L 为下半圆周 $y = -\sqrt{1-x^2}$，则曲线积分 $\int_{L}(x^2+y^2)\mathrm{d}s = $ _____．

(2) 设 L 是由点 $O(0,0)$ 经过点 $A(1,0)$ 到 $B(0,1)$ 的折线，则曲线积分 $\int_L (x+y)\mathrm{d}s = $ _____.

3. 计算题

(1) $\oint_L \mathrm{e}^{\sqrt{x^2+y^2}}\mathrm{d}s$，其中 L 为圆周 $x = a\cos t$，$y = a\sin t$ $(0 \leqslant t \leqslant 2\pi)$.

(2) $\oint_L \mathrm{e}^{\sqrt{x^2+y^2}}\mathrm{d}s$，其中 L 为圆周 $x^2+y^2=a^2$，直线 $y=x$ 及 x 轴在第一象限内所围成的扇形的整个边界.

(3) $\int_L y^2\mathrm{d}s$，其中 L 为摆线的一拱 $x = a(t-\sin t)$，$y = a(1-\cos t)(0 \leqslant t \leqslant 2\pi)$.

测 试 题 B

1. 填空题

(1) 已知曲线 $L: y = x^2 (0 \leqslant x \leqslant \sqrt{2})$，则 $\int_L x\mathrm{d}s = $ _____.

(2) 设 L 为正向圆周 $x^2+y^2=2$ 在第一象限中的部分，则曲线积分 $\int_L x\mathrm{d}y - 2y\mathrm{d}x$ 的值为 _____.

(3) 设曲面 Σ 是 $z = \sqrt{4-x^2-y^2}$ 的上侧，则 $\iint_\Sigma xy\mathrm{d}y\mathrm{d}z + x\mathrm{d}z\mathrm{d}x + x^2\mathrm{d}x\mathrm{d}y = $ _____.

(4) 设 Ω 是由锥面 $z = \sqrt{x^2+y^2}$ 与半球面 $z = \sqrt{R^2-x^2-y^2}$ 围成的空间区域，Σ 是 Ω 的整个边界的外侧，则 $\iint_\Sigma x\mathrm{d}y\mathrm{d}z + y\mathrm{d}z\mathrm{d}x + z\mathrm{d}x\mathrm{d}y = $ _____.

2. 计算题

(1) 计算曲线积分 $I = \int_L \dfrac{x\mathrm{d}y - y\mathrm{d}x}{4x^2+y^2}$，其中 L 是以点 $(1,0)$ 为中心，R 为半径的圆周 $(R>1)$，取逆时针方向.

(2) 计算曲线积分 $I = \int_L \sin 2x\mathrm{d}x + 2(x^2-1)y\mathrm{d}y$，其中 L 是曲线 $y = \sin x$ 上从点 $(0,0)$ 到点 $(\pi,0)$ 的一段.

(3) 计算 $\oint_L (y^2-z^2)\mathrm{d}x + (2z^2-x^2)\mathrm{d}y + (3x^2-y^2)\mathrm{d}z$，其中 L 为平面 $x+y+z=2$ 与柱面 $|x|+|y|=1$ 的交线，从 z 轴正向看去，L 为逆时针方向.

测试题 A 答案

1. (1) B；(2) D.

2. (1) π；(2) $\dfrac{1}{2}+\sqrt{2}$.

3.

(1) 原式 $= \displaystyle\int_0^{2\pi} a^{2n} \sqrt{(x')^2+(y')^2}\mathrm{d}t = a^{2n+1}\int_0^{2\pi}\mathrm{d}t = 2\pi \cdot a^{2n+1}$.

（2）设圆周与 x 轴和直线 $y=x$ 的交点分别为 A 和 B，

于是原式 $=\left\{\displaystyle\int_{OA}+\int_{AB}+\int_{BO}\right\}\mathrm{e}^{\sqrt{x^2+y^2}}\mathrm{d}s$ 在直线 OA 上 $y=0$，$\mathrm{d}s=\mathrm{d}x$ 得

$$\int_{OA}\mathrm{e}^{\sqrt{x^2+y^2}}\mathrm{d}s=\int_0^a\mathrm{e}^x\mathrm{d}x=\mathrm{e}^a-1$$

在圆周 AB 上令 $x=a\cos\theta$，$y=a\sin\theta$，$0\leqslant\theta\leqslant\dfrac{\pi}{4}$ 得

$$\int_{AB}\mathrm{e}^{\sqrt{x^2+y^2}}\mathrm{d}s=\int_0^{\frac{\pi}{4}}\mathrm{e}^a\sqrt{(x')^2+(y')^2}\mathrm{d}\theta=\frac{a\cdot\mathrm{e}^a}{4}\pi$$

在直线 BO 上 $y=x$，$\mathrm{d}s=\sqrt{2}\mathrm{d}x$ 得

$$\int_{BO}\mathrm{e}^{\sqrt{x^2+y^2}}\mathrm{d}s=\sqrt{2}\int_0^{\frac{\sqrt{2}a}{2}}\mathrm{e}^{\sqrt{2}x}\mathrm{d}x=\mathrm{e}^a-1$$

所以原式 $=\left(2+\dfrac{a}{4}\pi\right)\mathrm{e}^a-2$.

（3）原式 $=2a^2\displaystyle\int_0^\pi(1-\cos t)^2\sqrt{(x')^2+(y')^2}\mathrm{d}t=2\sqrt{2}a^3\int_0^\pi(1-\cos t)^{\frac{5}{2}}\mathrm{d}t=\dfrac{256a^3}{15}$.

测试题 B 答案

1.　（1）$\dfrac{13}{6}$；（2）$\dfrac{3}{2}\pi$；（3）4π；（4）$(2-\sqrt{2})\pi R^2$.

（1）解析：直接代公式化第一类平面曲线积分为定积分得

$$\int_L x\mathrm{d}s=\int_0^{\sqrt{2}}x\sqrt{1+y'^2}\mathrm{d}x=\int_0^{\sqrt{2}}x\sqrt{1+4x^2}\mathrm{d}x$$

$$=\frac{1}{8}\int_0^{\sqrt{2}}(1+4x^2)^{\frac{1}{2}}\mathrm{d}(1+4x^2)$$

$$=\frac{1}{8}\times\frac{2}{3}(1+4x^2)^{\frac{3}{2}}\Big|_0^{\sqrt{2}}=\frac{1}{12}(27-1)=\frac{13}{6}$$

（2）已知 L 的参数方程 $x=\sqrt{2}\cos t$，$y=\sqrt{2}\sin t$，t 从 0 到 $\dfrac{\pi}{2}$. 直接代公式得

$$\int_L x\mathrm{d}y-2y\mathrm{d}x=\int_0^{\frac{\pi}{2}}\left[\sqrt{2}\cos t(\sqrt{2}\cos t)-2\sqrt{2}\sin t(-\sqrt{2}\sin t)\right]\mathrm{d}t$$

$$=\int_0^{\frac{\pi}{2}}2\mathrm{d}t+2\int_0^{\frac{\pi}{2}}\sin^2 t\mathrm{d}t=\pi+2\cdot\frac{\pi}{4}=\frac{3\pi}{2}$$

（3）解析：直接代入公式将第二类曲面积分化为二重积分，曲面 Σ 的方程是

$$z=\sqrt{4-x^2-y^2},(x,y)\in D,\ 其中 D=\{(x,y)\,|\,x^2+y^2\leqslant 4\}$$

$$\frac{\partial z}{\partial x}=\frac{-x}{\sqrt{4-x^2-y^2}},\quad\frac{\partial z}{\partial y}=\frac{-y}{\sqrt{4-x^2-y^2}}$$

所以 $\displaystyle\iint_D\left[xy\left(-\frac{\partial z}{\partial x}\right)+x\left(-\frac{\partial z}{\partial y}\right)+x^2\right]\mathrm{d}x\mathrm{d}y=0+0+\iint_D x^2\mathrm{d}x\mathrm{d}y=\frac{1}{2}\iint_D(x^2+y^2)\mathrm{d}x\mathrm{d}y$

$$=4\pi$$

（4）解析：在 Ω 上用高斯公式得

$$I = \iiint\limits_{\Omega} (1+1+1) \mathrm{d}V = 3\iiint\limits_{\Omega} 1 \mathrm{d}V$$

作球坐标变换：$x = \rho\sin\varphi\cos\theta$，$y = \rho\sin\varphi\sin\theta$，$z = \rho\cos\varphi$

$$\Omega = \left\{ (\rho,\varphi,\theta) \,\middle|\, 0 \leqslant \rho \leqslant R, 0 \leqslant \varphi \leqslant \frac{\pi}{4}, 0 \leqslant \theta \leqslant 2\pi \right\}$$

所以 $I = 3\displaystyle\int_0^{2\pi} \mathrm{d}\theta \int_0^{\frac{\pi}{4}} \mathrm{d}\varphi \int_0^R \rho^2 \sin\varphi \mathrm{d}\rho = (2-\sqrt{2})\pi R^2$．

2.

(1) 记 $P = \dfrac{-y}{4x^2+y^2}$，$Q = \dfrac{x}{4x^2+y^2}$，则 $I = \displaystyle\int_L P\mathrm{d}x + Q\mathrm{d}y$．直接计算较烦琐，想借助格林公式．当 $x^2+y^2 \neq 0$ 时，$\dfrac{\partial Q}{\partial x} = \dfrac{\partial P}{\partial y} = \dfrac{y^2-4x^2}{(4x^2+y^2)^2}$．

记 L 围成的圆域为 D，因 D 内含原点 $(0,0)$，而 P、Q 在 $(0,0)$ 无意义，所以不能直接在 D 上用格林公式．

现作一小椭圆 C_ε（取逆时针方向）：$4x^2+y^2 = \varepsilon^2$，$\varepsilon > 0$ 充分小，使 C_ε 位于 D 内，记 L 与 C_ε 围成区域 D_ε，在 D_ε 上用格林公式得

$$\int_L P\mathrm{d}x + Q\mathrm{d}y - \int_{C_\varepsilon} P\mathrm{d}x + Q\mathrm{d}y = \iint\limits_{D_\varepsilon} \left(\frac{\partial Q}{\partial x} - \frac{\partial P}{\partial y} \right) \mathrm{d}x\mathrm{d}y = 0，\text{即}$$

$$\int_L \frac{x\mathrm{d}y - y\mathrm{d}x}{4x^2+y^2} = \int_{C_\varepsilon} \frac{x\mathrm{d}y - y\mathrm{d}x}{4x^2+y^2} = \frac{1}{\varepsilon^2}\int_{C_\varepsilon} -y\mathrm{d}x + x\mathrm{d}y = \frac{1}{\varepsilon^2}\iint\limits_{4x^2+y^2 \leqslant \varepsilon^2} 2\mathrm{d}x\mathrm{d}y$$

$$= \frac{2}{\varepsilon^2}\pi \frac{\varepsilon}{2}\varepsilon = \pi$$

(2) 将曲线 L 的方程代入直接计算．

$$I = \int_L \sin 2x\mathrm{d}x - 2y\mathrm{d}y + \int_L 2x^2 y\mathrm{d}y$$

$$= \left(-\frac{1}{2}\cos 2x - y^2 \right) \Bigg|_{(0,0)}^{(\pi,0)} + \int_0^\pi 2x^2 \sin x\cos x\mathrm{d}x$$

$$= \int_0^\pi x^2 \sin 2x\mathrm{d}x = -\frac{1}{2}\int_0^\pi x^2 \mathrm{d}\cos 2x$$

$$= -\frac{1}{2}x^2 \cos 2x \Big|_0^\pi + \int_0^\pi x\cos 2x\mathrm{d}x$$

$$= -\frac{\pi^2}{2} + \frac{1}{2}\int_0^\pi x\mathrm{d}\sin 2x$$

$$= -\frac{\pi^2}{2} + \frac{1}{2}x\sin 2x \Big|_0^\pi - \frac{1}{2}\int_0^\pi \sin 2x\mathrm{d}x = -\frac{\pi^2}{2}$$

(3) 用斯托克斯公式来计算，记 S 为平面 $x+y+z = 2$ 上 L 所围部分．由 L 的定向，按右手法则 S 取上侧，因为 $\sqrt{1 + z_x'^2 + z_y'^2} = \sqrt{1+1+1} = \sqrt{3}$，$S$ 的单位法向量 $\vec{n} = (\cos a, \cos\beta, \cos r) = \dfrac{1}{\sqrt{3}}(1,1,1)$，于是由斯托克斯公式得

$$I = \iint\limits_{S} \begin{vmatrix} \cos a & \cos \beta & \cos r \\ \dfrac{\partial}{\partial x} & \dfrac{\partial}{\partial y} & \dfrac{\partial}{\partial z} \\ y^2 - z^2 & 2z^2 - x^2 & 3x^2 - y^2 \end{vmatrix} \mathrm{d}s$$

$$= \iint\limits_{S} \left[(-2y - 4z) \frac{1}{\sqrt{3}} + (-2z - 6x) \frac{1}{\sqrt{3}} + (-2x - 2y) \frac{1}{\sqrt{3}} \right] \mathrm{d}s$$

$$= -\frac{2}{\sqrt{3}} \iint\limits_{S} (4x + 2y + 3z) \mathrm{d}S \underline{\underline{\; x + y + z = 2 \;}} -\frac{2}{\sqrt{3}} \iint\limits_{S} (6 + x - y) \mathrm{d}S$$

将第一类曲面积分化为二重积分，得

$$I = -\frac{2}{\sqrt{3}} \iint\limits_{S} (6 + x - y) \sqrt{3} \mathrm{d}x\mathrm{d}y = -2 \iint\limits_{S} (6 + x - y) \mathrm{d}x\mathrm{d}y$$

其中，D 为 S 在 xOy 平面上的投影区域 $|x| + |y| \leqslant 1$. 由 D 关于 x，y 轴的对称性及被积函数的奇偶性得 $\iint\limits_{D} (x - y) \mathrm{d}x\mathrm{d}y = 0$，所以 $I = -12 \iint\limits_{D} \mathrm{d}x\mathrm{d}y = -12(\sqrt{2})^2 = -24$.

第十二章　无　穷　级　数

一、基本要求

（1）掌握常数项级数的概念与基本性质.

（2）熟练掌握正项级数审敛法，交错级数与莱布尼茨审敛法，绝对收敛与条件收敛.

（3）掌握幂级数的运算，特别是幂级数收敛半径和收敛域的计算.

（4）了解幂级数的性质（逐项求导、逐项积分、和函数的连续性），会计算简单幂函数的和函数.

（5）熟悉泰勒级数并掌握初等函数展开为幂级数的方法和步骤.

（6）了解周期函数的傅里叶级数及其收敛定理.

本章重点：数项级数、函数项级数的基本概念和基本性质，数项级数敛散性、函数项级数收敛域的讨论，函数的幂级数展开及其应用.

二、知识结构

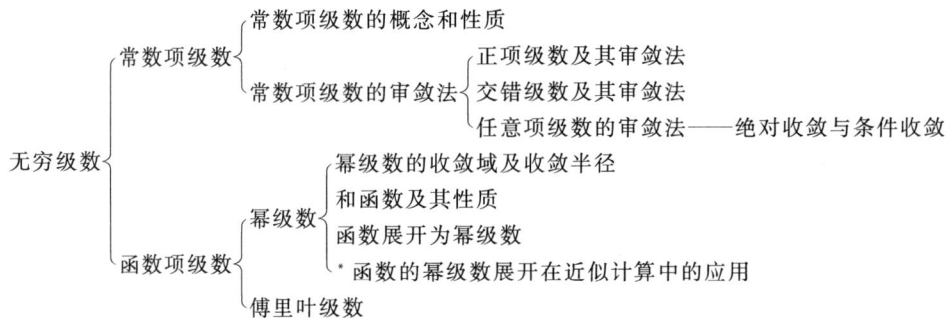

三、内容小结

1. 常数项级数

（1）常数项级数的概念和性质.

1）定义．设给定一个数列 $u_1, u_2, u_3, \cdots, u_n, \cdots$，则和式 $u_1 + u_2 + u_3 + \cdots + u_n + \cdots$ 称为数项级数，简称为级数，简记为 $\sum\limits_{n=1}^{\infty} u_n$，即 $\sum\limits_{n=1}^{\infty} u_n = u_1 + u_2 + u_3 + \cdots + u_n + \cdots$ 其中，第 n 项 u_n 称为级数的一般项或者通项.

2）常数项级数的性质.

性质 1　若级数 $\sum\limits_{n=1}^{\infty} u_n$ 和级数 $\sum\limits_{n=1}^{\infty} v_n$ 都收敛，它们的和分别为 S 和 σ，则级数 $\sum\limits_{n=1}^{\infty} (u_n \pm v_n)$

也收敛,且其和为 $S\pm\sigma$.

性质 2 若级数 $\sum\limits_{n=1}^{\infty} u_n$ 收敛,且其和为 S,则它的每一项都乘以一个不为零的常数 k,所得到的级数 $\sum\limits_{n=1}^{\infty} ku_n$ 也收敛,且其和为 kS.

性质 3 在一个级数前面加上(或去掉)、改变有限项,级数的敛散性不变.

性质 4 若级数 $\sum\limits_{n=1}^{\infty} u_n$ 收敛,则将这个级数的各项任意加括号后,所成的级数 $(u_1 + u_2 + \cdots + u_{n_1}) + (u_{n_1+1} + \cdots + u_{n_2}) + \cdots + (u_{n_{k-1}+1} + \cdots + u_{n_k}) + \cdots$ 也收敛,且与原级数有相同的和.

性质 5(级数收敛的必要条件) 若级数 $\sum\limits_{n=1}^{\infty} u_n$ 收敛,则 $\lim\limits_{n\to\infty} u_n = 0$.

3)几个重要的数项级数.

几何级数 $\sum\limits_{n=1}^{\infty} aq^{n-1}$,当 $|q|<1$ 时,收敛,其和为 $\dfrac{a}{1-q}$;当 $|q|\geqslant 1$ 时,发散.

调和级数 $\sum\limits_{n=1}^{\infty} \dfrac{1}{n}$ 发散.

$p-$级数 $\sum\limits_{n=1}^{\infty} \dfrac{1}{n^p}$,当 $p\leqslant 1$ 时,发散;当 $p>1$ 时,收敛.

(2)常数项级数的审敛法.

1)正项级数及其审敛法. 若级数 $\sum\limits_{n=1}^{\infty} u_n = u_1 + u_2 + u_3 + \cdots + u_n + \cdots$ 满足条件 $u_n\geqslant 0$ $(n=1,2,3,\cdots)$,则称此级数为正项级数.

正项级数收敛的充要条件是其部分和数列 $\{S_n\}$ 有界.

审敛法 1(比较判别法) 若级数 $\sum\limits_{n=1}^{\infty} u_n$ 和级数 $\sum\limits_{n=1}^{\infty} v_n$ 为两个正项级数,且 $u_n\leqslant v_n (n=1,2,3,\cdots)$,那么若级数 $\sum\limits_{n=1}^{\infty} v_n$ 收敛时,级数 $\sum\limits_{n=1}^{\infty} u_n$ 也收敛;若级数 $\sum\limits_{n=1}^{\infty} u_n$ 发散时,级数 $\sum\limits_{n=1}^{\infty} v_n$ 也发散.

审敛法 2(比较法的极限形式) $\lim\limits_{n\to\infty} \dfrac{u_n}{v_n} = l$,若 $0<l<+\infty$,则 $\sum\limits_{n=1}^{\infty} u_n$ 与 $\sum\limits_{n=1}^{\infty} v_n$ 同时收敛或同时发散;若 $l=0$,则 $\sum\limits_{n=1}^{\infty} u_n$ 收敛,$\sum\limits_{n=1}^{\infty} v_n$ 必收敛;若 $l=+\infty$,则 $\sum\limits_{n=1}^{\infty} v_n$ 发散,$\sum\limits_{n=1}^{\infty} u_n$ 必发散.

注意:若分母,分子关于 n 的最高次数分别为 p,q,则 $\sum\limits_{n=1}^{\infty} u_n \begin{cases} 收敛 & p-q>1 \\ 发散 & p-q\leqslant 1 \end{cases}$.

审敛法 3(达朗贝尔比值判别法) 若正项级数 $\sum\limits_{n=1}^{\infty} u_n$ 满足条件 $\lim\limits_{n\to\infty} \dfrac{u_{n+1}}{u_n} = l$,则当 $l<1$ 时,级数收敛;

当 $l>1$ 时，级数发散；

当 $l=1$ 时，无法判断此级数的敛散性.

审敛法 4（柯西根值判别法） 若 $\lim\limits_{n\to\infty}\sqrt[n]{u_n}=\rho$，则当 $\rho<1$ 时，级数 $\sum\limits_{n=1}^{\infty}u_n$ 收敛；当 $\rho>1$ 时，级数 $\sum\limits_{n=1}^{\infty}u_n$ 发散；当 $\rho=1$ 时，无法判定级数 $\sum\limits_{n=1}^{\infty}u_n$ 的敛散性.

2）交错级数. 级数 $\sum\limits_{n=1}^{\infty}(-1)^n u_n$ $(u_n>0,n=1,2,3,\cdots)$ 称为交错级数.

审敛法 5（莱布尼茨判别法） 若交错级数 $\sum\limits_{n=1}^{\infty}(-1)^n u_n$ $(u_n>0,$ $n=1,2,3,\cdots)$ 满足下列条件：

① $u_n\geqslant u_{n+1}$；

② $\lim\limits_{n\to\infty}u_n=0$.

则交错级数 $\sum\limits_{n=1}^{\infty}(-1)^n u_n$ 收敛，其和 $S\leqslant u_1$，其余项的绝对值 $|r_n|\leqslant u_{n+1}$.

3）绝对收敛和条件收敛. 若级数 $\sum\limits_{n=1}^{\infty}u_n$ 的各项为任意实数，则称级数 $\sum\limits_{n=1}^{\infty}u_n$ 为任意项级数.

如果任意项级数 $\sum\limits_{n=1}^{\infty}u_n$ 的各项绝对值组成的级数 $\sum\limits_{n=1}^{\infty}|u_n|$ 收敛，则称级数 $\sum\limits_{n=1}^{\infty}u_n$ 绝对收敛；如果 $\sum\limits_{n=1}^{\infty}|u_n|$ 发散，而 $\sum\limits_{n=1}^{\infty}u_n$ 收敛，则称级数 $\sum\limits_{n=1}^{\infty}u_n$ 条件收敛.

如果级数 $\sum\limits_{n=1}^{\infty}u_n$ 绝对收敛，则级数 $\sum\limits_{n=1}^{\infty}u_n$ 必收敛.

2. 函数项级数

（1）收敛域与和函数.

1）定义. 设 $u_1(x)$，$u_2(x)$，$\cdots$，$u_n(x)$，$\cdots$ 是定义在 $I\subseteq R$ 上的函数，则 $\sum\limits_{n=1}^{+\infty}u_n(x)=u_1(x)+u_2(x)+\cdots+u_n(x)+\cdots$ 称为定义在区间 I 上的（函数项）无穷级数.

2）收敛点和收敛域. 如果 $x_0\in I$，函数项级数 $\sum\limits_{n=1}^{\infty}u_n(x_0)$ 收敛，则称 x_0 为级数 $\sum\limits_{n=1}^{\infty}u_n(x)$ 的收敛点，否则称为发散点. 函数项级数 $\sum\limits_{n=1}^{\infty}u_n(x)$ 的所有收敛点的全体称为收敛域，所有发散点的全体称为发散域.

3）和函数. 在收敛域上，函数项级数的和是 x 的函数 $s(x)$，称 $s(x)$ 为函数项级数的和函数.

（2）幂函数.

形如 $\sum\limits_{n=1}^{\infty}a_n(x-x_0)^n=a_0+a_1(x-x_0)+a_2(x-x_0)^2+\cdots+a_n(x-x_0)^n+\cdots$ 的级数

称为（$x-x_0$）的幂级数，其中 $a_0, a_1, a_2, \cdots, a_n, \cdots$ 均为常数，称为幂级数的系数. 当 $x_0=0$ 时，级数 $\sum\limits_{n=1}^{\infty} a_n x^n = a_0 + a_1 x + a_2 x^2 + \cdots + a_n x^n + \cdots$ 称为 x 的幂级数.

1）收敛域和收敛半径. 幂级数 $\sum\limits_{n=1}^{\infty} a_n x^n = a_0 + a_1 x + a_2 x^2 + \cdots + a_n x^n + \cdots$

不缺项情况：$\lim\limits_{n\to\infty} \left| \dfrac{a_{n+1}}{a_n} \right| = l$，则

当 $0 < l < +\infty$ 时，$R = \dfrac{1}{l}$；

当 $l = 0$ 时，$R = +\infty$；

当 $l = +\infty$ 时，$R = 0$.

缺项情况：（以 $\sum\limits_{n=0}^{\infty} a_n x^{2n+1}$ 为例）

$$\lim_{n\to\infty} \left| \frac{a_{n+1} x^{2(n+1)+1}}{a_n x^{2n+1}} \right| = \lim_{n\to\infty} \left| \frac{a_{n+1}}{a_n} \right| x^2 = \rho x^2, \qquad R = \begin{cases} \dfrac{1}{\sqrt{\rho}}, & \rho \neq 0, \ (\rho x^2 < 1) \\ +\infty, & \rho = 0 \\ 0, & \rho = \infty \end{cases}$$

2）幂级数在收敛区间内的性质. 设 $\sum\limits_{n=0}^{\infty} a_n x^n = f(x)$，$x \in (-R_1, R_1)$；$\sum\limits_{n=0}^{\infty} b_n x^n = g(x)$，$x \in (-R_2, R_2)$.

性质 1 $\sum\limits_{n=0}^{\infty} (a_n \pm b_n) x^n = \sum\limits_{n=0}^{\infty} a_n x^n \pm \sum\limits_{n=0}^{\infty} b_n x^n = f(x) \pm g(x)$，$R = \min(R_1, R_2)$.

性质 2 $\sum\limits_{n=0}^{\infty} a_n x^n \cdot \sum\limits_{n=0}^{\infty} b_n x^n = \sum\limits_{n=0}^{\infty} (a_0 b_n + a_1 b_{n-1} + \cdots + a_n b_0) x^n = f(x) g(x)$，$R = \min(R_1, R_2)$.

性质 3 $\dfrac{\sum\limits_{n=0}^{\infty} a_n x^n}{\sum\limits_{n=0}^{\infty} b_n x^n} = \sum\limits_{n=0}^{\infty} c_n x^n (b_0 \neq 0)$，$R \leqslant \min(R_1, R_2)$.

3）幂级数和函数的性质及求法.

①幂级数和函数的性质. 幂级数 $\sum\limits_{n=0}^{\infty} a_n x^n$ 的和函数 $S(x)$ 在区间收敛区间 $(-R, R)$ 内连续、可导、可积，且可逐项求导、逐项积分，即

$$S'(x) = \sum_{n=0}^{\infty} (a_n x^n)' = \sum_{n=1}^{\infty} n a_n x^{n-1} \qquad x \in (-R, R)$$

$$\int_0^x S(x) \mathrm{d}x = \sum_{n=0}^{\infty} \int_0^x a_n x^n \mathrm{d}x = \sum_{n=0}^{\infty} \frac{a_n}{n+1} x^{n+1} \qquad x \in (-R, R)$$

②幂级数和函数的求法.

第一步：求出给定幂级数的收敛域；

第二步：通过加、减、逐项积分或微分、变量代换（如以 $-x$ 代替 x，以 x^2 代替 x）

等运算，将给定的幂级数化为常见函数展开式的形式，如当所给的幂级数系数的分母出现 $n!$ 时，常常转化到 e^x 的展开式；当所给的幂级数系数出现 $\dfrac{(-1)^n}{(2n)!}$ 或 $\dfrac{(-1)^{n+1}}{(2n+1)!}$ 时，常常转化到 $\cos x$ 或 $\sin x$ 的展开式；当系数是 n 的多项式时，常常通过幂级数的加、减、逐项积分或微分运算，转化到等比级数 $\displaystyle\sum_{n=0}^{\infty} x^n = \dfrac{1}{1-x}$，从而得到新的幂级数的和函数.

第三步：对于得到的和函数再做相反的分析运算，便得原幂级数的和函数.

4）函数展成幂级数.

①泰勒级数. 设 $f(x)$ 在 $U(x_0)$ 内具有任意阶导数，且泰勒余项 $\displaystyle\lim_{n\to\infty} R_n(x)=0$，则 $f(x)$ 在 x_0 处的幂级数为 $f(x)=\displaystyle\sum_{n=0}^{\infty}\dfrac{f^{(n)}(x_0)}{n!}(x-x_0)^n$.

②麦克劳林公式. 当 $x_0=0$ 时，级数 $\displaystyle\sum_{n=0}^{\infty}\dfrac{f^{(n)}(0)}{n!}x^n$ 称为 $f(x)$ 的麦克劳林级数.

③若 $f(x)$ 能展开为幂级数，则其展开式唯一，即

$$f(x)=\sum_{n=0}^{\infty}a_n(x-x_0)^n=\sum_{n=0}^{\infty}\dfrac{f^{(n)}(x_0)}{n!}(x-x_0)^n,\ |x-x_0|<R.$$

$$f(x)=\sum_{n=0}^{\infty}a_n x^n=\sum_{n=0}^{\infty}\dfrac{f^{(n)}(0)}{n!}x^n,\ |x|<R.$$

④常用函数的麦克劳林展开式.

$$\dfrac{1}{1-x}=\sum_{n=0}^{\infty}x^n,(-1,1).$$

$$e^x=\sum_{n=0}^{\infty}\dfrac{x^n}{n!},(-\infty,+\infty).$$

$$\sin x=\sum_{n=0}^{\infty}\dfrac{(-1)^n}{(2n+1)!}x^{2n+1},(-\infty,+\infty).$$

$$\ln(1+x)=\sum_{n=0}^{\infty}(-1)^n\dfrac{x^{n+1}}{n+1},(-1,1].$$

$$(1+x)^a=1+ax+\dfrac{a(a-1)}{2!}x^2+\cdots+\dfrac{a(a-1)\cdots(a-n+1)}{n!}x^n+\cdots,(-1,1).$$

$$\dfrac{1}{\sqrt{1-x}}=1+\sum_{n=1}^{\infty}\dfrac{(2n-1)!!}{(2n)!!}x^n,(-1,1).$$

（3）傅里叶级数.

1）周期函数的傅里叶级数.

①以 2π 为周期函数. 设 $f(x)$ 在区间 $[-\pi,\pi]$ 上是可积函数，$a_n=\dfrac{1}{\pi}\displaystyle\int_{-\pi}^{\pi}f(x)\cos nx\,dx,\ (n=0,1,2,\cdots)$，$b_n=\dfrac{1}{\pi}\displaystyle\int_{-\pi}^{\pi}f(x)\sin nx\,dx,\ (n=1,2,\cdots)$，则称级数 $\dfrac{a_0}{2}+\displaystyle\sum_{n=1}^{\infty}(a_n\cos nx+b_n\sin nx)$ 为函数 $f(x)$ 的傅里叶级数，称 a_n,b_n 为傅里叶系数.

②以 $2l$ 为周期函数. 设 $f(x)$ 在区间 $[-l, l]$ 上是可积函数，$a_n = \dfrac{1}{l} \displaystyle\int_{-l}^{l} f(x)\cos \dfrac{n\pi x}{l} dx$，（$n=0,1,2,\cdots$），$b_n = \dfrac{1}{l} \displaystyle\int_{-l}^{l} f(x)\sin \dfrac{n\pi x}{l} dx$，（$n=1,2,\cdots$），则称级数 $\dfrac{a_0}{2} + \displaystyle\sum_{n=1}^{\infty} \left(a_n \cos \dfrac{n\pi x}{l} + b_n \sin \dfrac{n\pi x}{l} \right)$ 为函数 $f(x)$ 的傅里叶级数，称 a_n，b_n 为傅里叶系数.

③傅里叶级数收敛定理. 设函数 $f(x)$ 满足狄里克雷条件：

在区间 $[-l, l]$ 上连续或只有有限个第一类间断点；

在区间 $[-l, l]$ 上只有有限个极值点，

则傅里叶级数 $\dfrac{a_0}{2} + \displaystyle\sum_{n=1}^{\infty} \left(a_n \cos \dfrac{n\pi x}{l} + b_n \sin \dfrac{n\pi x}{l} \right)$ 在区间 $[-l, l]$ 上收敛，且

当 x 为 $f(x)$ 连续点时，$\dfrac{a_0}{2} + \displaystyle\sum_{n=1}^{\infty} \left(a_n \cos \dfrac{n\pi x}{l} + b_n \sin \dfrac{n\pi x}{l} \right) = f(x)$.

当 x 为 $f(x)$ 间断点时，$\dfrac{a_0}{2} + \displaystyle\sum_{n=1}^{\infty} \left(a_n \cos \dfrac{n\pi x}{l} + b_n \sin \dfrac{n\pi x}{l} \right) = \dfrac{f(x-0)+f(x+0)}{2}$.

当 x 为 $f(x)$ 端点时，$\dfrac{a_0}{2} + \displaystyle\sum_{n=1}^{\infty} \left(a_n \cos \dfrac{n\pi x}{l} + b_n \sin \dfrac{n\pi x}{l} \right) = \dfrac{f(-l+0)+f(l-0)}{2}$.

④奇偶函数展开为傅里叶级数.

正弦级数　$\displaystyle\sum_{n=1}^{\infty} b_n \sin nx$，其中 $b_n = \dfrac{2}{\pi} \displaystyle\int_0^{\pi} f(x)\sin nx\, dx$，$n=1,2,\cdots$；

余弦级数　$\dfrac{a_0}{2} + \displaystyle\sum_{n=1}^{\infty} a_n \cos nx$，其中 $a_n = \dfrac{2}{\pi} \displaystyle\int_0^{\pi} f(x)\cos nx\, dx$，$n=1,2,\cdots$.

四、例题解析

【例 12-1】 设 $\lim\limits_{n\to\infty} a_n = \infty$，且 $a_n \neq 0$，判别级数 $\displaystyle\sum_{n=1}^{\infty} \left(\dfrac{1}{a_n} - \dfrac{1}{a_{n+1}} \right)$ 的敛散性.

解　令 $u_n = \dfrac{1}{a_n} - \dfrac{1}{a_{n+1}}$，则前 n 项的部分和

$$S_n = \left(\dfrac{1}{a_1} - \dfrac{1}{a_2} \right) + \left(\dfrac{1}{a_2} - \dfrac{1}{a_3} \right) + \cdots + \left(\dfrac{1}{a_n} - \dfrac{1}{a_{n+1}} \right) = \dfrac{1}{a_1} - \dfrac{1}{a_{n+1}}$$

因为 $\lim\limits_{n\to\infty} \dfrac{1}{a_{n+1}} = 0$，所以 $\lim\limits_{n\to\infty} S_n = \dfrac{1}{a_1}$，即原级数收敛且其和 $S = \dfrac{1}{a_1}$.

【例 12-2】 判别级数 $\displaystyle\sum_{n=1}^{\infty} \left(1 - \cos \dfrac{\pi}{n} \right)$ 的敛散性.

解　因为 $1 - \cos \dfrac{\pi}{n} = 2\sin^2 \dfrac{\pi}{2n}$，所以将其与级数 $\displaystyle\sum_{n=0}^{\infty} \dfrac{2\pi^2}{(2n)^2} = \dfrac{\pi^2}{2} \displaystyle\sum_{n=0}^{\infty} \dfrac{1}{n^2}$ 比较，

又因为 $\lim\limits_{n\to\infty} \dfrac{2\sin^2 \dfrac{\pi}{2n}}{\dfrac{2\pi^2}{(2n)^2}} = 1$，所以级数 $\displaystyle\sum_{n=1}^{\infty} 2\sin^2 \dfrac{\pi}{2n}$ 收敛，从而级数 $\displaystyle\sum_{n=1}^{\infty} \left(1 - \cos \dfrac{\pi}{n} \right)$ 收敛.

【例 12 - 3】 判别级数 $\sum\limits_{n=1}^{\infty}(-1)^n\dfrac{\ln(n+1)}{n+1}$ 的敛散性，若收敛，是绝对收敛还是条件收敛？

解 先考虑正项级数 $\sum\limits_{n=1}^{\infty}\dfrac{\ln(n+1)}{n+1}$.

将级数 $\sum\limits_{n=1}^{\infty}\dfrac{\ln(n+1)}{n+1}$ 与级数 $\sum\limits_{n=1}^{\infty}\dfrac{1}{n+1}$ 进行比较，因为 $\dfrac{1}{n+1}<\dfrac{\ln(n+1)}{n+1}$，$(n>2)$.

由级数 $\sum\limits_{n=1}^{\infty}\dfrac{1}{n+1}$ 的发散，即可得级数 $\sum\limits_{n=1}^{\infty}\dfrac{\ln(n+1)}{n+1}$ 发散.

但是交错级数 $\sum\limits_{n=1}^{\infty}(-1)^n\dfrac{\ln(n+1)}{n+1}$，满足条件：

(1) $\lim\limits_{n\to\infty}\dfrac{\ln(n+1)}{n+1}=\lim\limits_{x\to+\infty}\dfrac{\ln(x+1)}{x+1}=\lim\limits_{x\to+\infty}\dfrac{1}{x+1}=0$；

(2) $u_{n+1}<u_n$. 下证明之.

令 $u_n=f(n)=f(x)=\dfrac{\ln(x+1)}{x+1}$，$f(n)=f(x)$.

因为导数 $f'(x)=\dfrac{1-\ln(x+1)}{x+1}<0,(x\geqslant 3)$，所以当 $x\geqslant 3$ 时，函数 $f(x)$ 是单调减小的，从而 $u_{n+1}\leqslant u_n$，$(n=3,4,\cdots)$.

于是，由莱布尼茨判别法知级数 $\sum\limits_{n=1}^{\infty}(-1)^n\dfrac{\ln(n+1)}{n+1}$ 条件收敛.

【例 12 - 4】 求幂级数 $\sum\limits_{n=1}^{\infty}\dfrac{(n!)^2}{(2n)!}x^n$ 的收敛域.

解 因为 $\rho=\lim\limits_{n\to\infty}\dfrac{a_{n+1}}{a_n}=\lim\limits_{n\to\infty}\dfrac{\dfrac{[(n+1)!]^2}{(2n+2)!}}{\dfrac{(n!)^2}{(2n)!}}=\lim\limits_{n\to\infty}\dfrac{n+1}{2n+1}\dfrac{1}{2}=\dfrac{1}{4}$，所以收敛半径为 $R=4$.

当 $x=4$ 时，原级数为 $\sum\limits_{n=1}^{\infty}\dfrac{(n!)^2}{(2n)!}4^n$.

令 $b_n=\dfrac{(n!)^2}{(2n)!}4^n$，因为 $\dfrac{b_{n+1}}{b_n}=\dfrac{2n+2}{2n+1}>1$，则 $b_n>b_{n-1}>\cdots>b_1=2>0$，所以 $\lim\limits_{n\to\infty}b_n\neq 0$，因此级数发散.

当 $x=-4$ 时，原级数为 $\sum\limits_{n=1}^{\infty}\dfrac{(n!)^2}{(2n)!}(-4)^n$，由于 $\lim\limits_{n\to\infty}b_n\neq 0$，所以 $\lim\limits_{n\to\infty}(-1)^n b_n\neq 0$，因此级数发散，于是级数 $\sum\limits_{n=1}^{\infty}\dfrac{(n!)^2}{(2n)!}x^n$ 收敛域为 $(-4,4)$.

【例 12 - 5】 求幂级数 $\sum\limits_{n=1}^{\infty}(-1)^n\dfrac{2^n}{\sqrt{n}}\left(x-\dfrac{1}{2}\right)^n$ 的收敛域.

解 令 $x-\dfrac{1}{2}=t$，则 $\sum\limits_{n=1}^{\infty}(-1)^n\dfrac{2^n}{\sqrt{n}}\left(x-\dfrac{1}{2}\right)^n=\sum\limits_{n=1}^{\infty}(-1)^n\dfrac{2^n}{\sqrt{n}}t^n$.

因为 $\rho=\lim\limits_{n\to\infty}\dfrac{\dfrac{2^{n+1}}{\sqrt{n+1}}}{\dfrac{2^n}{\sqrt{n}}}=\lim\limits_{n\to\infty}\dfrac{2}{\sqrt{1+\dfrac{1}{n}}}=2$，所以幂级数 $\sum\limits_{n=1}^{\infty}(-1)^n\dfrac{2^n}{\sqrt{n}}t^n$ 的收敛半径为 $R'=\dfrac{1}{2}$.

从而原级数 $\sum\limits_{n=1}^{\infty}(-1)^n\dfrac{2^n}{\sqrt{n}}\left(x-\dfrac{1}{2}\right)^n$ 的收敛半径为 $R=\dfrac{1}{2}$.

当 $x=-\dfrac{1}{2}$ 时，级数 $\sum\limits_{n=1}^{\infty}(-1)^n\dfrac{2^n}{\sqrt{n}}\left(-\dfrac{1}{2}\right)^n=\sum\limits_{n=1}^{\infty}\dfrac{1}{\sqrt{n}}$ 发散.

当 $x=\dfrac{1}{2}$ 时，级数 $\sum\limits_{n=1}^{\infty}(-1)^n\dfrac{2^n}{\sqrt{n}}\left(\dfrac{1}{2}\right)^n=\sum\limits_{n=1}^{\infty}\dfrac{(-1)^n}{\sqrt{n}}$ 收敛.

因此幂级数 $\sum\limits_{n=1}^{\infty}(-1)^n\dfrac{2^n}{\sqrt{n}}t^n$ 的收敛域为 $\left(-\dfrac{1}{2},\dfrac{1}{2}\right]$.

又因为 $x-\dfrac{1}{2}=t$，则 $-\dfrac{1}{2}<x-\dfrac{1}{2}\leqslant\dfrac{1}{2}$，从中解出 $0<x\leqslant1$，于是原级数 $\sum\limits_{n=1}^{\infty}(-1)^n\dfrac{2^n}{\sqrt{n}}\left(x-\dfrac{1}{2}\right)^n$ 的收敛域为 $(0,1]$.

【例 12 - 6】 设 $u_n=1+\dfrac{1}{2}+\dfrac{1}{3}+\cdots+\dfrac{1}{n}$，求幂级数 $\sum\limits_{n=1}^{\infty}\dfrac{x^n}{u_n}$ 的收敛半径、收敛区间及收敛域.

解 因为 $\rho=\lim\limits_{n\to\infty}\dfrac{\dfrac{1}{u_{n+1}}}{\dfrac{1}{u_n}}=\lim\limits_{n\to\infty}\dfrac{u_n}{u_{n+1}}=\lim\limits_{n\to\infty}\dfrac{1+\dfrac{1}{2}+\dfrac{1}{3}+\cdots+\dfrac{1}{n}}{1+\dfrac{1}{2}+\dfrac{1}{3}+\cdots+\dfrac{1}{n+1}}=1$，所以收敛半径为 $R=1$，

收敛区间为收敛区间 $(-1,1)$.

当 $x=-1$ 时，级数 $\sum\limits_{n=1}^{\infty}\dfrac{(-1)^n}{u_n}$ 为交错级数，且 $\lim\limits_{n\to\infty}\dfrac{1}{u_n}=0$，$\dfrac{1}{u_n}>\dfrac{1}{u_{n+1}}$，由莱布尼茨判别法知级数 $\sum\limits_{n=1}^{\infty}\dfrac{(-1)^n}{u_n}$ 收敛.

当 $x=1$ 时，由于 $u_n<2n$，即有 $\dfrac{1}{u_n}>\dfrac{1}{2n}$，所以级数 $\sum\limits_{n=1}^{\infty}\dfrac{1}{u_n}$ 发散，于是幂级数 $\sum\limits_{n=1}^{\infty}\dfrac{x^n}{u_n}$ 的收敛域为 $[-1,1)$.

【例 12 - 7】 求下列幂级数的和函数：

(1) $\sum\limits_{n=1}^{\infty}\dfrac{2n-1}{2^n}x^{2(n-1)}$; (2) $\sum\limits_{n=1}^{\infty}\dfrac{x^n}{n(n+1)}$; (3) $\sum\limits_{n=0}^{\infty}\dfrac{x^{2n}}{(2n)!}$;

(4) 求 $\sum\limits_{n=1}^{\infty}\dfrac{n+1}{n!}x^n$ 的和函数，并由此求 $\sum\limits_{n=1}^{\infty}\dfrac{n+1}{n!}8^n$ 之值.

解 (1) 先求收敛域. 因为 $\rho=\lim\limits_{n\to\infty}\dfrac{u_{n+1}}{u_n}=\lim\limits_{n\to\infty}\dfrac{2n+1}{2^{n+1}}x^{2n}\dfrac{2^n}{(2n-1)x^{2n-2}}=\dfrac{1}{2}\lim\limits_{n\to\infty}\dfrac{2n+1}{2n-1}x^2=$

$\dfrac{1}{2}x^2$，

当 $\rho = \dfrac{1}{2}x^2 < 1$，即 $|x| < \sqrt{2}$ 时，幂级数 $\displaystyle\sum_{n=1}^{\infty} \dfrac{2n-1}{2^n}x^{2(n-1)}$ 收敛；

当 $\rho = \dfrac{1}{2}x^2 > 1$，即 $|x| > \sqrt{2}$ 时，幂级数 $\displaystyle\sum_{n=1}^{\infty} \dfrac{2n-1}{2^n}x^{2(n-1)}$ 发散；

当 $|x| = \pm\sqrt{2}$ 时，幂级数 $\displaystyle\sum_{n=1}^{\infty} \dfrac{2n-1}{2^n}2^{n-1} = \sum_{n=1}^{\infty} \dfrac{2n-1}{2}$ 发散.

因此该级数 $\displaystyle\sum_{n=1}^{\infty} \dfrac{2n-1}{2^n}x^{2(n-1)}$ 的收敛域为 $(-\sqrt{2}, \sqrt{2})$.

再求其和函数.

当 $x \neq 0$ 时

$$S(x) = \sum_{n=1}^{\infty} \frac{2n-1}{2^n}x^{2(n-1)} = \sum_{n=1}^{\infty} \frac{(x^{2n-1})'}{2^n}$$

$$= \left(\sum_{n=1}^{\infty} \frac{x^{2n-1}}{2^n}\right)' = \left(\frac{1}{x}\sum_{n=1}^{\infty}\left(\frac{x^2}{2}\right)^n\right)' = \left(\frac{1}{x} \cdot \frac{\dfrac{x^2}{2}}{1-\dfrac{x^2}{2}}\right)'$$

$$= \left(\frac{x}{2-x^2}\right)' = \frac{2+x^2}{(2-x^2)^2} \qquad (x \neq 0)$$

当 $x = 0$ 时，$S(0) = \dfrac{1}{2}$.

于是该幂级数的和函数为 $S(x) = \begin{cases} \dfrac{2+x^2}{(2-x^2)^2}, & x \neq 0 \\[3mm] \dfrac{1}{2}, & x = 0 \end{cases}$

(2) 显然幂级数 $\displaystyle\sum_{n=1}^{\infty} \dfrac{x^n}{n(n+1)}$ 的收敛区间为 $[-1, 1]$，求和函数 $S(x)$.

当 $x = 0$ 时，$S(0) = 0$；

当 $x \neq 0$ 时，因为 $(xS(x))' = \left(\displaystyle\sum_{n=1}^{\infty} \frac{x^{n+1}}{n(n+1)}\right)' = \sum_{n=1}^{\infty} \frac{x^n}{n}$，

且 $(xS(x))'' = \left(\displaystyle\sum_{n=1}^{\infty} \frac{x^{n+1}}{n(n+1)}\right)'' = \sum_{n=1}^{\infty}\left(\frac{x^n}{n}\right)' = \sum_{n=1}^{\infty} x^{n-1} = \frac{1}{1-x}$，

两边积分得　$(xS(x))' = \displaystyle\int_0^x \frac{1}{1-x}\mathrm{d}x = -\ln(1-x)$，

两边再积分一次得　$xS(x) = \displaystyle\int_0^x -\ln(1-x)\mathrm{d}x = x - (x-1)\ln(1-x)$，

因此　$S(x) = 1 - \left(1 - \dfrac{1}{x}\right)\ln(1-x)$，

于是该幂级数的和函数为 $S(x) = \begin{cases} 1 - \left(1-\dfrac{1}{x}\right)\ln(1-x), & x \in (-1,0) \bigcup (0,1) \\[3mm] 0, & x = 0 \end{cases}$.

(3) 级数的收敛域为 $(-\infty, +\infty)$，

令 $S(x) = \sum_{n=1}^{\infty} \dfrac{x^{2n}}{(2n)!} = 1 + \dfrac{x^2}{2!} + \dfrac{x^4}{4!} + \cdots + \dfrac{x^{2n}}{(2n)!} + \cdots$，两边求导，得

$$S'(x) = \sum_{n=1}^{\infty} \dfrac{x^{2n-1}}{(2n-1)!} = \dfrac{x}{1!} + \dfrac{x^3}{3!} + \cdots + \dfrac{x^{2n-1}}{(2n-1)!} + \cdots$$

于是有 $\quad S(x) + S'(x) = \dfrac{x}{1!} + \dfrac{x^2}{2!} + \dfrac{x^3}{3!} + \dfrac{x^4}{4!} \cdots + \dfrac{x^{2n-1}}{(2n-1)!} + \dfrac{x^{2n}}{(2n)!} + \cdots,$

而 $\quad e^x = 1 + \dfrac{x}{1!} + \dfrac{x^2}{2!} + \dfrac{x^3}{3!} + \dfrac{x^4}{4!} \cdots + \dfrac{x^{2n-1}}{(2n-1)!} + \dfrac{x^{2n}}{(2n)!} + \cdots,$

所以 $S(x) + S'(x) = e^x$ 这为一阶非齐次线性微分方程，可解得通解为 $S(x) = Ce^{-x} + \dfrac{1}{2}e^x.$

由初始条件 $S(0) = 1$，得 $C = \dfrac{1}{2}$，故 $\sum_{n=0}^{\infty} \dfrac{x^{2n}}{(2n)!} = \dfrac{1}{2}(e^x + e^{-x}).$

（4）先求幂级数 $\sum_{n=1}^{\infty} \dfrac{n+1}{n!} x^n$ 的收敛域.

因为 $\rho = \lim\limits_{n \to \infty} \dfrac{u_{n+1}}{u_n} = \lim\limits_{n \to \infty} \dfrac{n+2}{(n+1)!} \dfrac{n!}{n+1} = \lim\limits_{n \to \infty} \dfrac{n+2}{(n+1)^2} = 0$，所以收敛半径 $R = +\infty$，收敛

区间为 $(-\infty, +\infty)$.

再求和函数.

因为该幂级数的系数带有 $n!$，所以它的和函数与指数函数 e^x 有关.

于是 $\quad S(x) = \sum_{n=1}^{\infty} \dfrac{n+1}{n!} x^n = \sum_{n=1}^{\infty} \dfrac{1}{(n-1)!} x^n + \sum_{n=1}^{\infty} \dfrac{1}{n!} x^n$

$$= x \sum_{n=1}^{\infty} \dfrac{1}{(n-1)!} x^{n-1} + \sum_{n=0}^{\infty} \dfrac{1}{n!} x^n - 1$$

$$= xe^x + e^x - 1 = (x+1)e^x - 1, \quad x \in (-\infty, +\infty)$$

最后取 $x = 8$，得 $\sum_{n=1}^{\infty} \dfrac{n+1}{n!} 8^n = 9e^8 - 1.$

【例 12-8】 计算下列各题：

（1）设幂级数 $\sum_{n=0}^{\infty} a_n x^n$ 的系数满足 $a_0 = 2$，$na_n = a_{n-1} + n - 1 (n = 1, 2, \cdots)$，求此幂级

数的和函数.

（2）求级数 $\left(\sum_{n=1}^{\infty} x^n\right)^3$ 中 x^{20} 的系数.

解 （1）据题意知 $n(a_n - 1) = a_{n-1} - 1$，因此 $a_n - 1 = \dfrac{1}{n}(a_{n-1} - 1) = \dfrac{1}{n} \dfrac{1}{n-1}(a_{n-2} - 1) = \cdots$

$= \dfrac{1}{n!}(a_0 - 1) = \dfrac{1}{n!}$，所以 $a_n = \dfrac{1}{n!} + 1.$

于是

$$S(x) = \sum_{n=0}^{\infty} a_n x^n = \sum_{n=0}^{\infty} \left(\dfrac{1}{n!} + 1\right) x^n = \sum_{n=0}^{\infty} \dfrac{1}{n!} x^n + \sum_{n=0}^{\infty} x^n = e^x + \dfrac{1}{1-x}, \; |x| < 1.$$

（2）因为 $\left(\sum_{n=1}^{\infty} x^n\right)^3 = \left(\dfrac{x}{1-x}\right)^3 = \left(\dfrac{1}{1-x}\right)^3 x^3, \; \dfrac{1}{1-x} = \sum_{n=0}^{\infty} x^n = 1 + x + x^2 + x^3 + \cdots$

$+x^n+\cdots$，求该式两边两阶导数，得

$$\frac{2}{(1-x)^3}=2+3\cdot 2x+4\cdot 3x^2+\cdots+(n+2)(n+1)x^n+\cdots=\sum_{n=0}^{\infty}(n+2)(n+1)x^n,$$

于是 $\dfrac{1}{(1-x)^3}=\sum\limits_{n=0}^{\infty}\dfrac{(n+2)(n+1)}{2}x^n$，则

$$\Big(\sum_{n=1}^{\infty}x^n\Big)^3=\Big(\frac{x}{1-x}\Big)^3=\Big(\frac{1}{1-x}\Big)^3x^3=\sum_{n=0}^{\infty}\frac{(n+2)(n+1)}{2}x^{n+3}$$

故级数 $\Big(\sum\limits_{n=1}^{\infty}x^n\Big)^3$ 中 x^{20} 的系数为 $\dfrac{19\times 18}{2}=171.$

【例 12-9】 求数项级数 $S=\sum\limits_{n=1}^{\infty}\dfrac{n}{2^n}$ 的和.

解 设幂级数 $\sum\limits_{n=1}^{\infty}nx^n$，只要求出幂级数 $\sum\limits_{n=1}^{\infty}nx^n$ 在点 $x_0=\dfrac{1}{2}$ 收敛，且其和即为数项级数 $S=\sum\limits_{n=1}^{\infty}\dfrac{n}{2^n}$ 的和，显然级数 $\sum\limits_{n=1}^{\infty}nx^n$ 的收敛区间为 $(-1,1)$，和函数

$$S(x)=\sum_{n=1}^{\infty}nx^n=x\sum_{n=1}^{\infty}nx^{n-1}=x\sum_{n=1}^{\infty}(x^n)'=x\Big(\sum_{n=1}^{\infty}x^n\Big)'=x\Big(\frac{x}{1-x}\Big)'=\frac{x}{(1-x)^2}$$

当 $x=\dfrac{1}{2}$ 时，$S\Big(\dfrac{1}{2}\Big)=\sum\limits_{n=1}^{\infty}\dfrac{n}{2^n}=\dfrac{\dfrac{1}{2}}{\Big(1-\dfrac{1}{2}\Big)^2}=2.$

即所求的数项级数的和为 $S=\sum\limits_{n=1}^{\infty}\dfrac{n}{2^n}=2.$

【例 12-10】 将函数 $f(x)=\ln(x+\sqrt{x^2+1})$ 展为 x 的幂级数.

解 因为 $f(x)=\ln(x+\sqrt{x^2+1})$ 的导数为 $f'(x)=(1+x^2)^{-\frac{1}{2}}$ $\Big(m=-\dfrac{1}{2},u=x^2\Big)$，又导函数 $f'(x)=(1+x^2)^{-\frac{1}{2}}$ 的展开式为

$$
\begin{aligned}
f'(x)&=(1+x^2)^{-\frac{1}{2}}\\
&=1+\Big(-\frac{1}{2}\Big)x^2+\frac{1}{2!}\Big(-\frac{1}{2}\Big)\Big(-\frac{1}{2}-1\Big)x^4+\cdots+\frac{1}{n!}\Big(-\frac{1}{2}\Big)\Big(-\frac{1}{2}-1\Big)\\
&\quad\cdots\Big(-\frac{1}{2}-n+1\Big)x^{2n}+\cdots\\
&=1-\frac{1}{2}x^2+\frac{3!!}{4!!}x^4+\cdots+(-1)^n\frac{(2n-1)!!}{(2n)!!}x^{2n}+\cdots\\
&=1+\sum_{n=1}^{\infty}(-1)^n\frac{(2n-1)!!}{(2n)!!}x^{2n}
\end{aligned}
$$

上式两边从 0 到 x 积分，得 $f(x)=x+\sum\limits_{n=1}^{\infty}(-1)^n\dfrac{(2n-1)!!}{(2n)!!}\dfrac{x^{2n+1}}{2n+1},(-1\leqslant x\leqslant 1).$

【例 12-11】 设函数 $f(x)=\begin{cases}1,0\leqslant x\leqslant\dfrac{\pi}{2}\\0,\dfrac{\pi}{2}<x\leqslant\pi\end{cases}$ 可以展开为正弦级数 $S(x)=\sum\limits_{n=1}^{\infty}b_n\sin nx,$

其中 $b_n = \dfrac{2}{\pi} \int_0^\pi f(x) \sin nx \, \mathrm{d}x, (n=1,2,\cdots)$. 试求 $S\left(\dfrac{\pi}{4}\right)$，$S\left(\dfrac{\pi}{2}\right)$.

解　该题不需要将函数展开为正弦级数，只需依收敛定理进行分析.

由于 $x=\dfrac{\pi}{4}$ 是函数 $f(x)$ 的连续点，因此函数 $f(x)$ 的正弦级数在 $x=\dfrac{\pi}{4}$ 收敛于 $f\left(\dfrac{\pi}{4}\right)=$

1，即 $S\left(\dfrac{\pi}{4}\right)=f\left(\dfrac{\pi}{4}\right)=1$.

又由于 $x=\dfrac{\pi}{2}$ 是函数 $f(x)$ 的间断点，因此函数 $f(x)$ 的正弦级数在 $x=\dfrac{\pi}{2}$ 收敛于

$$\frac{f\left(\dfrac{\pi}{2}-0\right)+f\left(\dfrac{\pi}{2}+0\right)}{2}=\frac{1}{2}，\quad 即 \; S\left(\dfrac{\pi}{2}\right)=\frac{f\left(\dfrac{\pi}{2}-0\right)+f\left(\dfrac{\pi}{2}+0\right)}{2}=\frac{1}{2}.$$

【**例 12−12**】　设 $\dfrac{a_{n+1}}{a_n} \leqslant \dfrac{b_{n+1}}{b_n}(n=1,2,\cdots)$，其中 $a_n>0$，$b_n>0$. 证明：

(1) 若 $\displaystyle\sum_{n=1}^{\infty} b_n$ 收敛，则 $\displaystyle\sum_{n=1}^{\infty} a_n$ 收敛；(2) 若 $\displaystyle\sum_{n=1}^{\infty} a_n$ 发散，则 $\displaystyle\sum_{n=1}^{\infty} b_n$ 发散.

解　由条件 $\dfrac{a_{n+1}}{a_n} \leqslant \dfrac{b_{n+1}}{b_n}(n=1,2,\cdots)$，得 $\dfrac{a_{n+1}}{b_{n+1}} \leqslant \dfrac{a_n}{b_n}(1,2,\cdots)$.

由此可知 $\dfrac{a_{n+1}}{b_{n+1}} \leqslant \dfrac{a_n}{b_n} \leqslant \dfrac{a_{n-1}}{b_{n-1}} \leqslant \cdots \leqslant \dfrac{a_1}{b_1}$，

即有 $0<a_n \leqslant \dfrac{a_1}{b_1} b_n$，由比较审敛法知命题（1）、（2）成立.

【**例 12−13**】　设 $f(x)$ 在点 $x=0$ 的某邻域内有二阶连续导数，且 $\lim\limits_{x \to 0}\dfrac{f(x)}{x}=0$. 证

明级数 $\displaystyle\sum_{n=1}^{\infty} f\left(\dfrac{1}{n}\right)$ 绝对收敛.

解　因为函数 $f(x)$ 在点 $x=0$ 的某邻域内有二阶连续导数，且 $\lim\limits_{x \to 0}\dfrac{f(x)}{x}=0$，所以
$f(0)=0$，$f'(0)=0$.

将 $f(x)$ 在点 $x=0$ 的某邻域内展成一阶泰勒公式，得

$$f(x)=f(0)+f'(0)x+\frac{f''(\xi)}{2!}x^2=\frac{f''(\xi)}{2!}x^2$$

又题设 $f''(x)$ 在属于邻域内包含原点的一个小闭区间连续，因此，存在 $M>0$，使得 $|f''(x)| \leqslant M$.

于是 $|f(x)| = \dfrac{1}{2}|f''(\xi)|x^2 \leqslant \dfrac{M}{2}x^2$，令 $x=\dfrac{1}{n}$，则 $\left|f\left(\dfrac{1}{n}\right)\right| \leqslant \dfrac{M}{2}\dfrac{1}{n^2}$.

又因为级数 $\displaystyle\sum_{n=1}^{\infty} \dfrac{1}{n^2}$ 收敛，故级数 $\dfrac{M}{2}\displaystyle\sum_{n=1}^{\infty} \dfrac{1}{n^2}$ 收敛，从而级数 $\displaystyle\sum_{n=1}^{\infty} f\left(\dfrac{1}{n}\right)$ 绝对收敛.

【**例 12−14**】　设 $a_n = \displaystyle\int_0^{\frac{\pi}{4}} \tan^n x \, \mathrm{d}x$.

(1) 求 $\displaystyle\sum_{n=1}^{\infty} \dfrac{1}{n}(a_n + a_{n+2})$ 的值；

(2) 试证：对任意的常数 $\lambda > 0$，级数 $\sum\limits_{n=1}^{\infty} \dfrac{a_n}{n^\lambda}$ 收敛.

解 (1) 因为 $\sum\limits_{n=1}^{\infty} \dfrac{1}{n}(a_n + a_{n+2}) = \dfrac{1}{n}\int_0^{\frac{\pi}{4}} \tan^n x (1 + \tan^2 x)\mathrm{d}x = \dfrac{1}{n}\int_0^{\frac{\pi}{4}} \tan^n x \,\mathrm{d}\tan x$

$$= \dfrac{1}{n}\int_0^1 t^n \mathrm{d}t = \dfrac{1}{n(n+1)}$$

$$S_n = \sum_{i=1}^n \dfrac{1}{i}(a_i + a_{i+2}) = \sum_{i=1}^n \dfrac{1}{i(i+1)} = 1 - \dfrac{1}{n+1}$$

所以 $\sum\limits_{n=1}^{\infty} \dfrac{1}{n}(a_n + a_{n+2}) = \lim\limits_{n\to\infty} S_n = 1$.

(2) 因为对一切的 n，$a_n > 0$，有 $\dfrac{a_n}{n^\lambda} < \dfrac{1}{n^\lambda}(a_n + a_{n+2}) = \dfrac{1}{n^\lambda(n+1)} < \dfrac{1}{n^{\lambda+1}}$，由比较审敛法

知级数 $\sum\limits_{n=1}^{\infty} \dfrac{a_n}{n^\lambda}$ 收敛.

【例 12-15】 设有两条抛物线 $y = nx^2 + \dfrac{1}{n}$ 和 $y = (n+1)x^2 + \dfrac{1}{n+1}$，记它们交点的横

坐标的绝对值为 a_n，试求：

(1) 这两条抛物线所围成的平面图形的面积 S_n；

(2) 级数 $\sum\limits_{n=1}^{\infty} \dfrac{S_n}{a_n}$ 的和.

解 (1) 由 $y = nx^2 + \dfrac{1}{n}$ 和 $y = (n+1)x^2 + \dfrac{1}{n+1}$ 得 $a_n = \dfrac{1}{\sqrt{n(n+1)}}$，又因为两条抛物线

所围成的平面图形关于 y 轴对称，所以

$$S_n = 2\int_0^{a_n}\left[nx^2 + \dfrac{1}{n} - (n+1)x^2 - \dfrac{1}{n+1}\right]\mathrm{d}x$$

$$= 2\int_0^{a_n}\left[\dfrac{1}{n(n+1)} - x^2\right]\mathrm{d}x = \dfrac{4}{3n(n+1)\sqrt{n(n+1)}}$$

(2) 由 (1) 的结果 $\dfrac{S_n}{a_n} = \dfrac{4}{3n(n+1)} = \dfrac{4}{3}\left(\dfrac{1}{n} - \dfrac{1}{n+1}\right)$，

从而 $\sum\limits_{n=1}^{\infty} \dfrac{S_n}{a_n} = \lim\limits_{m\to\infty}\sum\limits_{n=1}^m \dfrac{S_n}{a_n} = \lim\limits_{m\to\infty}\sum\limits_{n=1}^m \dfrac{4}{3}\left(\dfrac{1}{n} - \dfrac{1}{n+1}\right) = \dfrac{4}{3}\lim\limits_{m\to\infty}\left(1 - \dfrac{1}{m+1}\right) = \dfrac{4}{3}$.

五、测试题

测 试 题 A

1. 填空题

(1) 数项级数 $\sum\limits_{n=1}^{\infty} \dfrac{1}{(2n-1)(2n+1)}$ 的和为_____.

(2) 数项级数 $\sum\limits_{n=0}^{\infty} \dfrac{(-1)^n}{(2n)!}$ 的和为_____.

（3）设 $a_n > 0$，$p > 1$，且 $\lim\limits_{n\to\infty}(n^p(\mathrm{e}^{\frac{1}{n}}-1)a_n)=1$，若级数 $\sum\limits_{n=1}^{\infty}a_n$ 收敛，则 p 的取值范围是_____.

（4）幂级数 $\sum\limits_{n=0}^{\infty}a_n(x-1)^{2n}$ 在处 $x=2$ 条件收敛，则其收敛域为_____.

（5）幂级数 $\sum\limits_{n=1}^{\infty}\dfrac{n}{2^n+(-3)^n}x^{2n}$ 的收敛半径为_____.

（6）幂级数 $\sum\limits_{n=2}^{\infty}\left(\dfrac{1}{n\ln n}+\dfrac{1}{2^n}\right)x^n$ 的收敛域为_____.

（7）已知 $f(x)=\sum\limits_{n=0}^{\infty}a_nx^n$，$x\in(-\infty,+\infty)$，且对任意 x，$F'(x)=f(x)$，则 $F(x)$ 在原点的幂级数展开式为_____.

2．选择题

（1）设常数 $\alpha > 0$，正项级数 $\sum\limits_{n=1}^{\infty}a_n$ 收敛，则级数 $\sum\limits_{n=1}^{\infty}(-1)^n\dfrac{\sqrt{a_{2n-1}}}{\sqrt{n^2+\alpha}}$（　　）.

A．发散　　　　　B．条件收敛　　　　　C．绝对收敛　　　　　D．敛散性与 α 的值有关

（2）设 $a_n=\cos n\pi\ln\left(1+\dfrac{1}{\sqrt{n}}\right)(n=1,2,3,\cdots)$，则级数（　　）.

A．$\sum\limits_{n=1}^{\infty}a_n$ 与 $\sum\limits_{n=1}^{\infty}a_n^2$ 都收敛　　　　　B．$\sum\limits_{n=1}^{\infty}a_n$ 与 $\sum\limits_{n=1}^{\infty}a_n^2$ 都发散

C．$\sum\limits_{n=1}^{\infty}a_n$ 收敛，$\sum\limits_{n=1}^{\infty}a_n^2$ 发散　　　　　D．$\sum\limits_{n=1}^{\infty}a_n$ 发散，$\sum\limits_{n=1}^{\infty}a_n^2$ 收敛

（3）设 $0 < a_n < \dfrac{1}{n}(n=1,2,3,\cdots)$，则下列级数中肯定收敛的是（　　）.

A．$\sum\limits_{n=1}^{\infty}a_n$　　　B．$\sum\limits_{n=1}^{\infty}(-1)^na_n$　　　C．$\sum\limits_{n=2}^{\infty}\dfrac{a_n}{\ln n}$　　　D．$\sum\limits_{n=2}^{\infty}a_n^2\ln n$

（4）下列命题中正确的是（　　）.

A．若 $u_n < v_n(n=1,2,3,\cdots)$，则 $\sum\limits_{n=1}^{\infty}u_n\leqslant\sum\limits_{n=1}^{\infty}v_n$

B．若 $u_n < v_n(n=1,2,3,\cdots)$，且 $\sum\limits_{n=1}^{\infty}v_n$ 收敛，则 $\sum\limits_{n=1}^{\infty}u_n$ 收敛

C．若 $\lim\limits_{n\to\infty}\dfrac{u_n}{v_n}=1$，且 $\sum\limits_{n=1}^{\infty}v_n$ 收敛，则 $\sum\limits_{n=1}^{\infty}u_n$ 收敛

D．若 $w_n < u_n < v_n(n=1,2,3,\cdots)$，且 $\sum\limits_{n=1}^{\infty}w_n$ 与 $\sum\limits_{n=1}^{\infty}v_n$ 收敛，则 $\sum\limits_{n=1}^{\infty}u_n$ 收敛

（5）若级数 $\sum\limits_{n=1}^{\infty}u_n$，$\sum\limits_{n=1}^{\infty}v_n$ 都发散，则（　　）.

A．$\sum\limits_{n=1}^{\infty}(u_n+v_n)$ 发散　　　　　B．$\sum\limits_{n=1}^{\infty}u_nv_n$ 发散

C. $\displaystyle\sum_{n=1}^{\infty}(\,|\,u_n\,|+|\,v_n\,|\,)$ 发散 D. $\displaystyle\sum_{n=1}^{\infty}(u_n^2+v_n^2)$ 发散

(6) 下列命题中正确的是 ( ).

A. 若幂级数 $\displaystyle\sum_{n=0}^{\infty}a_nx^n$ 的收敛半径为 $R\neq0$，则 $\displaystyle\lim_{n\to\infty}\left|\dfrac{a_{n+1}}{a_n}\right|=\dfrac{1}{R}$

B. 若极限 $\displaystyle\lim_{n\to\infty}\left|\dfrac{a_{n+1}}{a_n}\right|$ 不存在，则幂级数 $\displaystyle\sum_{n=0}^{\infty}a_nx^n$ 没有收敛半径

C. 若幂级数 $\displaystyle\sum_{n=0}^{\infty}a_nx^n$ 的收敛域为 $[-1,1]$，则幂级数 $\displaystyle\sum_{n=1}^{\infty}na_nx^n$ 的收敛域为 $[-1,1]$

D. 若幂级数 $\displaystyle\sum_{n=0}^{\infty}a_nx^n$ 的收敛域为 $[-1,1]$，则幂级数 $\displaystyle\sum_{n=0}^{\infty}\dfrac{a_n}{n+1}x^n$ 的收敛域为 $[-1,1]$

(7) 若幂级数 $\displaystyle\sum_{n=0}^{\infty}a_n(x-1)^n$ 在 $x=-1$ 处条件收敛，则级数 $\displaystyle\sum_{n=0}^{\infty}a_n$ ( ).

A. 条件收敛 B. 绝对收敛 C. 发散 D. 敛散性不能确定

3. 计算题

(1) 求级数 $\displaystyle\sum_{n=1}^{\infty}\left(\dfrac{\ln^n 3}{2^n}+\dfrac{1}{n(n+1)}\right)$ 的和.

(2) 判断级数 $\displaystyle\sum_{n=1}^{\infty}\dfrac{1}{\sqrt{n}}\ln\left(\dfrac{n+1}{n}\right)$ 的敛散性.

(3) 讨论级数 $\displaystyle\sum_{n=1}^{\infty}\dfrac{a^n}{n^p}$，$p>0$ 的敛散性.

(4) 求幂级数 $\displaystyle\sum_{n=1}^{\infty}\dfrac{1}{3^n}x^{2n-1}$ 的收敛域.

(5) 将函数 $\ln\dfrac{1-x^5}{1-x}$ 展开为 $x=0$ 处的幂级数.

(6) 求幂级数 $\displaystyle\sum_{n=1}^{\infty}\dfrac{x^{n+1}}{n}$ 的和函数.

(7) 求数项级数 $\displaystyle\sum_{n=0}^{\infty}\dfrac{(-1)^n}{2n+1}$ 的和.

(8) 已知 $a_n>0$，且 $a_{n+1}\leqslant a_n(n=1,2,3,\cdots)$，若级数 $\displaystyle\sum_{n=1}^{\infty}(-1)^na_n$ 发散，证明级数 $\displaystyle\sum_{n=1}^{\infty}\dfrac{1}{(1+a_n)^n}$ 收敛.

测 试 题 B

1. 选择题

(1) 设 $0\leqslant a_n<\dfrac{1}{n}(n=1,2,\cdots)$，则下列级数中肯定收敛的是 ( ).

A. $\displaystyle\sum_{n=1}^{\infty}a_n$ B. $\displaystyle\sum_{n=1}^{\infty}(-1)^na_n$ C. $\displaystyle\sum_{n=1}^{\infty}\sqrt{a_n}$ D. $\displaystyle\sum_{n=1}^{\infty}(-1)^na_n^2$

（2）设幂级数 $\sum\limits_{n=1}^{\infty}a_nx^n$ 与 $\sum\limits_{n=1}^{\infty}b_nx^n$ 的收敛半径分别为 $\dfrac{\sqrt{5}}{3}$ 与 $\dfrac{1}{3}$，则幂级数 $\sum\limits_{n=1}^{\infty}\dfrac{a_n^2}{b_n^2}x^n$ 的收敛半径为（　　）.

A. 5　　　　　B. $\dfrac{\sqrt{5}}{3}$　　　　　C. $\dfrac{1}{3}$　　　　　D. $\dfrac{1}{5}$

（3）设 $a_n>0$，$n=1,2,\cdots$，若 $\sum\limits_{n=1}^{\infty}a_n$ 发散，$\sum\limits_{n=1}^{\infty}(-1)^{n-1}a_n$ 收敛，则下列结论正确的是（　　）.

A. $\sum\limits_{n=1}^{\infty}a_{2n-1}$ 收敛，$\sum\limits_{n=1}^{\infty}a_{2n}$ 发散　　　　B. $\sum\limits_{n=1}^{\infty}a_{2n}$ 收敛，$\sum\limits_{n=1}^{\infty}a_{2n-1}$ 发散

C. $\sum\limits_{n=1}^{\infty}(a_{2n-1}+a_{2n})$ 收敛　　　　D. $\sum\limits_{n=1}^{\infty}(a_{2n-1}-a_{2n})$ 收敛

2. 计算题

（1）已知 $f_n(x)$ 满足 $f_n'(x)=f_n(x)+x^{n-1}\mathrm{e}^x$（$n$ 为正整数），且 $f_n(1)=\dfrac{\mathrm{e}}{n}$，求函数项级数 $\sum\limits_{n=1}^{\infty}f_n(x)$ 的和.

（2）求幂级数 $\sum\limits_{n=1}^{\infty}\left(\dfrac{1}{2n+1}-1\right)x^{2n}$ 在区间（-1，1）内的和函数 $S(x)$.

（3）已知 $\sum\limits_{n=1}^{\infty}\dfrac{1}{n^2}=\dfrac{\pi^2}{6}$，$f(x)=\sum\limits_{n=1}^{\infty}\dfrac{x^n}{n^2}$，证明：$f(x)+f(1-x)+\ln x\ln(1-x)=\dfrac{\pi^2}{6}$.

测试题 A 答案

1. （1）$\dfrac{1}{2}$；（2）$\cos 1$；（3）（2，$+\infty$）；

因为在 $n\to\infty$ 时，（$\mathrm{e}^{\frac{1}{n}}-1$）与 $\dfrac{1}{n}$ 是等价无穷小量，所以由 $\lim\limits_{n\to\infty}(n^p(\mathrm{e}^{\frac{1}{n}}-1)a_n)=1$ 可知，当 $n\to\infty$ 时，a_n 与 $\dfrac{1}{n^{p-1}}$ 是等价无穷小量. 由因为级数 $\sum\limits_{n=1}^{\infty}a_n$ 收敛，故 $\sum\limits_{n=1}^{\infty}\dfrac{1}{n^{p-1}}$ 收敛，因此 $p>2$. （4）$[0,2]$；

根据收敛半径的定义，$x=2$ 是收敛区间的端点，所以收敛半径为 1. 由因为在 $x=0$ 时，级数 $\sum\limits_{n=0}^{\infty}a_n(x-1)^{2n}=\sum\limits_{n=0}^{\infty}a_n$ 条件收敛，因此应填 $[0,2]$. （5）$\sqrt{3}$；

因为幂级数缺奇次方项，不能直接用收敛半径的计算公式. 因为
$$\lim_{n\to\infty}\left|\dfrac{n+1}{2^{n+1}+(-3)^{n+1}}x^{2(n+1)}\dfrac{2^n+(-3)^n}{nx^{2n}}\right|=\dfrac{1}{3}x^2,$$
所以，根据比值判敛法，当 $|x|<\sqrt{3}$ 时，原级数绝对收敛，当 $|x|>\sqrt{3}$ 时，原级数发散. 由收敛半径的定义，应填 $\sqrt{3}$. （6）$[-1,1)$；

根据收敛半径的计算公式，幂级数 $\sum\limits_{n=2}^{\infty}\dfrac{1}{n\ln n}x^n$ 收敛半径为 1，收敛域为 $[-1,1)$；幂级数 $\sum\limits_{n=2}^{\infty}\dfrac{1}{2^n}x^n$ 收敛域为（$-2,2$）. 因此原级数在 $[-1,1)$ 收敛，在 $(-2,-1)\cup[1,2)$

一定发散. 又根据阿贝尔定理, 原级数在 $(-\infty, -2] \cup [2, +\infty)$ 也一定发散. 故应填 $[-1, 1)$. (7) $F(0) + \sum\limits_{n=1}^{\infty} \dfrac{a_{n-1}}{n} x^n$, $x \in (-\infty, +\infty)$.

根据幂级数的逐项积分性质, 及 $f(x) = \sum\limits_{n=0}^{\infty} a_n x^n$, $x \in (-\infty, +\infty)$, 得

$$F(x) - F(0) = \int_0^x f(t) \mathrm{d}t = \int_0^x \left(\sum_{n=0}^{\infty} a_n t^n \right) \mathrm{d}t = \sum_{n=0}^{\infty} \frac{a_n}{n+1} x^{n+1}.$$

2. (1) C; (2) C; (3) D; (4) D; (5) C; (6) D; (7) B.

(1) C. 因为 $\sum\limits_{k=1}^{n} a_{2k-1} \leqslant \sum\limits_{k=1}^{2n-1} a_k$, 且正项级数 $\sum\limits_{n=1}^{\infty} a_n$ 收敛, 所以 $\sum\limits_{n=1}^{\infty} a_{2n-1}$ 收敛. 又因为 $\left| (-1)^n \dfrac{\sqrt{a_{2n-1}}}{\sqrt{n^2 + \alpha}} \right| \leqslant \dfrac{1}{2} \left(a_{2n-1} + \dfrac{1}{n^2 + \alpha} \right)$, 所以原级数绝对收敛.

(2) C. 因为 $a_n = \cos n\pi \ln \left(1 + \dfrac{1}{\sqrt{n}} \right) = (-1)^n \ln \left(1 + \dfrac{1}{\sqrt{n}} \right)$, 所以级数 $\sum\limits_{n=1}^{\infty} a_n$ 是满足莱布尼茨条件的交错级数, 因此 $\sum\limits_{n=1}^{\infty} a_n$ 收敛. 因为 $a_n^2 = \ln^2 \left(1 + \dfrac{1}{\sqrt{n}} \right)$ 在 $n \to \infty$ 时与 $\dfrac{1}{n}$ 是等价无穷小量, 且调和级数 $\sum\limits_{n=1}^{\infty} \dfrac{1}{n}$ 发散, 所以 $\sum\limits_{n=1}^{\infty} a_n^2$ 发散.

(3) D. 因为 $0 < a_n < \dfrac{1}{n}$, 所以 $0 < a_n^2 \ln n < \dfrac{\ln n}{n^2}$. 又因为 $\lim\limits_{n \to \infty} \dfrac{\ln n}{n^2} n \sqrt{n} = 0$, 且 $\sum\limits_{n=1}^{\infty} \dfrac{1}{n \sqrt{n}}$ 收敛, 所以 $\sum\limits_{n=2}^{\infty} a_n^2 \ln n$ 收敛. 另外, 取 $a_n = \dfrac{1}{2n}$, 可以说明不能选 (A) 及 (C); 取 $a_{2n-1} = \dfrac{1}{(2n-1)^2}$, $a_{2n} = \dfrac{1}{4n}$, 因为 $\sum\limits_{n=1}^{\infty} (a_{2n} - a_{2n-1}) = \sum\limits_{n=1}^{\infty} \dfrac{1}{4n} \left[1 - \dfrac{4n}{(2n-1)^2} \right]$ 发散, 所以 $\sum\limits_{n=1}^{\infty} (-1)^n a_n$ 发散.

(4) D. 因为 $w_n < u_n < v_n$, 所以 $0 < u_n - w_n < v_n - w_n$. 又因为 $\sum\limits_{n=1}^{\infty} w_n$ 与 $\sum\limits_{n=1}^{\infty} v_n$ 收敛, 所以 $\sum\limits_{n=1}^{\infty} (v_n - w_n)$ 收敛, 因而 $\sum\limits_{n=1}^{\infty} (u_n - w_n)$ 收敛. 故 $\sum\limits_{n=1}^{\infty} u_n$ 收敛.

因为只有当级数收敛时, 才能比较其和的大小, 所以不能选 (A); 选项 (B), (C) 将正项级数的结论用到了一般级数上, 显然不对. 例如取级数 $\sum\limits_{n=1}^{\infty} -\dfrac{1}{n}$ 与 $\sum\limits_{n=1}^{\infty} \dfrac{1}{n^2}$ 可以说明 (B) 不对, 取级数 $\sum\limits_{n=1}^{\infty} \dfrac{(-1)^n}{\sqrt{n}}$ 与 $\sum\limits_{n=1}^{\infty} \left(\dfrac{(-1)^n}{\sqrt{n}} + \dfrac{1}{n} \right)$ 就可以说明 (C) 不对.

(5) C. 取 $u_n = -\dfrac{1}{n}$, $v_n = \dfrac{1}{n}$, 可以排除选项 (A), (B) 及 (D). 因为级数 $\sum\limits_{n=1}^{\infty} u_n$, $\sum\limits_{n=1}^{\infty} v_n$ 都发散, 所以级数 $\sum\limits_{n=1}^{\infty} |u_n|$, $\sum\limits_{n=1}^{\infty} |v_n|$ 都发散, 因而 $\sum\limits_{n=1}^{\infty} (|u_n| + |v_n|)$ 发散. 故选 (C).

（6）D. 极限 $\lim\limits_{n\to\infty}\left|\dfrac{a_{n+1}}{a_n}\right|=\rho$ 只是收敛半径为 $R=\dfrac{1}{\rho}$ 的一个充分条件，因此选项（A）不对．幂级数 $\sum\limits_{n=0}^{\infty}a_nx^n$ 没有收敛半径存在而且惟一，所以选项（B）不对．取级数 $\sum\limits_{n=1}^{\infty}\dfrac{x^n}{n\sqrt{n}}$ 可以排除选项（C）．选项（D）可以由幂级数的逐项积分性质得到．

（7）B. 根据收敛半径的定义，$x=-1$ 是收敛区间的一个端点，所以原级数的收敛半径为 2，因此幂级数 $\sum\limits_{n=0}^{\infty}a_n(x-1)^n$ 在 $x=2$ 处绝对收敛，即级数 $\sum\limits_{n=0}^{\infty}a_n$ 绝对收敛．

3.

（1）因为 $\sum\limits_{k=1}^{n}\dfrac{\ln^k 3}{2^k}=\dfrac{\ln 3}{2}\cdot\dfrac{1-\dfrac{\ln^n 3}{2^n}}{1-\dfrac{\ln 3}{2}}$，$\sum\limits_{k=1}^{n}\dfrac{1}{k(k+1)}=1-\dfrac{1}{n+1}$，所以

$$\sum_{n=1}^{\infty}\left(\dfrac{\ln^n 3}{2^n}+\dfrac{1}{n(n+1)}\right)=\lim_{n\to\infty}\sum_{k=1}^{n}\left[\dfrac{\ln^k 3}{2^k}+\dfrac{1}{k(k+1)}\right]$$

$$=\lim_{n\to\infty}\left[\dfrac{\ln 3}{2}\cdot\dfrac{1-\dfrac{\ln^n 3}{2^n}}{1-\dfrac{\ln 3}{2}}+1-\dfrac{1}{n+1}\right]$$

$$=\dfrac{\ln 3}{2-\ln 3}+1=\dfrac{2}{2-\ln 3}$$

（2）解法一：因为 $\dfrac{1}{\sqrt{n}}\ln\left(\dfrac{n+1}{n}\right)>0$，且 $\lim\limits_{n\to\infty}\dfrac{\ln\left(\dfrac{n+1}{n}\right)}{\dfrac{1}{n}}=1$，所以 $\dfrac{1}{\sqrt{n}}\ln\left(\dfrac{n+1}{n}\right)$ 与 $\dfrac{1}{n\sqrt{n}}$ 在 $n\to\infty$ 时是等价无穷小．又因为级数 $\sum\limits_{n=1}^{\infty}\dfrac{1}{n\sqrt{n}}$ 收敛，所以，根据比阶判敛法知级数 $\sum\limits_{n=1}^{\infty}\dfrac{1}{\sqrt{n}}\ln\left(\dfrac{n+1}{n}\right)$ 收敛．

解法二：因为 $\ln\left(\dfrac{n+1}{n}\right)=\ln\left(1+\dfrac{1}{n}\right)<\dfrac{1}{n}$，所以 $\dfrac{1}{\sqrt{n}}\ln\left(\dfrac{n+1}{n}\right)<\dfrac{1}{n\sqrt{n}}$．

已知 $\sum\limits_{n=1}^{\infty}\dfrac{1}{n\sqrt{n}}$ 收敛，所以由比较判敛法知级数 $\sum\limits_{n=1}^{\infty}\dfrac{1}{\sqrt{n}}\ln\left(\dfrac{n+1}{n}\right)$ 收敛．

（3）因为 $\lim\limits_{n\to\infty}\dfrac{|a|^{n+1}}{(n+1)^p}\cdot\dfrac{n^p}{|a|^n}=|a|$，所以根据比值判敛法，

当 $|a|<1$ 时，级数 $\sum\limits_{n=1}^{\infty}\dfrac{a^n}{n^p}$ 绝对收敛．

当 $|a|>1$ 时，由于 $\lim\limits_{n\to\infty}\left|\dfrac{a^n}{n^p}\right|=+\infty$，所以级数 $\sum\limits_{n=1}^{\infty}\dfrac{a^n}{n^p}$ 发散．

当 $a=1$ 时，级数为 $\sum\limits_{n=1}^{\infty}\dfrac{1}{n^p}$，由 p 级数的敛散性，当 $0<p\leqslant 1$ 时级数发散，当 $p>1$ 时

级数收敛.

当 $a=-1$ 时，级数为 $\sum\limits_{n=1}^{\infty}\dfrac{(-1)^n}{n^p}$，由莱布尼茨判敛法与绝对值判敛法，当 $0<p\leqslant1$ 时级数条件收敛，当 $p>1$ 时级数绝对收敛.

（4）此时不能套用收敛半径的计算公式，而要对该级数用比值判敛法求其收敛半径.

因为 $\lim\limits_{k\to\infty}\left|\dfrac{\frac{1}{3^{k+1}}x^{2k+1}}{\frac{1}{3^k}x^{2k-1}}\right|=\lim\limits_{k\to\infty}\dfrac{x^2}{3}=\dfrac{x^2}{3}$，所以，当 $\dfrac{x^2}{3}<1$，即 $|x|<\sqrt3$ 时，级数 $\sum\limits_{n=1}^{\infty}\dfrac{1}{3^n}x^{2n-1}$

绝对收敛；当 $\dfrac{x^2}{3}>1$，即 $|x|>\sqrt3$ 时，级数 $\sum\limits_{n=1}^{\infty}\dfrac{1}{3^n}x^{2n-1}$ 发散.

根据收敛半径的定义知级数 $\sum\limits_{n=1}^{\infty}\dfrac{1}{3^n}x^{2n-1}$ 的收敛半径为 $R=\sqrt3$. 又，当 $x=\sqrt3$ 时，

$\dfrac{1}{3^n}(\sqrt3)^{2n-1}=\dfrac{1}{\sqrt3}$，级数发散；当 $x=-\sqrt3$ 时，一般项为 $-\dfrac{1}{\sqrt3}$，级数也发散. 故级数

$\sum\limits_{n=1}^{\infty}\dfrac{1}{3^n}x^{2n-1}$ 的收敛域为 $(-\sqrt3,\sqrt3)$.

注意：还可以将级数变形为 $\dfrac{1}{x}\sum\limits_{n=1}^{\infty}\dfrac{1}{3^n}x^{2n}$，再令 $u=x^2$，研究幂级数 $\sum\limits_{n=1}^{\infty}\dfrac{1}{3^n}u^n$ 的收敛半径和收敛域，最后得到 $\sum\limits_{n=1}^{\infty}\dfrac{1}{3^n}x^{2n-1}$ 的收敛域.

（5）因为 $\ln(1+x)=\sum\limits_{n=1}^{\infty}\dfrac{(-1)^{n-1}}{n}x^n$，$x\in(-1,1]$. 所以 $\ln\dfrac{1-x^5}{1-x}=\ln(1-x^5)-\ln(1-x)$

$=\sum\limits_{n=1}^{\infty}(-1)^{n-1}\dfrac{(-x^5)^n}{n}-\sum\limits_{n=1}^{\infty}(-1)^{n-1}\dfrac{(-x)^n}{n}=-\sum\limits_{n=1}^{\infty}\dfrac{x^{5n}}{n}+\sum\limits_{n=1}^{\infty}\dfrac{x^n}{n}$ $(-1\leqslant x<1)$.

（6）令 $S_1(x)=\sum\limits_{n=1}^{\infty}\dfrac{x^n}{n}$，则 $S_1(x)$ 的定义域为 $[-1,1)$，且 $S(x)=xS_1(x)$. 任给 $x\in[-1,1)$，由逐项求导公式得，

$$S_1'(x)=\sum\limits_{n=1}^{\infty}\left(\dfrac{x^n}{n}\right)'=\sum\limits_{n=1}^{\infty}x^{n-1}=\dfrac{1}{1-x},\quad x\in(-1,1).$$

因此，$S_1(x)=S_1(x)-S_1(0)=\displaystyle\int_0^x\dfrac{1}{1-t}\mathrm{d}t=-\ln(1-x),\quad x\in(-1,1).$

所以，$S(x)=xS_1(x)=-x\ln(1-x),\quad x\in(-1,1).$

由 $S(x)\in C[-1,1)$ 得，$S(-1)=\lim\limits_{x\to-1^+}S(x)=\lim\limits_{x\to-1^+}[-x\ln(1-x)]=\ln2.$

（7）考虑幂级数 $\sum\limits_{n=0}^{\infty}\dfrac{(-1)^n}{2n+1}x^{2n+1}$，则其收敛域为 $[-1,1]$. 若记其和函数为 $S(x)$，则

$S(1)=\sum\limits_{n=0}^{\infty}\dfrac{(-1)^n}{2n+1}.$

$$S(x)=S(x)-S(0)=\int_0^x S'(t)\mathrm{d}t=\int_0^x\left(\sum\limits_{n=0}^{\infty}(-1)^n t^{2n}\right)\mathrm{d}t$$

$$= \int_0^x \frac{1}{1+t^2} \mathrm{d}t = \arctan x, x \in (-1,1)$$

又因为 $S(x) \in C[-1,1]$，所以 $S(1) = \lim_{x \to 1^-} S(x) = \lim_{x \to 1^-} \arctan x = \frac{\pi}{4}$.

故 $\sum_{n=0}^{\infty} \frac{(-1)^n}{2n+1} = \frac{\pi}{4}$.

（8）因为 $0 < a_{n+1} \leqslant a_n (n=1,2,3,\cdots)$，所以极限 $\lim_{n\to\infty} a_n$ 存在，其值记为 A. 由于级数

$\sum_{n=1}^{\infty} (-1)^n a_n$ 发散，根据莱布尼茨判敛法知 $A > 0$. 所以存在 $N > 0$，使得当 $n \geqslant N$ 时，有

$a_n > \frac{A}{2}$，故当 $n \geqslant N$ 时，$\frac{1}{(1+a_n)^n} < \frac{1}{\left(1+\frac{A}{2}\right)^n}$.

根据比较判敛法知级数 $\sum_{n=1}^{\infty} \frac{1}{(1+a_n)^n}$ 收敛.

测试题 B 答案

1. （1）D；（2）A；（3）D.

（1）D. 由 $0 \leqslant a_n < \frac{1}{n} (n=1,2,\cdots)$，得 $|(-1)^n a_n^2| \leqslant a_n^2 < \frac{1}{n^2}$，而级数 $\sum_{n=1}^{\infty} \frac{1}{n^2}$ 收敛，所

以级数 $\sum_{n=1}^{\infty} (-1)^n a_n^2$ 绝对收敛.

（2）A. $\lim_{n \to \infty} \left| \dfrac{\dfrac{a_n^2}{b_n^2}}{\dfrac{a_{n+1}^2}{b_{n+1}^2}} \right| = \lim_{n \to \infty} \left| \dfrac{\dfrac{a_n}{a_{n+1}}}{\dfrac{b_n}{b_{n+1}}} \right|^2 = \dfrac{\left(\dfrac{\sqrt{5}}{3}\right)^2}{\left(\dfrac{1}{3}\right)^2} = 5$.

（3）D. 收敛级数加括号仍收敛.

2.

（1）方程化为 $f_n'(x) - f_n(x) = x^{n-1} \mathrm{e}^x$，由一阶线性方程的通解得

$$f_n(x) = \mathrm{e}^{\int \mathrm{d}x} \left(\int x^{n-1} \mathrm{e}^x \cdot \mathrm{e}^{-\int \mathrm{d}x} \mathrm{d}x + C \right) = \mathrm{e}^x \left(\int x^{n-1} \mathrm{d}x + C \right) = \mathrm{e}^x \left(\frac{1}{n} x^n + C \right),$$

代入条件 $f_n(1) = \dfrac{\mathrm{e}}{n}$，得 $C = 0$，所以 $f_n(x) = \mathrm{e}^x \dfrac{x^n}{n}$，$f_n(x) = \mathrm{e}^x \dfrac{x^n}{n}$.

所以有 $\sum_{n=1}^{\infty} f_n(x) = \mathrm{e}^x \sum_{n=1}^{\infty} \frac{x^n}{n} = \mathrm{e}^x \sum_{n=1}^{\infty} \int_0^x x^{n-1} \mathrm{d}x = \mathrm{e}^x \int_0^x \sum_{n=1}^{\infty} x^{n-1} \mathrm{d}x = \mathrm{e}^x \int_0^x \frac{\mathrm{d}x}{1-x} =$

$-\mathrm{e}^x \ln(1-x)$. 收敛域为 $[-1, 1)$.

（2）设 $S(x) = \sum_{n=1}^{\infty} \left(\frac{1}{2n+1} - 1 \right) x^{2n}$，记 $S_1(x) = \sum_{n=1}^{\infty} \frac{1}{2n+1} x^{2n}$，$S_2(x) = \sum_{n=1}^{\infty} x^{2n}$，则

$S(x) = S_1(x) - S_2(x)$，$x \in (-1,1)$.

$$S_2(x) = \sum_{n=1}^{\infty} x^{2n} = \frac{x^2}{1-x^2}, (xS_1(x))' = \sum_{n=1}^{\infty} x^{2n} = \frac{x^2}{1-x^2}, \quad x \in (-1,1)$$

$$S(x) = \sum_{n=1}^{\infty} \left(\frac{1}{2n+1} - 1 \right) x^{2n}, \quad S_2(x) = \sum_{n=1}^{\infty} x^{2n} = \frac{x^2}{1-x^2}$$

$$(xS_1(x))' = \sum_{n=1}^{\infty} x^{2n} = \frac{x^2}{1-x^2}, \quad x \in (-1,1), \quad xS_1(x) = \int_0^x \frac{t^2}{1-t^2}\mathrm{d}t$$

$$= -x + \frac{1}{2}\ln\frac{1+x}{1-x}$$

由于 $S_1(0)=0$, $\quad S_1(x)=\begin{cases} -1+\dfrac{1}{2x}\ln\dfrac{1+x}{1-x}, & 0<|x|<1 \\ 0, & x=0 \end{cases}$.

所以 $S(x)=\begin{cases} \dfrac{1}{2x}\ln\dfrac{1+x}{1-x}-\dfrac{1}{1-x^2}, & 0<|x|<1 \\ 0, & x=0 \end{cases}$.

（3）因为幂级数 $\displaystyle\sum_{n=1}^{\infty}\frac{x^n}{n^2}$ 收敛域为 $[-1,1]$，所以函数 $f(x)$ 定义域是 $[-1,1]$，函数 $f(1-x)$ 定义域是 $[0,2]$.

令 $F(x)=f(x)+f(1-x)+\ln x\ln(1-x)$，则其定义域为 $(0,1)$. 根据幂级数的可导性及逐项求导公式，得

$$f'(x) = \left(\sum_{n=1}^{\infty}\frac{x^n}{n^2}\right)' = \sum_{n=1}^{\infty}\frac{x^{n-1}}{n} = -\frac{1}{x}\ln(1-x),$$

$$f'(1-x) = \left(\sum_{n=1}^{\infty}\frac{(1-x)^n}{n^2}\right)' = -\sum_{n=1}^{\infty}\frac{(1-x)^{n-1}}{n} = \frac{1}{1-x}\sum_{n=1}^{\infty}(-1)^{n-1}\frac{(x-1)^n}{n} = \frac{1}{1-x}\ln x.$$

又 $(\ln x\ln(1-x))' = \dfrac{1}{x}\ln(1-x) - \dfrac{1}{1-x}\ln x$，所以 $F'(x) = f'(x)+f'(1-x)+(\ln x \cdot \ln(1-x))'=0$, $\quad x \in (0,1)$.

因此 $F(x)=f(x)+f(1-x)+\ln x \cdot \ln(1-x)\equiv C$, $\ x \in (0,1)$.

在上式两端令 $x\to 1^-$ 取极限，得

$$C = \lim_{x\to 1^-}F(x) = f(1)+f(0)+\lim_{x\to 1^-}\ln[1+(x-1)]\ln(1-x) = f(1) = \sum_{n=1}^{\infty}\frac{1}{n^2} = \frac{\pi^2}{6}$$

所以 $f(x)+f(1-x)+\ln x \cdot \ln(1-x)=\dfrac{\pi^2}{6}$, $\ x \in (0,1)$.

参 考 文 献

[1] 苏志平. 高等数学辅导教材习题解析（同济 五版）[M]. 北京：北京工商出版社，2004.
[2] 赵树嫄. 微积分 [M]. 4 版. 北京：中国人民大学出版社，2016.
[3] 罗志斌，陈艳君，赵岚. 高等数学学习指导 [M]. 2 版. 长春：吉林大学出版社，2011.
[4] 高纯一，周勇. 高等数学（修订版）[M]. 上海：复旦大学出版社，2006.
[5] 吴纪桃，漆毅. 高等数学（工专）[M]. 北京：北京大学出版社，2006.
[6] 牛燕影，王增富. 微积分 [M]. 上海：上海交通大学出版社，2012.
[7] 彭辉，叶宏. 高等数学辅导（同济 六版）[M]. 济南：山东科学技术出版社，2010.
[8] 同济大学数学系. 高等数学 [M]. 6 版. 北京：高等教育出版社，2007.